Química Tecnológica

Dados Internacionais de Catalogação na Publicação (CIP)
(Câmara Brasileira do Livro, SP, Brasil)

Química tecnológica / Jorge Wilson Hilsdorf... [et al.].
 – São Paulo : Cengage Learning, 2017.

  Outros autores: Newton Deleo de Barros, Celso Aurélio Tassinari, Isolda Costa.

  7. reimpr. da 1. ed. de 2004.
  Bibliografia
  ISBN 978-85-221-0352-2

  1. Química Industrial I. Hilsdorf, Jorge Wilson.
II. Barros, Newton Deleo de. III. Tassinari, Celso Aurélio. IV. Costa, Isolda.

03-4253   CDD-660

Índice para catálogo sistemático:

1. Química tecnológica 660

Química Tecnológica

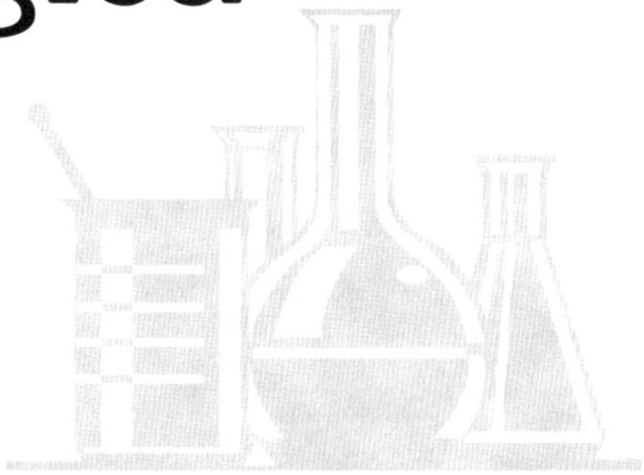

Jorge Wilson Hilsdorf
Newton Deleo de Barros
Celso Aurélio Tassinari
Isolda Costa

Austrália • Brasil • México • Cingapura • Reino Unido • Estados Unidos

Química Tecnológica

Jorge Wilson Hilsdorf, Newton Deleo de Barros, Celso Aurélio Tassinari, Isolda Costa

Gerente Editorial: Adilson Pereira

Editor de Desenvolvimento: Marcio Coelho

Produtora Editorial: Tatiana Pavanelli Valsi

Produtora Gráfica: Patricia La Rosa

Copidesque: Peterso Roberto Rissatti

Revisão: Ornilo Costa Jr. e Isaías Zilli

Composição: Segmento & CO. Produções Gráficas Ltda.

Capa: Ana Lima

© 2004 Cengage Learning Edições Ltda.

Todos os direitos reservados. Nenhuma parte deste livro poderá ser reproduzida, sejam quais forem os meios empregados, sem a permissão, por escrito, da Editora. Aos infratores aplicam-se as sanções previstas nos artigos 102, 104, 106 e 107 da Lei nº 9.610, de 19 de fevereiro de 1998.

Para informações sobre nossos produtos, entre em contato pelo telefone **0800 11 19 39**

Para permissão de uso de material desta obra, envie seu pedido para **direitosautorais@cengage.com**

© 2004 Cengage Learning. Todos os direitos reservados.

ISBN-13: 978-85-221-0352-2
ISBN-10: 85-221-0352-6

Cengage Learning
Condomínio E-Business Park
Rua Werner Siemens, 111 – Prédio 11 – Torre A - Conjunto 12
Lapa de Baixo – CEP 05069-900 – São Paulo – SP
Tel.: (11) 3665-9900 – Fax: (11) 3665-9901
SAC.: 0800 11 19 39

Para suas soluções de curso e aprendizado, visite
www.cengage.com.br

Impresso no Brasil
Printed in Brazil
7. reimpr. – 2017

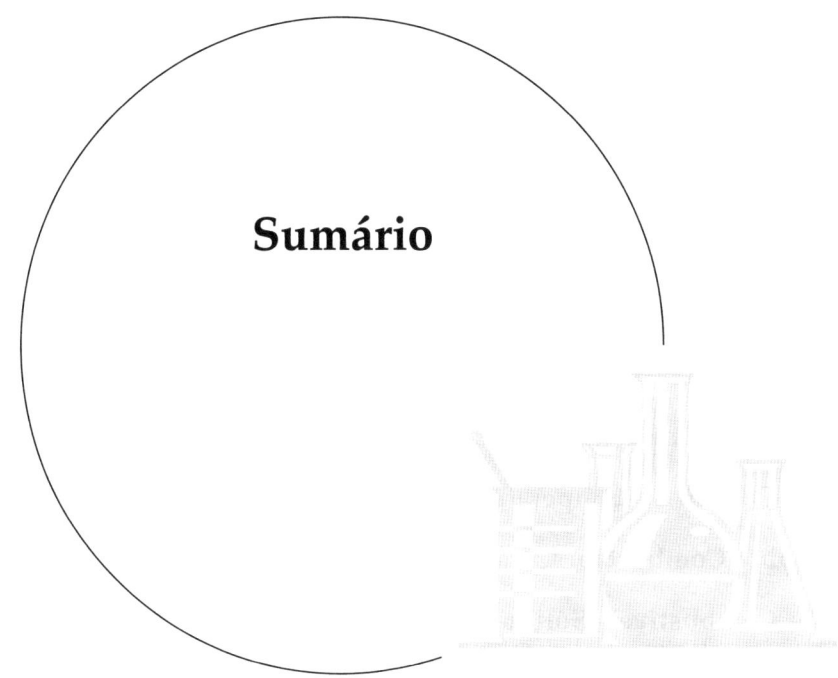

Sumário

Parte I – COMBUSTÃO E COMBUSTÍVEIS, 1

Capítulo 1 – Estudo Material da Combustão, 3
- 1.1 Visão geral, 3
- 1.2 Definição de combustível, 3
- 1.3 Comburente, 5
- 1.4 Gases residuais ou fumos, 6
- 1.5 Cinzas, 7
- 1.6 Classificação dos combustíveis, 8
- 1.7 O processo da combustão, 8
- 1.8 Tipos de combustão, 10
- 1.9 Oxigênio teórico, 11
- 1.10 Ar teórico, 12
- 1.11 Ar em excesso, 13
- 1.12 Controle da combustão, 15

Capítulo 2 – Cálculos Estequiométricos da Combustão, 17
- 2.1 Unidades molares, 18
- 2.2 Critério de cálculo, 19
- 2.3 Exemplos de cálculos de combustão, 23

Capítulo 3 – Estudo Térmico da Combustão, 67
3.1 Temperatura de ignição, 68
3.2 Unidades do poder calorífico, 73
3.3 Cálculo do poder calorífico, 74
3.4 Medida experimental do poder calorífico, 76

Capítulo 4 – Cálculo do "Poder Calorífico", 79

Capítulo 5 – Temperatura Teórica de Combustão, 91
5.1 Cálculo da temperatura teórica de combustão, 92
5.2 Expressão exata da quantidade de calor, 94
5.3 Cálculo aproximado da temperatura teórica de combustão (TTC), 95
5.4 Fatores que influenciam a temperatura teórica de combustão, 99

Capítulo 6 – Cálculo da Temperatura Teórica de Combustão, 101

Exercícios sobre Combustão, 131

Capítulo 7 – Combustíveis Sólidos, 143
7.1 Visão geral, 143
7.2 Combustíveis sólidos primários, 143
7.3 Gênese dos combustíveis sólidos fósseis, 146
7.4 Análise dos carvões, 147
7.5 Tipos de carvões, 151
7.6 Classificação dos carvões, 152
7.7 Carbonização e gaseificação do carvão, 154
7.8 Coque e semicoque, 156
7.9 Combustão do carvão em grelhas, 157
7.10 Combustão de carvão pulverizado, 158

Capítulo 8 – Combustíveis Líquidos, 161
8.1 Visão Geral, 161
8.2 Petróleo e seus derivados, 162
8.3 Combustíveis derivados do alcatrão de hulha, 172
8.4 Destilados de xistos betuminosos, 172
8.5 Hidrocarbonetos sintéticos, 173
8.6 Álcool etílico, 173
8.7 Combustão de combustíveis líquidos, 174

Capítulo 9 – Combustíveis Gasosos, 175
9.1 Visão geral, 175
9.2 Classificação, 176

9.3   Gás natural, 176
9.4   Gases da refinação do petróleo, 177
9.5   Gás de hulha, 177
9.6   Gás de ar, 179
9.7   Gás de água, 181
9.8   Gás misto, 182
9.9   Gases carburados, 183
9.10 Gás de alto-forno, 184
9.11 Gás de tratamentos de esgotos, 184
9.12 Combustão gasosa, 185

Bibliografia, 193

Parte II – LUBRIFICAÇÃO E LUBRIFICANTES, 195

Capítulo 10 – Atrito, 197
10.1 Coeficiente de atrito, 198
10.2 Efeitos do atrito, 201
10.3 Tipos de atrito, 202

Capítulo 11 – Tipos de Lubrificação, 205
11.1 Princípios de lubrificação, 206

Capítulo 12 – Substâncias Lubrificantes, 213
12.1 Lubrificantes gasosos, 213
12.2 Lubrificantes líquidos, 214
12.3 Características físicas dos lubrificantes, 216
12.4 Escalas de viscosidade e ensaios de determinação, 222
12.5 Índice de viscosidade, 224
12.6 Sistemas de classificação API para óleos de motor, 230
12.7 Aditivos para lubrificantes, 233
12.8 Resumo das funções dos aditivos, 235
12.9 Lubrificantes semi-sólidos ou graxas, 236
12.10 Aditivos para graxas, 239
12.11 Ensaios e características das graxas, 239
12.12 Lubrificantes sólidos, 242

Parte III – CORROSÃO E PROTEÇÃO CONTRA CORROSÃO, 245

Capítulo 13 – Fundamentos de Corrosão, 247
13.1 Definição, 247
13.2 Importância do estudo e conseqüências da corrosão, 248

13.3 Breve revisão de conceitos de interesse no estudo da corrosão, 249
13.4 Metalurgia, 254
13.5 Princípios de corrosão, 256
13.6 Tipos de controle da reação de corrosão, 291
13.7 Técnicas para o estudo da corrosão, 295
Notas Bibliográficas, 296

Capítulo 14 – Métodos de Controle da Corrosão, 299
14.1 Controle através de interferência no metal ou liga, 299
14.2 Controle através de interferência no meio, 303
14.3 Controle através de interferência no potencial do eletrodo, 310
14.4 Controle da corrosão através da modificação na superfície, 316
14.5 Revestimentos metálicos, 319
14.6 Revestimentos de conversão, 328
14.7 Revestimentos inorgânicos, 332
14.8 Revestimentos orgânicos, 333
14.9 Importância da preparação da superfície, 336
Notas Bibliográficas, 338

Parte I

Combustão e Combustíveis

Capítulo 1

Estudo Material da Combustão

Eng. Prof. Jorge Wilson Hilsdorf

1.1 VISÃO GERAL

Um dos mais importantes campos de estudo no conjunto das ciências e da tecnologia é, sem dúvida, o dos "combustíveis" e de sua "combustão". A grande atividade industrial atual tornou-se possível pelo sempre crescente fornecimento de energia, que pode ser utilizada sob a forma conveniente de energia calorífica, obtida através dos combustíveis.

As fontes de energia são principalmente três:

1 – as forças da natureza, tal como a gravidade em quedas de água;
2 – os combustíveis, que podem ser sólidos, líquidos ou gasosos;
3 – a energia atômica, libertada de reações nucleares.

Atualmente, os combustíveis ainda são a mais importante fonte de energia.

1.2 DEFINIÇÃO DE COMBUSTÍVEL

Ainda que quaisquer substâncias que reajam quimicamente com desprendimento de calor possam ser consideradas combustíveis para determinados fins, os combustíveis quem sabe tidos como industrialmente importantes são mais restritos. São os materiais carbonáceos comumente disponíveis e que podem ser queimados facilmente ao ar atmosférico com desprendimento de grande quantidade de calor controlável sem esforço. Os combustíveis importantes são compostos de carbono e pode-se mesmo afirmar que a sociedade industrial está baseada nas seguintes reações de combustão:

$$C + O_2 \rightarrow CO_2$$
$$H_2 + \frac{1}{2} O_2 \rightarrow H_2O$$

Os elementos químicos que entram na composição da maioria dos combustíveis são: *carbono, hidrogênio, oxigênio, nitrogênio* e *enxofre*. A qualidade do combustível é dada pelos elementos *carbono (C)* e *hidrogênio (H)*; o *enxofre (S)*, apesar de combustível, é indesejável, como será visto a seguir; o *oxigênio (O)* diminui a quantidade unitária de calor desprendida, pois é considerado como já combinado com o hidrogênio; o *nitrogênio (N)* também não é desejável, pois não apresenta, no campo da combustão industrial, reação com oxigênio com liberação de calor.

Para que um material possa ser considerado industrialmente "combustível", são necessários os seguintes requisitos técnicos e econômicos:

1 – facilidade de uso;
2 – não formação, durante a combustão, de substâncias tóxicas ou corrosivas;
3 – obtenção fácil;
4 – baixo custo de produção;
5 – segurança no armazenamento e no transporte.

Esquematicamente, os componentes do sistema de "combustão" podem ser visualizados da seguinte forma:

```
Combustível →   ┌─────────────────────┐
                │    COMBUSTÃO        │
                │  C + O₂ → CO₂       │
                │  H₂ + ½ O₂ → H₂O    │ → Gases residuais
Comburente →    └─────────────────────┘      (ou fumos)
                         ↓
                       Cinzas
```

1.3 COMBURENTE

A combustão é uma reação de óxido-redução, sendo o combustível o "**redutor**" e o oxigênio o "**oxidante**". A oxidação do redutor, ou combustível, dá-se à custa do oxidante ou oxigênio. A substância à custa da qual se dá a combustão, que normalmente é o oxigênio, denomina-se "**comburente**". A fonte de oxigênio é naturalmente o "ar atmosférico", cuja composição percentual "em volume" ou "em moles (moléculas-grama)" é a seguinte:

Nitrogênio	78,03%
Oxigênio	20,99%
Argônio	0,94%
Dióxido de carbono	0,03%
Hidrogênio	0,01%
Neônio	0,00123%
Hélio	0,0004%
Criptônio	0,00005%
Xenônio	0,000006%

Pode-se considerar apenas duas frações:

Comburente (oxigênio)	20,99%
Gases inertes (nitrogênio e gases raros)	79,01%

Em cálculos de "combustão", considera-se a composição **volumétrica** ou **molar** do "ar atmosférico seco" como:

Oxigênio	21,0% (peso molecular = 32)
Nitrogênio	79,0% (peso molecular = 28)

A fração considerada "nitrogênio" abrange todos os "gases raros" e o dióxido de carbono (gás carbônico ou CO_2), e considera-se, para efeito de cálculos estequiométricos, o peso molecular dos gases inertes (nitrogênio e gases raros) igual a 28, em vista das pequenas proporções de outros gases.

Pode-se considerar, portanto, em cálculos estequiométricos de combustão, que 100 litros de "ar atmosférico seco" apresentam 21 litros de oxigênio e 79 litros de nitrogênio, ou que 100 moles de "ar atmosférico seco" apresentam 21 moles de oxigênio e 79 moles de nitrogênio. Portanto, pode-se considerar ainda que 1 litro de oxigênio no "ar atmosférico seco" corresponde a $\frac{79}{21}$ = 3,76 litros de nitrogênio, ou que 1 mol de oxigênio corresponde a 3,76 moles de nitrogênio.

A composição em massa do "ar atmosférico seco" pode ser tomada para cálculos de combustão como sendo:

Oxigênio	23,2% em peso
Nitrogênio	76,8% em peso

Em alguns casos especiais, em que se desejam altas temperaturas na combustão, utiliza-se o oxigênio puro como comburente, como no caso do "maçarico oxiacetileno", no qual se efetua a combustão do gás acetileno com oxigênio puro.

1.4 GASES RESIDUAIS OU FUMOS

Os elementos químicos componentes dos combustíveis ao reagirem com o oxigênio produzem substâncias gasosas, como CO_2, SO_2, CO (em alguns casos), que se desprendem juntamente com o H_2O em forma de vapor. Essas substâncias compreendem os "gases residuais" da combustão ou "fumos". Tais "gases residuais" podem ser considerados em "base seca", na qual não se considera o "vapor de água" presente, ou em "base úmida", na qual se considera o "vapor de água" presente, proveniente da combustão do hidrogênio do combustível, ou da umidade do combustível ou do vapor de água do ar atmosférico.

A "fumaça", normalmente visualizada em chaminés ou condutos de escape, além dos gases residuais (CO_2, CO, SO_2, N_2, O_2) e do "vapor de água", apresenta ainda "neblinas" constituídas por partículas de líquidos em suspensão (água ou hidocarbonetos pesados condensados pelo resfriamento dos gases) e "poeiras" constituídas por partículas sólidas em suspensão (cinzas ou partículas de combustíveis sólidos arrastadas pelos gases).

O conhecimento da composição dos "gases residuais" ou "fumos" é de grande importância no controle da combustão, especialmente da proporção de CO_2, que pode ser determinada pelo "aparelho de Orsat" com aproximação e rapidez suficientes.

Os "gases residuais" ou "fumos" apresentam normalmente temperatura elevada, dispondo, portanto, de uma quantidade de calor ainda utilizável, denominada "calor sensível" dos fumos. "Calor latente" dos fumos é a quantidade de calor que ainda pode ser liberada dos fumos pela combustão de substâncias combustíveis neles existentes (CO, hidrocarbonetos não queimados, por exemplo).

1.5 CINZAS

"Cinzas" são os resíduos sólidos da combustão de um combustível sólido. As cinzas de um carvão mineral podem ser "intrínsecas" ou "acidentais". As "intrínsecas" são constituídas pela matéria mineral procedente do vegetal que originou o carvão mineral. A matéria "acidental" é constituída por argila ou outra matéria inorgânica depositada juntamente com o carvão. As "cinzas" são formadas pelo resíduo inorgânico que permanece após a combustão do carvão mineral e não apresentam a mesma composição química da matéria original. A matéria mineral do carvão consiste principalmente de silicatos hidratados de alumínio, "piritas" de ferro (FeS_2), carbonatos de cálcio e magnésio, cloretos alcalinos e outros compostos inorgânicos em quantidades diminutas. Quando o carvão é queimado, a matéria mineral decompõe-se ou se transforma, produzindo óxidos e pequenas quantidades de sulfatos. O peso de cinza é menor do que o peso da matéria mineral original do carvão.

É preferível que o carvão mineral apresente uma certa quantidade de cinzas, pois elas servem para proteger as barras de aço da grelha de combustão, a menos que sua temperatura de fusão seja muito baixa. Cinzas com baixo ponto de fusão formarão aglomerados e, em casos extremos, podem fundir completamente e combinar-se com o material da grelha. As cinzas de alto ponto de fusão são as que apresentam um ponto de amolecimento acima de 1.400 °C; se a temperatura em que se fundem oscila entre 1.200 °C e 1.400 °C, terão um ponto de amolecimento médio, e se for inferior a 1.200 °C, o ponto de fusão será baixo.

A porcentagem de cinza de um carvão mineral é facilmente determinada efetuando-se a combustão completa de uma amostra do combustível.

1.6 CLASSIFICAÇÃO DOS COMBUSTÍVEIS

Sendo que o estado físico do combustível determina o método de utilização e o tipo de equipamento necessário à combustão, os combustíveis classificam-se primordialmente em três grupos:

1 – sólidos;
2 – líquidos;
3 – gasosos.

Cada uma dessas classes pode subdividir-se em combustíveis "naturais" ou "primários" e em combustíveis "preparados", "derivados" ou "secundários".

Como exemplos de cada tipo podem ser relacionados os seguintes:

TABELA 1.1 – *Classificação Geral dos Combustíveis*

SÓLIDOS	Combustíveis primários	Carvões minerais (turfa, linhito, hulha, antracito), madeira etc.
	Combustíveis secundários	Coque, carvão vegetal, coque de petróleo, resíduos industriais, combustíveis sólidos de foguetes (tiocol, hidrazina, nitrocelulose)
LÍQUIDOS	Combustíveis primários	Petróleo cru, gasolina natural
	Combustíveis secundários	Gasolina, querosene, óleo diesel, hidrocarbonetos da pirólise da hulha e do xisto betuminoso, hidrocarbonetos líquidos de síntese a partir do gás de água, álcoois
GASOSOS	Combustíveis primários	Gás natural
	Combustíveis secundários	Gás de hulha, gás pobre, gás de água, gás misto, gás de alto-forno, gases da refinação do petróleo

1.7 O PROCESSO DA COMBUSTÃO

A maneira de converter a energia potencial de um combustível em energia térmica útil é aquela da "reação química", normalmente reações de "oxidação em alta temperatura" de materiais carbonáceos com oxigênio do ar. Essas são as "reações de combustão". Quando átomos de carbono ou de hidrocarbonetos e átomos de oxigênio se **combinam,** liberta-se energia que se manifesta sob vários tipos de atividades e radiação, inclusive o "calor". O processo envolve apenas um rearranjo dos elétrons externos dos átomos e a energia potencial convertida em energia útil é parte daquela que mantém esses elétrons em suas órbitas originais.

A combustão, sendo uma "oxidação em alta temperatura", necessita de uma "energia de ativação", normalmente conseguida pela elevação de temperatura em um ponto do combustível. Sendo a "reação de combustão" exotérmica (com libertação de calor) o processo se torna auto-ativante até a extinção completa do combustível.

Nas "reações químicas da combustão" os núcleos dos átomos não são afetados. A massa dos reagentes (em combustão) está concentrada nos núcleos e, portanto, tal reação química da combustão converte somente uma ínfima parte da energia potencial total das substâncias em energia calorífica disponível.

O núcleo de um átomo pode ser considerado, para o presente fim, como composto de "nêutrons" e "prótons", os quais são mantidos juntos por forças muito maiores (10^6 vezes) que aquelas que unem os elétrons orbitais. Conseqüentemente, os núcleos não são afetados por níveis ordinários de perturbação, tal como ocorre nas assim chamadas "reações químicas". Em certas circunstâncias, pode-se obter a perturbação dos núcleos atômicos, o que gera libertação de quantidades extraordinárias de energia, isto é, pode acontecer uma "reação nuclear".

No presente estado da tecnologia, as reações químicas de combustão são os meios predominantes, e os combustíveis derivados do carvão e do petróleo, as principais fontes de energia.

De modo geral, a reação de combustão se dá em "fase gasosa". O combustível líquido é evaporado previamente e a reação de combustão se efetua entre o vapor do líquido e o oxigênio, intimamente misturados. Os combustíveis sólidos são de combustão um tanto mais difícil, pois a reação se dá na interface sólido-gás, devendo haver a difusão do oxigênio através dos gases que envolvem o sólido (CO_2 e outros gases) para atingir a superfície do sólido em combustão.

As reações mais importantes no processo da combustão são as seguintes:

(1) C (grafite) $+ O_2 \rightarrow CO_2 + 94{,}03$ Kcal/mol;

(2) H_2 (gás) $+ \frac{1}{2} O_2 \rightarrow H_2O$ (vapor) $+ 57{,}80$ Kcal/mol;

(3) H_2 (gás) $+ \frac{1}{2} O_2 \rightarrow H_2O$ (líquido) $+ 68{,}32$ Kcal/mol.

Se considerarmos como variação de "entalpia" a 25 °C, tem-se para os três casos:

(1) $\Delta H_{25\,°C} = -94,03$ Kcal;
(2) $\Delta H_{25\,°C} = -57,80$ Kcal;
(3) $\Delta H_{25\,°C} = -68,32$ Kcal.

Caso se considere a presença de enxofre no combustível, têm-se ainda as reações exotérmicas seguintes:

(4) S (sólido) + O_2 → SO_2 (gás) + 72,0 Kcal/mol;
(5) S (sólido) + 1,5O_2 → SO_3 (gás) + 105,5 Kcal/mol.

Considerando a reação de combustão com "ar atmosférico seco", pode-se escrever as reações anteriores da seguinte forma:

(1) C + (O_2 + 3,76 N_2) → CO_2 + 3,76 N_2;
(2) H_2 + $\frac{1}{2}$ (O_2 + 3,76 N_2) → H_2O + $\frac{3,76}{2}$ N_2;
(3) S + (O_2 + 3,76 N_2) → SO_2 + 3,76 N_2;
(4) S + 1,5 (O_2 + 3,76 N_2) → SO_3 + 5,64 N_2.

Se houver falta de oxigênio para a combustão do carbono (e, portanto, um excesso de carbono), além da reação de combustão do carbono até CO_2 (em parte), se dará a reação endotérmica:

(6) C (grafite) + CO_2 (gás) → 2 CO (gás) − 40,79 Kcal/mol.

Isso significa uma perda de combustível sob a forma de CO, o qual também pode ser queimado liberando calor. Se adicionarmos mais oxigênio ou ar, o CO pode queimar produzindo ainda a reação exotérmica seguinte:

(7) CO (gás) + $\frac{1}{2}$ O_2 → CO_2 + 69,91 Kcal/mol.

1.8 TIPOS DE COMBUSTÃO

Dependendo das quantidades proporcionais de combustível e de oxigênio (comburente) pode haver combustões:

1 – incompletas;
2 – teoricamente completas;
3 – praticamente completas.

A combustão denominada "**incompleta**" é aquela que se realiza com insuficiência de oxigênio, ou seja, com uma quantidade de oxigênio inferior à quantidade estequiométrica para oxidar completamente a matéria combustível.

A combustão é denominada "**teoricamente completa**" quando se realiza com a quantidade estequiométrica de oxigênio para oxidar completamente a matéria combustível.

A combustão será "**praticamente completa**" quando se realiza com uma quantidade de oxigênio maior do que a estequiometricamente necessária para oxidar completamente a matéria combustível.

Na combustão incompleta aparece nos gases residuais (fumos) grande quantidade de produtos não completamente oxidados, tal como CO, e muitas vezes matéria combustível não queimada (oxidada), tal como hidrocarbonetos. Não haverá evidentemente oxigênio nos fumos. Na combustão teoricamente completa não haverá oxigênio nos fumos, pois toda a quantidade introduzida na realização da combustão será utilizada e poderá aparecer uma pequena quantidade de CO, como será explicado a seguir. Por outro lado, na combustão praticamente completa haverá sempre uma quantidade maior ou menor de oxigênio nos fumos, dependendo do combustível queimado.

1.9 OXIGÊNIO TEÓRICO

Para que se possam efetuar os cálculos estequiométricos em uma combustão, nos quais se aplicam os princípios do "balanço material", ou seja, o princípio da "conservação de massa" no sistema, torna-se necessário definir a expressão "oxigênio teórico".

Em síntese, a quantidade de oxigênio teórico pode ser expressa pela igualdade:

O_2 teórico = O_2 para combustão completa – O_2 do combustível.

O "oxigênio para combustão completa" corresponde à quantidade de oxigênio necessária para oxidar completamente a matéria combustível, ou seja, no caso de carbono e hidrogênio, para passar todo o carbono a CO_2 e todo o hidrogênio a H_2O. Se houver enxofre (S), este deve passar a SO_2.

Note-se que na determinação do "oxigênio teórico" (como será visto nos cálculos sobre estequiometria da combustão) deve-se considerar que, mesmo que a combustão seja "incompleta", isto é, mesmo que tenha havido a formação de grande quantidade de CO, ou mesmo que tenha havido perdas de combustível (combustível não queimado), é preciso determinar o "oxigênio teórico" como se toda matéria combustível (carbono e hidrogênio) tivesse sido oxidada completamente.

Da quantidade de oxigênio para combustão completa deve-se subtrair a quantidade de "oxigênio do combustível", ou seja, se o combustível contiver oxigênio em sua composição, este deverá ser considerado como já tendo reagido com o hidrogênio existente no combustível.

Para efeito de cálculos estequiométricos de combustão, considera-se a seguinte seqüência de reações:

(1) o hidrogênio reage com o oxigênio:

$$H_2 + \frac{1}{2} O_2 \rightarrow H_2O$$

(2) o carbono reage (incompletamente) com o oxigênio:

$$C + \frac{1}{2} O_2 \rightarrow CO$$

(3) o CO formado reage com o oxigênio oxidando completamente o carbono:

$$CO + \frac{1}{2} O_2 \rightarrow CO_2$$

Portanto, no caso da "combustão incompleta" (não havendo oxigênio suficiente para oxidar completamente todo o carbono e todo o hidrogênio), o oxigênio disponível queimará todo o hidrogênio, passará todo o C a CO, e uma parte do CO formado será oxidado a CO_2 pelo oxigênio ainda restante.

Na prática da combustão não é interessante, portanto, ter-se uma "combustão incompleta", pois haveria perda de combustível (na forma de CO).

1.10 AR TEÓRICO

Denomina-se "ar teórico" a quantidade de ar que contenha a quantidade de "oxigênio teórico". Sabendo-se que a porcentagem de oxigênio no ar é de 21% em volume ou em moles, a quantidade de "ar teórico" pode ser determinada pela proporção:

100 litros (ou moles) de ar → 21 litros (moles) de O_2
Volume (ou moles) de ar teórico → Volume (ou moles) de O_2 teórico.

Portanto,

$$V_{(ar\ teórico)} = \frac{V_{(O_2\ teórico)}}{0,21} \quad ou \quad n_{(ar\ teórico)} = \frac{n_{O_2\ teórico}}{0,21}$$

1.11 AR EM EXCESSO

Uma combustão completa não pode ser obtida na prática a menos que se use uma quantidade de ar maior do que a teoricamente necessária. Denomina-se "ar realmente usado" ou "ar real" a quantidade de ar efetivamente empregada na combustão, que apresenta uma quantidade acima da quantidade teórica e que é denominada de "excesso de ar". Pode-se, portanto, relacionar essas quantidades pela expressão:

Quantidade de ar real = Quantidade de ar teórico + Quantidade de ar em excesso.

A necessidade da quantidade de ar extra ou em excesso deve-se a dois fatores:

1 – a dificuldade de obter um contato íntimo entre o ar e os gases combustíveis ou partículas finamente divididas de combustível na câmara de combustão;
2 – as reações de combustão realizam-se em fase gasosa, e são reações de **equilíbrio químico**.
   Assim das reações de combustão já vistas tem-se:

   (1) $C + \frac{1}{2} O_2 \Leftrightarrow CO_2$

   e a cerca de 1.500 °C inicia-se a dissociação do CO_2;

   (2) $H_2 + \frac{1}{2} O_2 \Leftrightarrow H_2O$

   e a cerca 1.700 °C inicia-se a dissociação do vapor de água.

É evidente que, se a dissociação do dióxido de carbono e do vapor de água fossem acentuados, haveria a perda através dos gases residuais (fumos) de parte do combustível na forma de CO e H_2.

Acima de 2.500 °C poderá haver ainda a dissociação do CO da seguinte forma:

   (3) $C + \frac{1}{2} O_2 \Leftrightarrow CO$

Sendo as reações acima citadas reações exotérmicas, um aumento de temperatura provoca um deslocamento do equilíbrio para a esquerda, em razão das temperaturas elevadas das combustões.

A fim de evitar o deslocamento para a esquerda, ou seja, no sentido da reformação do CO e do H_2, deve-se aumentar a concentração do oxigênio no sistema. Esse aumento da concentração do oxigênio é obtido pelo "**ar em excesso**".

A quantidade de ar em excesso é expressa em porcentagem **acima** da quantidade de ar teórico. Assim, quando se diz que uma combustão deve realizar-se com um excesso de ar de 30%, significa que, além da quantidade de ar teórico (estequiométrica para combustão completa), deve ser adicionado mais 30% da quantidade de ar teórico. Essas quantidades podem ser relacionadas pela expressão:

Ar real = Ar teórico + Ar em excesso

ou, sendo o ar composto de oxigênio e nitrogênio:

Oxigênio real = Oxigênio teórico + Oxigênio em excesso

Nitrogênio real = Nitrogênio teórico + Nitrogênio em excesso

Considerando uma quantidade de 30% de ar em excesso, pode-se relacionar:

Ar em excesso = $\frac{30}{100}$ (Ar teórico)

Pela expressão de "ar real" pode-se ter:

Ar real = Ar teórico + 0,30 (Ar teórico)

ou

Ar real = 1,30 (Ar teórico)

Da mesma forma, tem-se:

Oxigênio real = 1,30 (Oxigênio teórico)

Para que haja eficiência máxima de combustão é essencial que se use uma porcentagem correta de ar em excesso. Se for usado muito ar em excesso, haverá diminuição da eficiência, pois o ar extra se aquecerá à custa do calor da combustão; esse calor se perderá como calor sensível nos gases residuais. Se for usada uma baixa quantidade de ar em excesso, a combustão poderá não ser completa e os gases residuais poderão levar calor "latente" na forma de gases combustíveis não queimados, tais como CO, hidrogênio e metano, que poderiam ainda fornecer calor de combustão. A correta ou ótima porcentagem de ar em excesso depende do tipo de combustível, da construção da instalação e das condições de operação. Pode-se, entretanto, estimar essa porcentagem ótima de ar em excesso dentro de uma faixa, de acordo com o estado físico do combustível, da seguinte maneira:

1 – combustíveis gasosos - 5 a 30% de ar em excesso;

2 – combustíveis líquidos - 20 a 40% de ar em excesso;

3 – combustíveis sólidos - 30 a 100% de ar em excesso.

1.12 CONTROLE DA COMBUSTÃO

A análise dos gases residuais (fumos) de uma combustão pode fornecer elementos para, por meio de balanços materiais (aplicação da lei da "conservação das massas"), verificar se uma combustão está sendo efetuada com uma porcentagem de ar em excesso correta dentro das condições de combustível queimado e de processo.

Normalmente procura-se determinar a composição em porcentagem volumétrica do (1) dióxido de carbono, (2) oxigênio, (3) monóxido de carbono e (4) nitrogênio. Para o caso de combustíveis que não tenham nitrogênio ou com quantidades desprezíveis desse elemento, o nitrogênio é tomado como componente "chave" para esse cálculo.

As informações sobre a composição dos fumos fornecem dados suficientes para se verificar a eficiência da combustão e a quantidade de ar em excesso que está sendo utilizada. A análise dos fumos pode ser efetuada por meio do **aparelho de Orsat**.

O aparelho de Orsat efetua a análise dos gases por meio de *absorção seletiva*. Passa-se a mistura gasosa inicialmente (da qual se retiram 100 ml) em uma pipeta contendo **hidróxido de potássio** que absorve o CO_2 (assim como o SO_2 que possa estar presente em pequena quantidade); a segunda pipeta contém solução de **pirogalol alcalino (ácido pirogálico),** que absorve o **oxigênio**; a terceira pipeta contém solução de **cloreto cuproso amoniacal** que absorve o **monóxido de carbono.** Os volumes absorvidos são tomados como porcentagem volumétrica dos gases, sendo o nitrogênio calculado como a diferença de 100. A análise assim obtida é chamada de **análise de Orsat** dos fumos. O vapor de água que possa existir nos fumos se condensará na solução existente dentro da bureta eudiométrica para recolhimento da amostra do gás e leitura dos volumes absorvidos. Entretanto, permanecerá uma pequena quantidade de vapor de água na mistura gasosa, correspondente à quantidade de equilíbrio na temperatura da análise que, em razão de a análise ser realizada em temperatura ambiente, será muito pequena.

Se a pressão de vapor da água é constante com a temperatura, pode-se considerar que a pressão total da mistura "seca" permanece constante durante toda a análise, ou seja, a pressão total da mistura "seca" será igual à pressão atmosférica menos a pressão de vapor da água à temperatura considerada. Portanto, pode-se ainda considerar que a análise é efetuada como se houvesse uma mistura gasosa "seca" a uma pressão constante abaixo da atmosférica.

Dessa maneira, a análise de Orsat é dada na **base seca,** isto é, dá a porcentagem volumétrica dos gases componentes dos fumos, com exceção do vapor de água nele existente.

Capítulo 2

Cálculos Estequiométricos da Combustão

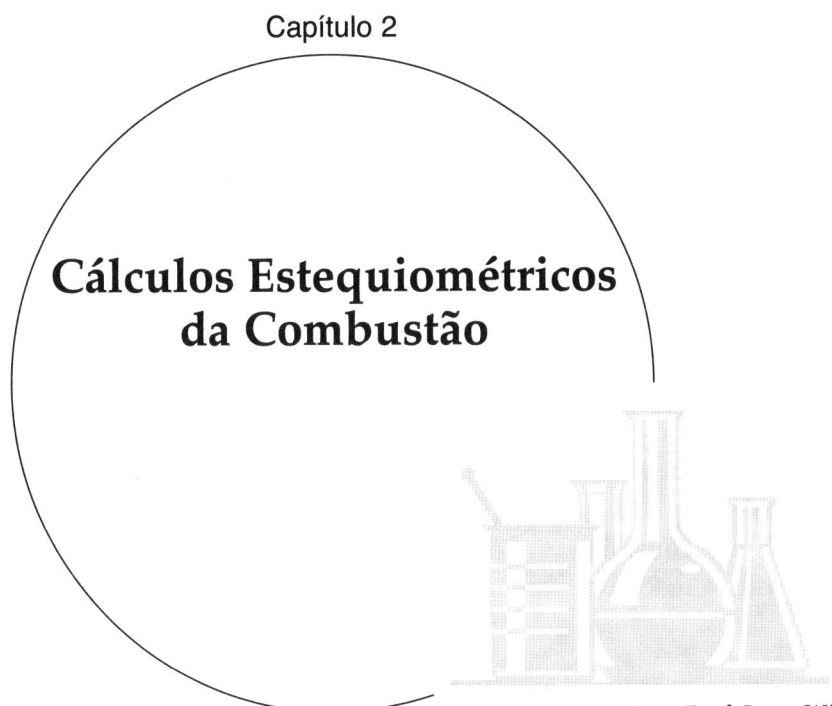

Eng. Prof. Jorge Wilson Hilsdorf

Inúmeras vezes torna-se necessário conhecer as quantidades envolvidas em um processo de combustão. Essas quantidades podem ser determinadas mediante estequiometria das reações de combustão. Por meio de **balanços materiais** podem ser determinadas as quantidades de combustível, de ar, de fumos e de resíduos (cinzas). Para se efetuar um cálculo estequiométrico de uma combustão, deve-se:

1 – escolher um sistema que, em geral, é o local em que se realiza a combustão;
2 – adotar uma base de cálculo;
3 – estabelecer balanços materiais em número suficiente para a determinação necessária.

Sendo as combustões normalmente efetuadas sob pressões próximas da pressão atmosférica, pode-se considerar que os gases envolvidos na operação comportam-se como gases perfeitos.

Geralmente, os cálculos estequiométricos da combustão correspondem a três tipos:

1 – Cálculo da quantidade de ar teoricamente necessário e de ar real para a combustão completa do combustível;

2 – Cálculo da composição e do volume dos fumos da combustão;
3 – Cálculo da porcentagem de ar em excesso utilizada em uma combustão, em razão da análise de Orsat dos fumos da combustão.

2.1 UNIDADES MOLARES

É de grande utilidade nos cálculos estequiométricos da combustão o emprego de **unidades molares**. A denominação de *mol* é a abreviação de *molécula-grama*, e de *kmol* (quilomol) é a abreviação de *molécula-quilograma*. O mol corresponde a uma quantidade em gramas igual à massa molecular da substância química pura considerada, ou igual à massa atômica do elemento químico considerado; o kmol corresponde a uma quantidade em quilogramas igual à massa molecular da substância considerada ou igual à massa atômica do elemento químico considerado. Portanto, 1 kmol = 1.000 moles.

Considerando a reação de combustão completa do carbono

$$C + O_2 \rightarrow CO_2$$

existe a relação de que 12 gramas de carbono reagem com 32 gramas de oxigênio para formar 44 gramas de dióxido de carbono. Pelas unidades molares tem-se a relação de 1 mol de carbono com 1 mol de oxigênio formando 1 mol de dióxido de carbono, ou ainda, 1 kmol de carbono com 1 kmol de oxigênio para formar 1 kmol de dióxido de carbono.

A combustão do gás metano é representada pela reação

$$CH_4 + 2\,O_2 \rightarrow CO_2 + 2\,H_2O$$

A estequiometria em massa da reação anterior informa que 16 gramas de gás metano reagem com 2x32 = 64 gramas de oxigênio, formando 44 gramas de dióxido de carbono e 2x18 = 36 gramas de água. Tomando-se unidades molares, tem-se que 1 mol (ou 1 kmol) de gás metano reage com 2 moles (ou 2 kmoles) de oxigênio, formando 1 mol (ou 1 kmol) de dióxido de carbono e 2 moles (ou 2 kmoles) de água. Nota-se, portanto, que o emprego de unidades molares torna a proporção mais simples e de cálculo mais rápido.

Para o caso de reações de combustão em que todos os participantes sejam gasosos, pode-se, com mais vantagem, utilizar a estequiometria em volume.

2.2 CRITÉRIOS DE CÁLCULO

2.2.1 Combustíveis gasosos

A estequiometria em volume é mais adequada para cálculos de combustão quando tanto os reagentes como os produtos sejam gasosos. É importante considerar que as proporções volumétricas dadas pelos coeficientes da reação de combustão somente serão válidas para volumes nas **mesmas condições de pressão e temperatura**.

A transformação de qualquer dos volumes considerados pode ser efetuada para outras condições de pressão e temperatura pela equação de estado de gases perfeitos, ou seja:

$$\frac{P_1 V_1}{T_1} = \frac{P_2 V_2}{T_2}$$

Considerando as mesmas condições de pressão e temperatura, haverá quantidades molares nos volumes gasosos considerados que obedecerão às proporções da equação química que representarão a reação de combustão. Exemplo:

Na combustão do gás propano (C_3H_8) têm-se as proporções molares de reação dadas pela seguinte equação química:

$$C_3H_8 \;+\; 5\,O_2 \;\rightarrow\; 3\,CO_2 \;+\; 4\,H_2O_{(vapor)}$$
$$1\,\text{mol} \quad\; 5\,\text{moles} \quad\; 3\,\text{moles} \quad\; 4\,\text{moles}$$

As proporções molares de 1:5 — 3:4 independem das condições de pressão e temperatura, pois utiliza-se uma unidade química (mol) que está relacionada com massa:

$$\text{número de moles} = \frac{\text{massa (gramas)}}{\text{massa molecular}}$$

E, evidentemente, a massa contida na quantidade molar independe da pressão e da temperatura. Isso significa que no volume de propano (gás) deve-se ter 1 mol (ou múltiplo), no volume de oxigênio (gás) deve-se ter 5 moles (ou múltiplo), no volume de dióxido de carbono (gás) deve-se ter 3 moles (ou múltiplo) e no volume de vapor de água (vapor) deve-se ter 4 moles (ou múltiplo), mesmo que esses volumes sejam medidos em diferentes condições de pressão e temperatura.

Isso não pode ser aplicado quando se consideram proporções volumétricas. Utilizando-se proporções volumétricas, tem-se:

$$C_3H_8 + 5\,O_2 \rightarrow 3\,CO_2 + 4\,H_2O_{(vapor)}$$
$$1\text{ litro} \quad 5\text{ litros} \quad 3\text{ litros} \quad 4\text{ litros}$$

isso a **t °C** e a **P mm Hg**.

Neste caso, as proporções **1:5 — 3:4** somente podem ser consideradas para **condições iguais** de pressão e temperatura de todos os gases (ou vapor de água) e a condição considerada (ou adotada) deve ser **mencionada**. Dessa forma, pode-se ter:

$$C_3H_{8(gás)} + 5\,O_{2(gás)} \rightarrow 3\,CO_{2(gás)} + 4\,H_2O_{(vapor)}$$

a CNTP:
    1 litro   5 litros   3 litros   4 litros

a 20 °C e 760 mm Hg:
    2 litros   10 litros   6 litros   8 litros

a 27 °C e 700 mm Hg:
    1 litro   5 litros   3 litros   4 litros

a t °C e P mm Hg:
    1 litro   5 litros   3 litros   4 litros

a t °C e P mm Hg:
    1 m³   5 m³   3 m³   4 m³ (n vezes)

Geralmente, especificam-se as condições de pressão e temperatura do **gás combustível**, e os volumes dos demais participantes são calculados nas **mesmas condições** de pressão e temperatura.

Por exemplo, se for fixada a condição normal de temperatura e pressão (CNTP) para o gás propano, se obterá o volume de oxigênio (e, a partir deste, obtém-se o volume de ar) na mesma condição normal de pressão e temperatura. Da mesma forma, se obterá o volume dos fumos (dióxido de carbono e vapor de água) na mesma condição normal de pressão e temperatura. Prosseguindo no cálculo, pode-se, em seguida, transformar o volume de oxigênio (ou de ar) para condições reais de pressão e temperatura, e o volume de fumos para as condições reais de pressão e temperatura, pela expressão de transformação de estado de gases perfeitos:

$$\frac{P_o V_o}{T_o} = \frac{PV}{T}, \text{ onde } V = V_o \left(\frac{P_o}{P}\right) \times \left(\frac{T}{T_o}\right)$$

Se as condições de pressão e temperatura do gás combustível propano fossem de 27 °C e 700 mm Hg, se obteriam os volumes dos outros gases a 27 °C e 700 mm Hg. Se for necessário fornecer o resultado do volume de qualquer dos outros participantes (oxigênio, ar atmosférico ou fumos) em outras condições de pressão e temperatura, pode-se calcular utilizando, da mesma forma:

$$V_2 = V_1 \left(\frac{P_1}{P_2}\right) \times \left(\frac{T_2}{T_1}\right)$$

2.2.2 Combustíveis líquidos e sólidos

A estequiometria em quantidades molares é mais adequada quando a combustão refere-se a combustível líquido ou sólido, pois a composição percentual dos elementos químicos (carbono, hidrogênio, enxofre, oxigênio etc.) constituintes do combustível é dada em peso (massa). A partir delas, obtêm-se as quantidades molares dos constituintes que devem participar das reações de combustão que serão unicamente as três seguintes (para combustão completa):

$$C + O_2 \rightarrow CO_2$$
1 mol   1 mol   1 mol

$$H_2 + \frac{1}{2}O_2 \rightarrow H_2O$$
1 mol   0,5 mol   1 mol

$$S + O_2 \rightarrow SO_2$$
1 mol   1 mol   1 mol

Se houver combustão incompleta do carbono, tem-se:

$$C + \frac{1}{2}O_2 \rightarrow CO$$
1 mol   0,5 mol   1 mol

Desta forma, obtém-se a quantidade molar de oxigênio (e, a partir deste, a quantidade molar de ar seco), assim como a quantidade molar de cada gás componente dos fumos.

A determinação de volumes (de oxigênio, de ar seco ou de fumos) pode ser efetuada de duas formas:

(1) multiplicando-se a quantidade molar obtida por 22,4 litros (volume molar de gases em condições normais de pressão e temperatura) e

obtendo-se o volume em condições normais de pressão e temperatura. Utilizando-se a equação de transformação de estado de gases, obtém-se o volume em condições reais. Assim:

$$V_o = n \times 22{,}4, \text{ onde } V = V_o \left(\frac{P_o}{P}\right) \times \left(\frac{T}{T_o}\right)$$

(2) utilizando-se a equação de Clapeyron e substituindo-se os valores de quantidade molar, pressão real e temperatura real (absoluta), obtém-se o volume em condições reais. Assim:

$$PV = nRT, \text{ onde } V = \frac{nRT}{P}$$

Deve-se considerar que a unidade de volume (litro ou metro cúbico) que se obtém será função da unidade molar (mol ou quilomol) empregada. Portanto:

para "n" em moles obtém-se "V" em litros;
para "n" em quilomoles obtém-se "V" em metros cúbicos.

NOTA: Durante os cálculos a seguir, será feita a seguinte afirmação:

% de oxigênio em excesso = % de ar em excesso.

A igualdade acima pode ser provada da seguinte maneira:

$$\% \, O_2 \text{ em excesso} = \frac{n \, O_2 \text{ em excesso}}{n \, O_2 \text{ em teórico}} \times 100 = \frac{\dfrac{n \, O_2 \text{ em excesso}}{0{,}21}}{\dfrac{n \, O_2 \text{ em teórico}}{0{,}21}} \times 100 =$$

$$= \frac{n \, Ar \text{ em excesso}}{n \, Ar \text{ em teórico}} \times 100 = \% \, Ar \text{ em excesso}$$

Portanto, em

$$\% \, O_2 \text{ em excesso} = \% \, Ar \text{ em excesso}$$

2.3 EXEMPLOS DE CÁLCULOS DE COMBUSTÃO

2.3.1 Cálculo da quantidade de "ar teoricamente necessário" e de "ar real" para combustão completa de combustíveis

(A) *Combustíveis gasosos*

1. *O gás liquefeito de petróleo (GLP) apresenta 50% em volume de gás propano (C_3H_8) e 50% em volume de gás normal-butano (C_4H_{10}).*
   Considerando que a combustão seja completa, calcular o volume de ar teórico necessário para a combustão de 1 litro de GLP, a 27 °C e 700 mm Hg.

Base de cálculo

Considerando que a composição do GLP é dada em porcentagem volumétrica, devemos tomar como base de cálculo 1 litro (a 27 °C e 700 mm Hg) e desta maneira obteremos diretamente a resposta pedida (nas mesmas condições de 27 °C e 700 mm Hg). As quantidades volumétricas de cada componente em 1 litro de GLP são as seguintes:

C_3H_8 .... 50% .... $V_{C_3H_8}$ = 0,5 litro

C_4H_{10} .... 50% .... $V_{C_4H_{10}}$ = 0,5 litro

As reações de combustão completa de cada componente serão as seguintes (utilizando proporções volumétricas em lugar de proporções molares, pois todos os participantes das reações são gasosos):

(1) C_3H_8 + 5 O_2 → 3 CO_2 + 4 H_2O
    0,5 ℓ   5 × 0,5 ℓ

(2) C_4H_{10} + 6,5 O_2 → 4 CO_2 + 5 H_2O
    0,5 ℓ   6,5 × 0,5 ℓ

As reações (1) e (2) se dão em fase gasosa; logo, as proporções molares dos reagentes podem ser consideradas também como proporções volumétricas dos reagentes (considerando as mesmas condições de pressão e temperatura para todos os componentes). Pode-se afirmar que 1 litro de C_3H_8 reagirá com 5 litros de oxigênio e que 1 litro de C_4H_{10} reagirá com 6,5 litros de oxigênio. Como na mistura gasosa combustível não há oxigênio livre, o volume de oxigênio teoricamente necessário será:

$V(O_2$ teórico$) = V(O_2$ para combustão completa$)$

pois sabe-se que:

$V(O_2$ teórico$) = V(O_2$ para combustão completa$) - V(O_2$ do combustível$)$

Portanto,

$V(O_2$ teórico$) = V(O_2$ para $C_3H_8) + V(O_2$ para $C_4H_{10})$

Pelas proporções volumétricas das reações (a) e (b), o volume de oxigênio teoricamente necessário será:

$V(O_2$ teórico$) = (0,5 \times 5) + (0,5 \times 6,5) = 2,5 + 3,25 = 5,75$ litros

ou seja:

$$\frac{V(O_2 \text{ teórico}) = 5,75 \text{ litros de } O_2}{\text{litro de } C_3H_8 \text{ e } C_4H_{10}}$$

O volume de ar teoricamente necessário será:

$$\frac{V(Ar \text{ teórico}) = 5,75}{0,21} = 27,38 \text{ litros de ar a 27 °C e 700 mm Hg}$$
(mesmas condições do GLP)

2. Uma mistura gasosa combustível apresenta a seguinte composição em volume:

CH_4	40%
C_2H_6	30%
CO	20%
CO_2	10%

Considerando a combustão completa de 1 litro a CNTP com 10% de ar em excesso, determinar o volume de ar real a 20 °C e 760 mm Hg para a combustão de 1 litro dessa mistura gasosa.

Base de cálculo

Como a composição da mistura é dada em porcentagem volumétrica, tomamos como base de cálculo 1 litro (a CNTP) obtido, dessa maneira, ao final, litros de ar/litro de mistura gasosa combustível. As quantidades volumétricas de cada componente serão as seguintes:

CH_4	40%	$V(CH_4)$	$= 0,40$ litro
C_2H_6	30%	$V(C_2H_6)$	$= 0,30$ litro
CO	20%	$V(CO)$	$= 0,20$ litro
CO_2	10%	$V(CO_2)$	$= 0,10$ litro

As reações de combustão completa de cada componente serão as seguintes:

(1) $CH_4 + 2 O_2 \rightarrow CO_2 + 2 H_2O$
    0,4 l   2 × 0,4 l

(2) $C_2H_6 + 3,5 O_2 \rightarrow 2 CO_2 + 3 H_2O$
    0,3 l   3,5 × 0,3 l

(3) $CO + \frac{1}{2} O_2 \rightarrow CO_2$
    0,2 l   0,5 × 0,2 l

Pelas proporções volumétricas das reações (1), (2) e (3), o volume de oxigênio teoricamente necessário será (considerando que não existe oxigênio gasoso livre na mistura gasosa combustível):

$$V_{(O_2 \text{ teórico})} = V_{(O_2 \text{ para } CH_4)} + V_{(O_2 \text{ para } C_2H_6)} + V_{(O_2 \text{ para } CO)}$$
$$V_{(O_2 \text{ teórico})} = (0,4 \times 2) + (0,3 \times 3,5) + (0,2 \times 0,5) = 1,95 \text{ litro}$$

Como o ar contém 21% em volume de oxigênio, tem-se:

$$V_{(Ar \text{ teórico})} = \frac{1,95}{0,21} = 9,286 \text{ litros, a CNTP}$$

(mesma condição da mistura gasosa).

Como a combustão será efetuada com 10% de ar em excesso, o volume de ar real a ser utilizado será:

$$V_{(Ar \text{ real})} = 9,286 \times 1,10 = 10,21 \text{ litros (a CNTP)}$$

Como o volume de ar real deve ser calculado a 20 °C e 760 mm Hg, aplica-se a fórmula de transformação de gases perfeitos:

$$\frac{PV}{T} = \frac{P_o V_o}{T_o} \text{ ; portanto } V = V_o \left(\frac{P_o}{P}\right) \times \left(\frac{T}{T_o}\right)$$

$$V = 10,21 \left(\frac{760}{760}\right) \times \left(\frac{293}{273}\right)$$

$$V = 10,96 \; \frac{\text{litros de ar real (a 20 °C e 760 mm Hg)}}{1 \text{ litro de combustível (a CNTP)}}$$

3. Uma mistura gasosa combustível apresenta a seguinte composição em volume:

CH_4 .... 50%
C_2H_6 .... 40%
O_2 .... 10%

Considerando a combustão completa com 15% de ar em excesso, determinar o volume de ar real (a CNTP) para a combustão de 1 m³ dessa mistura gasosa (a CNTP).

Base de cálculo

Como a composição da mistura é dada em porcentagem volumétrica, é conveniente tomar como base de cálculo 1 m³ da mistura gasosa, obtendo-se desta maneira volume de ar por m³ de mistura gasosa combustível. As quantidades volumétricas de cada componente serão as seguintes:

CH_4 .... 50% .... V_{CH_4} = 0,5 m³
C_2H_6 .... 40% .... $V_{C_2H_6}$ = 0,4 m³
O_2 .... 10% .... V_{O_2} = 0,1 m³

As reações de combustão completa de cada componente serão as seguintes:

(1) CH_4 + 2 O_2 → CO_2 + 2 H_2O
     0,5 m³   2 × 0,5 m³

(2) C_2H_6 + 3,5 O_2 → 2 CO_2 + 3 H_2O
     0,4 m³   3,5 × 0,4 m³

Estas duas reações (1) e (2) é que consumirão oxigênio do ar para a combustão. Entretanto, existe uma quantidade de oxigênio igual a 0,1 m³ em 1 m³ de mistura combustível, e este oxigênio deve ser considerado utilizável para a combustão. Considerando a expressão, em unidades volumétricas, para a determinação do oxigênio teoricamente necessário:

$$V_{(O_2\ teórico)} = V_{(O_2\ para\ combustão\ completa)} - V_{(O_2\ do\ combustível)}$$

e pelas proporções volumétricas das reações (1) e (2), o volume de oxigênio teoricamente necessário será:

$$V_{(O_2 \text{ teórico})} = V_{(O_2 \text{ para } CH_4)} + V_{(O_2 \text{ para } C_2H_6)} - V_{(O_2 \text{ do combustível})}$$

$$V_{(O_2 \text{ teórico})} = (0{,}5 \times 2) + (4 \times 3{,}5) - 0{,}1$$

$$V_{(O_2 \text{ teórico})} = 2{,}30 \text{ m}^3$$

Considerando a quantidade de 21% de oxigênio no ar, o volume de ar teórico (a CNTP) será:

$$V_{(Ar \text{ teórico})} = \frac{2{,}30 \text{ m}^3}{0{,}21} = 10{,}95 \text{ m}^3$$

Como a combustão será efetuada com 15% de ar em excesso, o volume de ar real a ser utilizado deverá ser (a CNTP):

$$V_{(Ar \text{ real})} = 10{,}95 \times 1{,}15 = 12{,}59 \text{ m}^3 \text{ de ar real}$$

(B) *Combustíveis líquidos*

4. *Um combustível líquido constituído por carbono e hidrogênio deve ser queimado com 20% de ar em excesso. A composição em peso do combustível é a seguinte:*

Carbono	80% (em peso)
Hidrogênio	20% (em peso)

Determinar o volume, a 27 °C e 700 mm Hg, de ar real a ser utilizado na combustão completa de 1 kg do líquido combustível.

Base de cálculo

Tendo em vista que a porcentagem dos componentes é dada em peso, tomamos como base de cálculo 1 kg do combustível líquido:

C	80%	....	m(C) = 800,00 g
H_2	20%	....	m(H_2) = 200,00 g

Dividindo-se a massa de cada um dos componentes pela sua massa atômica ou molecular, teremos o número de moles:

$$nC = \frac{800}{12} = 66{,}66 \text{ moles}$$

$$nH_2 = \frac{200}{2} = 100{,}00 \text{ moles}$$

As reações que se darão pela combustão completa (passagem de todo o carbono a dióxido de carbono e de todo o hidrogênio a vapor de água), serão:

$$(1) \quad C + O \rightarrow CO_2$$
$$ 66{,}66 \quad 66{,}66$$

$$(2) \quad H_2 + \frac{1}{2}O_2 \rightarrow H_2O$$
$$ 100 \quad \frac{100}{2}$$

Esses dois componentes é que consumirão oxigênio do ar para a combustão. Não havendo oxigênio no combustível, logo, a quantidade molar de oxigênio teórico necessário será:

$$n_{(O_2 \text{ teórico})} = n_{(O_2 \text{ para combustão completa})} - n_{(O_2 \text{ do combustível})}$$
$$n_{(O_2 \text{ teórico})} = n_{(O_2 \text{ para C})} + n_{(O_2 \text{ para H}_2)}$$

pois

$$n_{(O_2 \text{ do combustível})} = 0$$

Assim:

$$n_{(O_2 \text{ teórico})} = 66{,}66 + \left(\frac{100}{2}\right)$$

Portanto,

$$n_{(O_2 \text{ teórico})} = 116{,}66 \text{ moles de } O_2$$

Como 100 moles de ar contêm 21 moles de O_2:

$$n_{(Ar \text{ teórico})} = \frac{116{,}66}{0{,}21} = 555{,}52 \text{ moles.}$$

Sabendo-se que 1 mol de gás em condições normais de temperatura e pressão ocupam 22,4 litros, o volume de ar necessário a CNTP será:

$$V = 555{,}52 \times 22{,}4 = 12.443{,}6 \text{ litros de ar teórico} =$$
$$= 12{,}44 \text{ de ar teórico (a CNTP)}$$

Considerando que a combustão foi efetuada com 20% de ar em excesso, o volume de ar real (a CNTP) será:

$$\frac{V_{(Ar\ real)} = 12{,}44 \times 1{,}20 = 14{,}93\ m^3\ (a\ CNTP)}{kg\ de\ combustível}$$

(a) Transformando para 27 °C e 700 mm Hg:

$$\frac{P_o V_o}{T_o} = \frac{PV}{T}\ ,\ onde\ V = V_o \left(\frac{P_o}{P}\right) \times \left(\frac{T}{T_o}\right)$$

Portanto

$$V_{(ar\ real)} = 14{,}93 \left(\frac{760}{700}\right) \times \left(\frac{300}{273}\right)$$

$$V_{(ar\ real)} = 17{,}81\ m^3$$

(b) Pode-se também calcular o volume de ar real, obtendo-se a quantidade molar de ar real e transformando-a em volume pela equação de Clapeyron:

$$n_{(ar\ real)} = n_{(ar\ teórico)} \times 1{,}20$$
$$n_{(ar\ real)} = 555{,}52 \times 1{,}20$$
$$n_{(ar\ real)} = 666{,}62\ moles\ de\ ar$$

Pela equação de Clapeyron:

$$PV = nRT, \quad onde \quad \begin{aligned} P &= 700\ mm\ Hg \\ n &= 666{,}62\ moles\ de\ ar \\ T &= 27 + 273 = 300\ °K \\ R &= 62{,}3\ \frac{mm\ Hg \times litro}{mol \times °K} \end{aligned}$$

Assim:

$$700 \times V = 666{,}62 \times 62{,}3 \times 300$$
$$V = 17.798\ litros\ ou$$
$$V = 17{,}8\ m^3\ de\ ar\ real$$

5. *O álcool etílico (C_2H_5OH) apresenta a seguinte composição em peso:*

> *Carbono 52,2%*
> *Hidrogênio 13,0%*
> *Oxigênio 34,8%*

Considerando combustão completa, calcular a quantidade de ar real a 27 °C e 760 mm Hg, utilizada na combustão de 1 kg de álcool etílico, sabendo-se que a combustão se dará com 20% de ar em excesso.

Base de cálculo

Como a porcentagem é dada em peso, pode-se tomar como base de cálculo 1 kg da mistura:

$$
\begin{array}{lll}
C & = 52{,}2\% - m(C) & = 522{,}2 \text{ g} \\
H_2 & = 13{,}0\% - m(H_2) & = 130{,}0 \text{ g} \\
O_2 & = 34{,}8\% - m(O_2) & = 348{,}0 \text{ g}
\end{array}
$$

Dividindo-se a massa de cada um dos componentes pela sua massa atômica ou molecular, teremos o número de moles:

$$nC = \frac{522{,}0}{12} = 43{,}50 \text{ moles}$$

$$nH_2 = \frac{130{,}0}{2} = 65{,}00 \text{ moles}$$

$$nO_2 = \frac{348{,}0}{32} = 10{,}88 \text{ moles}$$

As reações que se processarão pela combustão completa serão:

(1) $C + O_2 \rightarrow CO_2$

(2) $H_2 + \frac{1}{2} O_2 \rightarrow H_2O$

Esses dois componentes é que consumirão oxigênio do ar para a combustão. Entretanto, existe uma quantidade de oxigênio igual a 348 g (que corresponde a 10,88 moles) em 1 kg de combustível e este oxigênio deve ser considerado como combinado com parte do hidrogênio. Portanto, anula parte do hidrogênio para a reação de combustão com o oxigênio do ar.

A expressão para determinar o oxigênio teoricamente necessário será:

$$n_{(O_2 \text{ teórico})} = n_{(O_2 \text{ para combustão completa})} - n_{(O_2 \text{ do combustível})}$$

Considerando as quantidades de carbono e de hidrogênio em moles e a quantidade molar de oxigênio existente no álcool etílico, pode-se determinar a quantidade molar de oxigênio teórico para a combustão do álcool etílico:

$$n_{(O_2\ teórico)} = \left(43{,}5 + \frac{65{,}0}{2}\right) - 10{,}88$$

$$n_{(O_2\ teórico)} = 65{,}12 \text{ moles de } O_2$$

Pode-se calcular o número de moles de oxigênio teórico de outra forma. O oxigênio do combustível encontra-se combinado com parte do hidrogênio, de acordo com a seguinte reação:

$$H_2 + \frac{1}{2}O_2 \rightarrow H_2O$$

$$2\,g + \frac{32}{2\,g}$$

Portanto, 2 g de hidrogênio reagem com 16 g de oxigênio ou 1 g de hidrogênio reage com 8 g de oxigênio. Logo, a massa de hidrogênio combinado com oxigênio corresponde à massa de oxigênio dividida por oito. Esta massa de hidrogênio chama-se hidrogênio combinado. A diferença entre a massa de hidrogênio total e a massa de hidrogênio combinado é considerada como hidrogênio livre ou combustível, isto é, a quantidade de hidrogênio que no processo de combustão irá fornecer calor. Portanto, a massa de hidrogênio livre no combustível contendo oxigênio será:

$$m_{(H_2\ livre)} = m_{(H_2\ total)} - \frac{m_{O_2}}{8}$$

e, no caso do álcool etílico:

$$m_{(H_2\ livre)} = 130 - \frac{348}{8} = 86{,}5 \text{ g}$$

O número de moles de hidrogênio livre será:

$$n_{(H_2\ livre)} = \frac{86{,}5}{2} = 43{,}25 \text{ moles}$$

Portanto, este número de moles de hidrogênio livre necessitará $\frac{43{,}25}{2}$ moles de oxigênio ou 21,625 moles de oxigênio. Logo, a quantidade molar de oxigênio teórico será:

$$n_{(O_2\ teórico)} = 43{,}5 + 21{,}625 = 65{,}125 \text{ moles.}$$

Considerando 21% de oxigênio no ar, determina-se a quantidade molar de ar teórico:

$$n_{(ar\ teórico)} = \frac{65{,}125}{0{,}21} = 310{,}12 \text{ moles}$$

O volume de ar teórico será:

$$V_{(ar\ teórico)} = 310{,}12 \times 22{,}4 = 6.946{,}69 \text{ litros} = 6{,}947 \text{ m}^3 \text{ (a CNTP)}$$

Como a combustão se dará com 20% de ar em excesso, o volume a CNTP de ar real para a combustão completa de 1 kg de álcool etílico será:

$$V_{(ar\ real)} = 6.947 \times 1{,}20$$
$$V_{(ar\ real)} = 8{,}3364 \text{ m}^3 \text{ (a CNTP)}$$

Nas condições reais de 27 °C e 760 mm Hg, o volume real pode ser calculado de duas formas:

(a)
$$\frac{P_o V_o}{T_o} = \frac{PV}{T}; \text{ portanto, } V = V_o \left(\frac{P_o}{P}\right) \times \left(\frac{T}{T_o}\right)$$

$$V_{(ar\ real)} = 8{,}3364 \left(\frac{760}{700}\right) \times \left(\frac{300}{273}\right)$$

$$V_{(ar\ real)} = 9{,}16 \text{ m}^3$$

(b) Aplicando-se a equação de Clapeyron, determinando antes a quantidade molar de ar real:

$$n_{(ar\ real)} = n_{(ar\ teórico)} \times 1{,}20$$
$$n_{(ar\ real)} = 310{,}12 \times 1{,}20$$
$$n_{(ar\ real)} = 372{,}14 \text{ moles}$$

PV = nRT, onde P = 760 mm Hg
n = 372,14 moles de ar real
T = 27 + 273 = 300 °K
$R = 62{,}3 \dfrac{\text{mm Hg} \times \text{litros}}{\text{mol} \times \text{°K}}$

Portanto, 760 × V = 372,14 × 62,3 × 300
V = 9.151,7 litros
ou $V_{(ar\ real)} = 9{,}15 \text{ m}^3$

(C) *Combustíveis sólidos*

6. *Consideremos um carvão mineral cuja composição química, em porcentagem de peso, é a seguinte:*

Componente	% peso
Carbono	74,0
Hidrogênio	5,0
Oxigênio	5,0
Nitrogênio	1,0
Enxofre	1,0
Umidade	9,0
Cinza	5,0
Total	100,0

Determinar a quantidade volumétrica de ar real necessária para a combustão de 1,0 kg desse carvão mineral, considerando 50% de excesso de ar, em condições de 27° C e 700 mm Hg.

Base de cálculo

Em vista de a porcentagem ser dada em peso (combustível sólido), pode-se considerar a base de cálculo igual a **1,0 kg de carvão**. A composição de 1,0 kg (1.000 g) de carvão será:

Carbono	740 g
Hidrogênio	50 g
Oxigênio	50 g
Nitrogênio	10 g
Enxofre	10 g
Umidade	90 g
Cinza	50 g
Total	1.000 g

Dividindo-se a massa de cada componente pela sua massa atômica ou molecular, tem-se o número de moles:

n(Carbono)	$\frac{740}{12}$	61,66 moles
n(Hidrogênio)	$\frac{50}{2}$	25,00 moles
n(Oxigênio)	$\frac{50}{32}$	1,56 mol
n(Nitrogênio)	$\frac{10}{28}$	0,36 mol
n(Enxofre)	$\frac{10}{32}$	0,31 mol
n(Água)	$\frac{90}{18}$	5,00 moles

As reações que se darão pela combustão completa (passagem de todo carbono a dióxido de carbono, todo hidrogênio a água e todo enxofre a dióxido de enxofre) da parte combustível do carvão mineral (carbono, hidrogênio e enxofre) serão:

(1)　$C + O_2 \rightarrow CO_2$

(2)　$H_2 + \frac{1}{2} O_2 \rightarrow H_2O$

(3)　$S + O_2 \rightarrow SO_2$

Esses três componentes é que consumirão oxigênio do ar para a combustão. Entretanto, existe uma quantidade de oxigênio igual a 50 g ou 1,56 mol, em 1,0 kg de carvão, e esse oxigênio deve ser considerado como combinado com parte do hidrogênio, formando água. Considerando a expressão para determinação do oxigênio teoricamente necessário

$$n_{(O_2\text{ teórico})} = n_{(O_2\text{ para combustão completa})} - n_{(O_2\text{ do combustível})}$$

e considerando as quantidades de C, H_2 e S em moles, tem-se:

$$n_{(O_2\text{ teórico})} = \left(61{,}66 + \frac{25}{2} + 0{,}31\right) - 1{,}56$$

$$n_{(O_2\text{ teórico})} = 72{,}91 \text{ moles}$$

Poderia se determinar esse valor considerando que o oxigênio do combustível está combinado com parte do hidrogênio formando água, segundo a reação

$$H_2 + \frac{1}{2} O_2 \rightarrow H_2O$$

Portanto, a massa de "hidrogênio livre ou combustível" será:

$$m_{(H_2 \text{ livre})} = m_{(H_2 \text{ total})} - \frac{m_{O_2}}{8}$$

$$m_{(H_2 \text{ livre})} = 50 - \frac{50}{8} = 43{,}75 \text{ gramas}$$

O número de moles de "hidrogênio livre" será:

$$n_{(H_2 \text{ livre})} = \frac{43{,}75}{2} = 21{,}875 \text{ moles}$$

Esse número de moles de hidrogênio necessitará de um número de moles de oxigênio igual a $\frac{21{,}875}{2} = 10{,}94$ moles. Portanto, a quantidade molar de oxigênio teórico será:

$$n_{(O_2 \text{ teórico})} = 61{,}66 + 10{,}94 + 0{,}31 = 72{,}91 \text{ moles}$$

A quantidade de ar teoricamente necessária poderá ser determinada a seguir, sabendo-se que o ar contém 21% em volume ou em moles de oxigênio. Portanto:

100 moles de ar seco contêm 21 moles de oxigênio
n moles de ar seco contêm 72,91 moles de oxigênio

ou

$$n_{(\text{ar teórico})} = \frac{72{,}91}{0{,}21} = 347{,}2 \text{ moles}$$

Sabendo-se que 1 mol de gás em condições normais de temperatura e pressão ocupa 22,4 litros, o volume de ar teórico necessário, a CNTP, será:

$$V_{(\text{ar teórico})} = 347{,}2 \times 22{,}4 = 7.777 \text{ litros (a CNTP)}$$

Considerando as condições do ar como 27 °C e 700 mm Hg, pode-se determinar o volume real de ar seco, ou efetuando uma transformação de estado como gás perfeito, ou utilizando a equação de Clapeyron:

$$PV = nRT$$
$$700 \times V = 347{,}2 \times 62{,}3 \times 273{,}27$$
$$V_{(\text{ar teórico})} = 9.270 \text{ litros (a 27 °C e 700 mm Hg)}$$

Portanto, cada quilograma do carvão mineral considerado necessitará de 9,27 m^3 de ar seco a 27 °C e 700 mm Hg para combustão teoricamente completa. Se pelas condições da combustão for necessário 50% de ar em excesso, a quantidade volumétrica de ar real será:

$$V_{(ar\ real)} = 9{,}27 \times 1{,}50 = 13{,}9 \text{ m}^3 \text{ (de ar real em condições reais)}.$$

7. *Um carvão mineral apresenta a seguinte composição em peso:*

Carbono	84,0%
Hidrogênio	4,8%
Cinza	11,2%

As quantidades de nitrogênio e de enxofre são desprezíveis. A combustão se dará com 50% de ar em excesso. Admitindo um grau de complementação de 90% para o carbono, formando dióxido de carbono e supondo que os restantes 10% do carbono produzam monóxido de carbono, determinar o volume de ar real que deve ser utilizado na combustão de 100 kg desse carvão: (1) a CNTP ; (2) a 25 °C e 690 mm Hg.

Base de cálculo

Consideremos como base de cálculo 100 kg de carvão. As quantidades em peso de cada componente do carvão serão:

$$m_C = 84{,}2 \text{ kg} - n(C) = \frac{84}{12} = 7{,}0 \text{ kmoles}$$

$$m_{H_2} = 4{,}8 \text{ kg} - n(H_2) = \frac{4{,}8}{2} = 2{,}4 \text{ kmoles}$$

Dos dados do problema sabe-se que 90% do carbono alimentado passa a dióxido de carbono e que 10% do carbono alimentado passa a monóxido de carbono (CO). Para calcular o oxigênio teórico, *deve-se considerar que todo o C alimentado (mesmo a quantidade que passa a CO) seja oxidado a dióxido de carbono* e que todo o hidrogênio seja oxidado a água. Isto porque se sabe que:

(O$_2$ teórico) = (O$_2$ para oxidar todo o C a CO$_2$) + (O$_2$ para oxidar todo o H$_2$ a H$_2$O) + (O$_2$ para passar todo o S a SO$_2$) – (O$_2$ do combustível)

Determinou-se antes que:

a quantidade molar de todo o carbono alimentado = 7,0 kmoles
a quantidade molar de todo o hidrogênio alimentado = 2,4 kmoles

De acordo com a estequiometria das reações:

$$(1) \quad C + O_2 \rightarrow CO_2$$

$$(2) \quad H_2 + \frac{1}{2} O_2 \rightarrow H_2O$$

e considerando que o carvão não contém enxofre e oxigênio, a quantidade molar de oxigênio teórico será:

$$n(O_2 \text{ teórico}) = n(O_2 \text{ para passar todo C alimentado a } CO_2) + \\ + n(O_2 \text{ para passar todo o } H_2 \text{ alimentado a } H_2O)$$

$$n(O_2 \text{ teórico}) = 7{,}0 \text{ kmoles} + \frac{2{,}4}{2} \text{ kmoles} = 8{,}2 \text{ kmoles}$$

Considerando o excesso de 50% de ar (ou 50% de oxigênio) em relação à quantidade molar de oxigênio teórico, a quantidade molar de oxigênio real será:

$$n(O_2 \text{ real}) = 8{,}2 \text{ kmoles} \times 1{,}50 = 12{,}30 \text{ kmoles}$$

Portanto,

$$n(\text{Ar real}) = \frac{12{,}30}{0{,}21} = 58{,}57 \text{ kmoles}$$

Sabendo-se que 1 kmol de gás em condições normais de temperatura e pressão ocupa 22,4 m³, o volume de ar necessário para a combustão de 100 kg desse carvão mineral será:

$$V_{(\text{ar real})} = \frac{58{,}57 \text{ kmoles} \times 22{,}4 \text{ m}^3}{\text{kmol}}$$

$$V_{(\text{ar real})} = \frac{1.311{,}9 \text{ m}^3 \text{ (a CNTP)}}{100 \text{ kg de carvão}}$$

Para o cálculo do volume de ar real a 25 °C e 690 mm Hg, pode-se utilizar dois critérios de cálculo:

(a) transforma-se o volume de ar real a CNTP para condições reais:

$$\frac{P_o V_o}{T_o} = \frac{PV}{T} \quad \text{onde } V = V_o \left(\frac{P_o}{P}\right) \times \left(\frac{T}{T_o}\right)$$

$$V = 1.311{,}9 \times \left(\frac{760}{690}\right) \times \left(\frac{298}{273}\right)$$

$$V_{(ar\ real)} = \frac{1.577{,}32 \text{ m}^3 \text{ de ar real}}{100 \text{ kg de carvão}}$$

(b) utiliza-se a quantidade molar de ar real e pela equação de Clapeyron e determina-se o volume de ar real em condições reais:

n(ar real) = 58,57 kmoles

PV = nRT, onde P = 690 mm Hg

n = 58,57 kmoles (ar real)

$$R = 62{,}3 \ \frac{\text{mm Hg} \times \text{m}^3}{\text{kmol} \times {}^\circ K}$$

T = 298 °K

690 × V = 58,57 × 62,3 × 298

onde

$$V = \frac{1.575{,}9 \text{ m}^3 \text{ de ar real}}{100 \text{ kg de carvão}}$$

2.3.2 Dados numéricos sobre ar atmosférico seco

Composição (para cálculos)	Oxigênio	Nitrogênio
Em peso	23%	77%
Em volume (ou moles)	21%	79%

No ar puro e seco, a 0 °C e a 760 mm Hg, existem as seguintes relações:

1 m³ de ar pesa	1,293 kg
1 m³ de ar contém: (0,23 × 1,293)	0,297 kg de oxigênio
1 m³ de ar contém: (0,77 × 1,293)	0,996 kg de nitrogênio
1 kg de ar corresponde a	0,773 m³
1 kg de ar contém: (0,21 × 0,773)	0,162 m³ de oxigênio
1 kg de ar contém: (0,79 × 0,773)	0,611 m³ de nitrogênio
1 kg de oxigênio está contido em	3,367 m³ de ar
1 kg de oxigênio está contido em	4,348 kg de ar
1 m³ de oxigênio está contido em	4,762 m³ de ar
1 m³ de oxigênio está contido em	6,173 kg de ar
1 kmol de ar corresponde a	29,0 kg
1 kmol de oxigênio está contido em	107,0 m³ de ar
1 kmol de oxigênio está contido em	139,0 kg de ar
1 kmol de nitrogênio está contido em	28,0 m³ de ar
1 kmol de nitrogênio está contido em	36,0 kg de ar
1 kg de nitrogênio está contido em	1,299 kg de ar
1 kg de nitrogênio está contido em	1,004 m³ de ar
1 m³ de nitrogênio está contido em	0,996 kg de ar
1 m³ de nitrogênio está contido em	1,266 m³ de ar
1 kg de ar contém de oxigênio	0,0074 kmol
1 kg de ar contém de nitrogênio	0,0275 kmol
1 m³ de ar contém de oxigênio	0,0095 kmol
1 m³ de ar contém de nitrogênio	0,0352 kmol

2.3.3 Cálculo da composição e do volume dos fumos da combustão

(A) *Combustíveis gasosos*

8. *Considerando a combustão do gás liquefeito de petróleo contendo 50% de gás propano e 50% de gás n-butano, com o volume de ar teórico (exercício nº 1), calcular*

o volume de fumos (medidos a 27 °C e 700 mm Hg) que se desprenderá, e a composição volumétrica dos gases componentes.

Base de cálculo = 1,0 litro de GLP a 27 °C e 700 mm Hg.

Sistema da combustão:

$$\text{GLP} \begin{cases} C_3H_8 \\ C_4H_{10} \end{cases} \rightarrow \boxed{\begin{array}{c} C_3H_8 + 5\,O_2 \rightarrow 3\,CO_2 + 4\,H_2O \\ C_4H_{10} + 6,5\,O_2 \rightarrow 4\,CO_2 + 5\,H_2O \end{array}} \rightarrow \text{FUMOS} \begin{cases} CO_2 \\ H_2O(vap) \\ N_2 \end{cases}$$

$$\text{Ar teórico} \begin{cases} O_2 \\ N_2 \end{cases}$$

A primeira consideração a fazer é a determinação *qualitativa* dos gases componentes dos fumos (gases residuais) da combustão, em razão do combustível e da quantidade de ar utilizada. Como regra geral, pode-se considerar o seguinte (para combustões completas):

(a) **quanto ao combustível:**

Carbono ⟶ produz ⟶ CO_2 nos fumos

Hidrogênio ⟶ produz ⟶ H_2O (vapor) nos fumos

Enxofre ⟶ produz ⟶ SO_2 nos fumos

Nitrogênio ⟶ passa a ⟶ N_2 nos fumos

O oxigênio estará combinado com parte do hidrogênio (combinado) do combustível passando a água nos fumos:

Umidade ⟶ produz ⟶ H_2O nos fumos

Cinza (matéria inorgânica nos combustíveis sólidos) não passa nos fumos, pois fará parte do resíduo sólido da combustão.

(b) **quanto ao comburente:**

b.1 – **comburente oxigênio puro:**
– Oxigênio na quantidade teórica não produz O_2 nos fumos.
– Oxigênio em excesso produz O_2 nos fumos.

b.2 – **comburente ar atmosférico seco:**
– Ar na quantidade teórica produz N_2 nos fumos
– Ar em excesso produz N_2 e O_2 nos fumos.

NOTA: O cálculo teórico dos fumos não considera a existência de monóxido de carbono (CO) nos fumos, a não ser que se considere *combustão incompleta* do combustível, assim como não considera a existência de "fuligem" (partículas de carbono libertadas sem combustão) e o arraste de partículas de cinza.

Pelo esquema da combustão citado, verifica-se que a composição qualitativa dos fumos será de dióxido de carbono, vapor de água e nitrogênio. Portanto, a solução será a determinação de:

$$V_{(fumos)}(a\ 27\ °C\ e\ 700\ mm\ Hg) = V_{CO_2} + V_{H_2O\ vapor} + V_{N_2}$$

Como as reações de combustão do propano e do n-butano são em fase gasosa, adota-se a estequiometria em volume. Da base de cálculo adotada, ou seja, 1 litro de GLP a 27 °C e 700 mm Hg, tem-se:

Volume de propano = 0,50 litro
Volume de n-butano = 0,50 litro

Das reações tem-se, em litros e a 27 °C e 700 mm Hg:

$$C_3H_8\ +\ 5\ O_2\ \rightarrow\ 3\ CO_2\ +\ 4\ H_2O_{(vapor)}$$
0,50   5 × 0,50   3 × 0,50   4 × 0,50

$$C_4H_{10}\ +\ 6,5\ O_2\ \rightarrow\ 4\ CO_2\ +\ 5\ H_2O_{(vapor)}$$
0,50   6,5 × 0,50   4 × 0,50   5 × 0,50

Quantidade em volume de dióxido de carbono nos fumos

$$V_{CO_2} = (3 \times 0{,}50) + (4 \times 0{,}50) =$$
$$= 1{,}50 + 2{,}00 =$$
$$= 3{,}50\ litros\ (a\ 27\ °C\ e\ 700\ mm\ Hg)$$

Quantidade em volume de vapor de água nos fumos

$$V_{CO_2} = (4 \times 0{,}50) + (5 \times 0{,}50) =$$
$$= 2{,}00 + 2{,}50 =$$
$$= 4{,}50\ litros\ (a\ 27\ °C\ e\ 700\ mm\ Hg)$$

Quantidade de nitrogênio nos fumos

Como a combustão se dará com a quantidade volumétrica de ar teórico e o combustível não contém nitrogênio, tem-se:

$$V_{N_2} = V_{N_2\ do\ ar\ teórico}$$

O volume de nitrogênio do ar teórico é determinado em razão do volume de oxigênio teórico, considerando a proporção volumétrica de 79% de nitrogênio e 21% de oxigênio do ar atmosférico seco, ou seja, multiplicando o volume de oxigênio teórico por $\frac{79}{21} = 3{,}76$.

$$V_{N_2 \text{ no ar teórico}} = V_{O_2 \text{ no ar teórico}} \, (3{,}76)$$

O volume de oxigênio teórico de 5,75 litros (a 27 °C e 700 mm Hg) foi determinado anteriormente na solução do exercício nº 1. Portanto, a 27 °C e 700 mm Hg, temos:

$$V_{N_2 \text{ nos fumos}} = 5{,}75 \times 3{,}76 = 21{,}62 \text{ litros}$$

Esse volume de nitrogênio nos fumos poderia ser determinado considerando que corresponde a 79% (em volume) do ar teórico. O volume de ar teórico foi determinado no exercício nº 1, obtendo-se 27,38 litros (a 27 °C e 700 mm Hg). Portanto, nestas mesmas condições de temperatura e pressão, temos:

$$V_{N_2 \text{ nos fumos}} = 0{,}79 \times 27{,}38 = 21{,}63 \text{ litros}$$

Volume total de fumos (úmidos)

$$V_{(fumos)} = V_{CO_2} + V_{H_2O(vapor)} + V_{N_2}$$

$$V_{(fumos)} = 3{,}50 + 4{,}50 + 21{,}62$$

$$V_{(fumos)} = \frac{29{,}62 \text{ litros (a 27 °C e 700 mm Hg)}}{\text{litro GLP (a 27 °C e 700 mm Hg)}}$$

A composição volumétrica dos fumos resultantes pode ser determinada em base úmida (vapor de água considerado nos fumos a 27 °C e 700 mm Hg) ou em "base seca" (sem vapor de água nos fumos). Em base úmida tem-se:

$$\% \, CO_2 = \left(\frac{3{,}50}{29{,}62}\right) 100 = 11{,}82\%$$

$$\% \, H_2O = \left(\frac{4{,}50}{29{,}62}\right) 100 = 15{,}19\%$$

$$\% \, N_2 = \left(\frac{21{,}61}{29{,}62}\right) 100 = 72{,}99\%$$

Em base seca tem-se:

$$V_{(fumos)} \text{ (base seca)} = 3{,}50 + 21{,}62 = 25{,}12 \text{ litros}$$

$$\% \, CO_2 = \left(\frac{3{,}50}{25{,}12}\right) 100 = 13{,}93\%$$

$$\% \, H_2O = \left(\frac{21{,}62}{25{,}12}\right) 100 = 86{,}07\%$$

9. *Considerando a combustão da mistura gasosa combustível do exercício nº 2 (a CNTP), com excesso de 10% de ar, determinar o volume de fumos desprendidos (a 127 °C e 760 mm Hg).*

Base de cálculo = 1,0 litro de mistura gasosa (a CNTP).

Volume dos gases componentes:

$$V_{CH_4} = 0{,}40 \text{ litro}$$
$$V_{C_2H_6} = 0{,}30 \text{ litro}$$
$$V_{CO} = 0{,}20 \text{ litro}$$
$$V_{CO_2} = 0{,}10 \text{ litro}$$

Reações de combustão e estequiometria em volume (litros a CNTP):

(1) CH_4 + $2\,O_2$ → CO_2 + $2\,H_2O_{(vapor)}$
0,40   2 × 0,40   0,40   2 × 0,40

(2) C_2H_6 + $3{,}5\,O_2$ → $2\,CO_2$ + $3\,H_2O_{(vapor)}$
0,30   3,5 × 0,30   2 × 0,30   3 × 0,30

(3) CO + $\frac{1}{2}\,O_2$ → CO_2
0,20   0,5 × 0,20   0,20

Composição qualitativa dos fumos

$$V_{(fumos)} = V_{CO_2} + V_{H_2O_{(vapor)}} + V_{N_2} + V_{O_2}$$

Quantidade em volume de dióxido de carbono nos fumos

$$V_{CO_2 \text{ nos fumos}} = V_{CO_2}(1) + V_{CO_2}(2) + V_{CO_2}(3) + V_{CO_2 \text{ da mistura gasosa}}$$
$$V_{CO_2 \text{ nos fumos}} = 0{,}40 + (2 \times 0{,}30) + 0{,}20 + 0{,}10$$
$$V_{CO_2 \text{ nos fumos}} = 1{,}30 \text{ litro (a CNTP)}$$

Quantidade em volume de vapor de água nos fumos

$$V_{H_2O \text{ nos fumos}} = V_{H_2O}(1) + V_{H_2O}(2)$$
$$V_{H_2O \text{ nos fumos}} = (2 \times 0{,}40) + (3 \times 0{,}30)$$
$$V_{H_2O \text{ nos fumos}} = 1{,}70 \text{ litro (a CNTP)}$$

Quantidade em volume de nitrogênio nos fumos

Como a mistura combustível não apresenta nitrogênio, a quantidade de nitrogênio nos fumos será:

$$V_{N_2 \text{ nos fumos}} = V_{N_2 \text{ do ar real}}$$

Sabe-se que:

$$V_{N_2 \text{ do ar real}} = 0{,}79 \times V_{(\text{ar real})}$$

No exercício nº 2 determinou-se que:

$$V_{(\text{ar real})} = 10{,}21 \text{ litros (a CNTP)}$$

Portanto

$$V_{N_2 \text{ nos fumos}} = 0{,}79 \times 10{,}21$$
$$V_{N_2 \text{ nos fumos}} = 8{,}066 \text{ litros (a CNTP)}$$

Outra forma de determinar o volume de N_2 nos fumos seria:

$$V_{N_2 \text{ nos fumos}} = \left(\frac{79}{21}\right) \times V_{(O_2 \text{ do ar real})}$$

Do exercício nº 2 tem-se:

$$V_{O_2 \text{ teórico}} = 1{,}95 \text{ litro (a CNTP)}$$

Portanto,

$$V_{(O_2 \text{ do ar real})} = 1{,}95 \times 1{,}10 = 2{,}145 \text{ litros (a CNTP)}$$

$$V_{N_2 \text{ nos fumos}} = \left(\frac{79}{21}\right) \times 2{,}145 = 3{,}76 \times 2{,}145$$

$$V_{N_2 \text{ nos fumos}} = 8{,}065 \text{ litros (a CNTP)}$$

Quantidade em volume de oxigênio nos fumos

A quantidade em volume de oxigênio nos fumos deve sempre ser determinada pela expressão:

$$V_{O_2 \text{ nos fumos}} = V_{O_2 \text{ do ar real}} - V_{O_2 \text{ consumido}}$$

Como a quantidade de ar em excesso na combustão deve ser de 10%, a quantidade de oxigênio em excesso será também de 10%, e portanto:

$$V_{O_2 \text{ do ar real}} = V_{O_2 \text{ teórico}} \times 1{,}10$$

Do exercício nº 2 tem-se:

$$V_{O_2 \text{ teórico}} = 1{,}95 \text{ litro (a CNTP)}$$

onde

$$V_{O_2 \text{ do ar real}} = 1{,}95 \times 1{,}10 = 2{,}145 \text{ litros (a CNTP)}$$

O volume de oxigênio consumido na combustão, no caso presente, corresponde à quantidade de oxigênio teórico, pois a combustão será considerada completa. Portanto, tem-se:

$$V_{O_2 \text{ consumido}} = V_{O_2 \text{ teórico}} = 1{,}95 \text{ litro (a CNTP)}$$

Portanto,

$$V_{O_2 \text{ nos fumos}} = 2{,}145 - 1{,}95$$
$$V_{O_2 \text{ nos fumos}} = 0{,}195 \text{ litro (a CNTP)}$$

O volume de oxigênio nos fumos, no presente caso, em que se tem combustão completa, poderia ser determinado facilmente, considerando que o excesso de oxigênio é de 10% e que toda essa quantidade em excesso sairá nos fumos. Portanto:

$$V_{O_2 \text{ nos fumos}} = V_{O_2 \text{ teórico}} \times 0{,}10$$
$$V_{O_2 \text{ nos fumos}} = 1{,}95 \times 0{,}10 = 0{,}195 \text{ litro (a CNTP)}$$

Este cálculo somente poderá ser efetuado quando a combustão for completa, isto é, quando todo o carbono passar a dióxido de carbono. Se houver formação de CO nos fumos, o volume de oxigênio teórico deverá ser calculado para o carbono, passando totalmente a dióxido de carbono, e a parte de carbono que passará a CO (ou por dissociação do dióxido de carbono) consumirá menos oxigênio do que o calculado teoricamente.

Quantidade em volume de fumos

O volume total de fumos será:

$$V_{(fumos)} = V_{CO_2} + V_{H_2} + V_{N_2} + V_{O_2}$$
$$V_{(fumos)} = 1{,}30 + 1{,}70 + 8{,}065 + 0{,}195$$
$$V_{(fumos)} = 11{,}26 \text{ litros (a CNTP)}$$

Obtém-se, portanto, o volume de fumos totais nas mesmas condições de temperatura e pressão do combustível gasoso, ou seja, a CNTP.

A obtenção do volume de fumos nas condições reais de 127 °C e 760 mm Hg será conseguida pela equação de transformação de estado de gases perfeitos:

$$\frac{P_o V_o}{T_o} = \frac{PV}{T} \rightarrow V = V_o \left(\frac{P_o}{P}\right) \times \left(\frac{T}{T_o}\right)$$

$$V = 11{,}26 \times \left(\frac{760}{760}\right) \times \left(\frac{400}{273}\right)$$

$$V = \frac{16{,}50 \text{ litros de fumos a } 127\,°C \text{ e } 760 \text{ mm Hg}}{\text{litro de mistura gasosa a CNTP}}$$

10. *Considerando a combustão da mistura gasosa do exercício nº 3 ($CH_4 = 50$; $C_2H_6 = 40$ e $O_2 = 10\%$) a CNTP, com 15% de ar em excesso, determinar o volume de fumos total (contendo vapor de água) medido a 200 °C e 700 mm Hg, e a composição percentual dos fumos na base seca (correspondente à análise de Orsat) e na base úmida, correspondente à combustão de 1,0 m³ da mistura gasosa (a CNTP).*

Base de cálculo = 1,0 m³ da mistura gasosa combustível (a CNTP).

Volume dos gases componentes (a CNTP):

$$V_{CH_4} = 0{,}50 \text{ m}^3$$
$$V_{C_2H_6} = 0{,}40 \text{ m}^3$$
$$V_{O_2} = 0{,}10 \text{ m}^3$$

Reações de combustão e estequiometria em volume (m³ a CNTP):

(1) CH_4 + $2 O_2$ → CO_2 + $2 H_2O_{(vapor)}$
0,50   2 × 0,50   0,50   2 × 0,50

(2) C_2H_6 + $3,5 O_2$ → $2 CO_2$ + $3 H_2O_{(vapor)}$
0,40   3,5 × 0,40   2 × 0,40   3 × 0,40

Composição qualitativa dos fumos:

$$V_{(fumos)} = V_{CO_2} + V_{H_2O} + V_{N_2} + V_{O_2}$$

Quantidade em volume de CO_2 nos fumos

$$V_{CO_2 \text{ nos fumos}} = V_{CO_2}(1) + V_{CO_2}(2)$$
$$V_{CO_2 \text{ nos fumos}} = 0,50 + 2 \times 0,40$$
$$V_{CO_2 \text{ nos fumos}} = 1,30 \text{ m}^3 \text{ (a CNTP)}$$

Quantidade em volume de H_2O (vapor) nos fumos

$$V_{H_2O \text{ nos fumos}} = V_{H_2O}(1) + V_{H_2O}(2)$$
$$V_{H_2O \text{ nos fumos}} = (2 \times 0,50) + (3 \times 0,40)$$
$$V_{H_2O \text{ nos fumos}} = 2,20 \text{ m}^3 \text{ (a CNTP)}$$

Quantidade em volume de N_2 nos fumos

$$V_{N_2 \text{ nos fumos}} = 0,79 \times V_{(ar \, real)}$$

Do exercício nº 3 tem-se:

$$V_{(ar \, real)} = 12,59 \text{ m}^3 \text{ (a CNTP)}$$

Portanto,

$$V_{N_2 \text{ nos fumos}} = 0,79 \times 12,59$$
$$V_{N_2 \text{ nos fumos}} = 9,946 \text{ m}^3 \text{ (a CNTP)}$$

Outra forma de determinar o volume de N_2 nos fumos seria:

$$V_{N_2 \text{ nos fumos}} = V_{O_2 \text{ do ar real}} \times 3,76$$

Do exercício nº 3 tem-se:

$$V_{O_2 \text{ do ar real}} = 2{,}30 \times 1{,}15 = 2{,}645 \text{ m}^3 \text{ (a CNTP)}$$
$$V_{N_2 \text{ nos fumos}} = 2{,}645 \times 3{,}76$$
$$V_{N_2 \text{ nos fumos}} = 9{,}945 \text{ m}^3 \text{ (a CNTP)}$$

Quantidade em volume de O_2 nos fumos

Como no exercício anterior:

$$V_{O_2 \text{ nos fumos}} = V_{O_2 \text{ do ar real}} - V_{O_2 \text{ consumido}}$$

A quantidade de oxigênio consumido, no presente caso, é igual à quantidade de oxigênio teórico, pois a combustão foi completa. Portanto:

$$V_{O_2 \text{ nos fumos}} = V_{O_2 \text{ do ar real}} - V_{O_2 \text{ teórico}}$$

Do exercício nº 3 tem-se que:

$$V_{O_2 \text{ teórico}} = 2{,}30 \text{ m}^3 \text{ (a CNTP)}$$

Portanto,

$$V_{O_2 \text{ nos fumos}} = 2{,}645 - 2{,}30$$
$$V_{O_2 \text{ nos fumos}} = 0{,}345 \text{ m}^3 \text{ (a CNTP)}$$

Para este caso, também se poderia encontrar o valor do oxigênio nos fumos da seguinte forma:

$$V_{O_2 \text{ nos fumos}} = V_{O_2 \text{ teórico}} \times 0{,}15$$
$$V_{O_2 \text{ nos fumos}} = 2{,}30 \times 0{,}15$$
$$V_{O_2 \text{ nos fumos}} = 0{,}345 \text{ m}^3 \text{ (a CNTP)}$$

Quantidade em volume de fumos

O volume de fumos total será:

$$V_{\text{fumos}} = V_{CO_2} + V_{H_2O} + V_{N_2} + V_{O_2}$$
$$V_{\text{fumos}} = 1{,}30 + 2{,}20 + 9{,}945 + 0{,}345$$
$$V_{\text{fumos}} = 13{,}79 \text{ m}^3 \text{ (a CNTP)}$$

Como o volume de fumos deve ser dado a 200 °C e 700 mm Hg:

$$V_{(fumos)} = V_o \left(\frac{P_o}{P}\right) \times \left(\frac{T}{T_o}\right)$$

$$V_{(fumos)} = 13{,}79 \times \left(\frac{760}{760}\right) \times \left(\frac{473}{273}\right)$$

$$V_{(fumos)} = \frac{25{,}94 \text{ m}^3 \text{ de fumos a 200 °C e 700 mm Hg}}{\text{m}^3 \text{ de mistura gasosa combustível a CNTP}}$$

Composição percentual

1. Base úmida

$$\% \, CO_2 = \frac{1{,}30}{13{,}79} \times 100 = 9{,}43\%$$

$$\% \, H_2O = \frac{2{,}20}{13{,}79} \times 100 = 15{,}95\%$$

$$\% \, N_2 = \frac{9{,}945}{13{,}79} \times 100 = 72{,}12\%$$

$$\% \, O_2 = \frac{0{,}345}{13{,}79} \times 100 = 2{,}50\%$$

2. Base seca

$$\% \, CO_2 = \frac{1{,}30}{11{,}59} \times 100 = 11{,}22\%$$

$$\% \, N_2 = \frac{9{,}945}{11{,}59} \times 100 = 85{,}81\%$$

$$\% \, O_2 = \frac{0{,}345}{11{,}59} \times 100 = 2{,}98\%$$

(B) *Combustíveis líquidos*

11. *Considerando os dados do exercício nº 4 (combustível contendo C = 80% e H_2 = 20%, em combustão com 20% de ar em excesso, medido a 27 °C e 700 mm Hg), determinar o volume de fumos desprendidos a 27 °C e 700 mm Hg.*

Base de cálculo = 1.000 gramas de combustível líquido.

Massa dos elementos componentes:

$$m_C = 800 \text{ gramas}$$
$$m_{H_2} = 200 \text{ gramas}$$

Quantidades molares dos elementos componentes:

$$n_C = \frac{800}{12} = 66,66 \text{ moles}$$

$$n_{H_2} = \frac{200}{2} = 100,00 \text{ moles}$$

Reações de combustão com estequiometria em moles:

(1)   C   + O_2 → CO_2
     66,66   66,66   66,66   (moles)

(2) H_2 + $\frac{1}{2} O_2$ → H_2O
     100   0,5 × 100   100   (moles)

Composição qualitativa dos fumos:

$$n(\text{fumos}) = n(CO_2) + n(H_2O) + n(N_2) + n(O_2)$$

Quantidade molar de CO_2 nos fumos

$$n(CO_2) = n(\text{C queimado}) = 66,66 \text{ moles}$$

Quantidade molar de H_2O nos fumos

$$n(H_2O) = n(H_2 \text{ queimado}) = 100,00 \text{ moles}$$

Quantidade molar de N_2 nos fumos

$$n(N_2) = 0,79 \times n(\text{ar real})$$

Do exercício nº 4 tem-se:

$$n(\text{ar real}) = 666,62 \text{ moles}$$

Portanto,

$$n(N_2) = 0,79 \times 666,62 = 526,63 \text{ moles}$$

Esta quantidade molar poderia ser determinada ainda da seguinte forma:

$$n(N_2) = 3,76 \times n(O_2 \text{ real})$$

Do exercício nº 4 tem-se:

$$n(O_2 \text{ teórico}) = 116,66 \text{ moles}$$

Portanto,

$$n(O_2 \text{ real}) = 116,66 \times 1,20 = 139,99 \text{ moles}$$
$$n(N_2) = 3,76 \times 139,99 = 526,63 \text{ moles}$$

Quantidade molar de O_2 nos fumos

Sendo a combustão completa e com o mesmo raciocínio do exercício anterior, pode-se determinar a quantidade molar de oxigênio nos fumos por:

$$n(O_2 \text{ nos fumos}) = 0,20 \times n(O_2 \text{ teórico})$$
$$n(O_2 \text{ nos fumos}) = 0,20 \times 116,66$$
$$n(O_2 \text{ nos fumos}) = 23,33 \text{ moles}$$

Quantidade molar dos fumos

$$n(\text{fumos}) = n(CO_2) + n(H_2O) + n(N_2) + n(O_2)$$
$$n(\text{fumos}) = 66,66 + 100,00 + 526,63 + 23,33$$
$$n(\text{fumos}) = 716,62 \text{ moles}$$

O cálculo do volume de fumos (medidos a 27 °C e 700 mm Hg) poderá ser efetuado pelos dois critérios mencionados.

a) $V_{o(\text{fumos})} = n(\text{fumos}) \times 22,4 = 716,62 \times 22,4$

$V_{o(\text{fumos})} = 16.052,29$ litros (a CNTP)

$$V = V_o \left(\frac{P_o}{P}\right) \times \left(\frac{T}{T_o}\right) = 16.052,29 \left(\frac{760}{700}\right) \times \left(\frac{300}{273}\right)$$

$V_{(\text{fumos})} = 19.151,87$ litros de fumos a 27 °C e 700 mm Hg/kg de combustível líquido

b) $PV = nRT$, onde $P = 700$ mm Hg
$n = 716,62$ moles
$R = \dfrac{62,3 \text{ (mm Hg} \times \text{litro)}}{\text{(mol} \times \text{°K)}}$
$T = 300$ °K
$700 \times V = 716,62 \times 62,3 \times 300$
$V_{(fumos)} = 19.133,7$ litros de fumos a 27 °C e 700 mm Hg

12. Considerando os dados do exercício nº 5 (álcool etílico – C_2H_5OH – contendo $C = 52,2\%$ em peso, $H_2 = 13,0\%$, $O_2 = 34,8\%$, em combustão completa com 20% de ar em excesso, a 27 °C e 760 mm Hg), determinar o volume de fumos (inclusive vapor de água) desprendido e medido a 127 °C e 0,92 atmosfera.

Base de cálculo = 1.000 gramas de álcool etílico.

Massa dos elementos componentes:

$m_C = 522,0$ gramas
$m_{H_2} = 130,0$ gramas
$m_{O_2} = 348,0$ gramas

Quantidades molares dos componentes:

$n_C = \dfrac{522}{12} = 43,50$ moles

$n_{H_2} = \dfrac{130}{2} = 65,00$ moles

$n_{O_2} = \dfrac{348}{32} = 10,88$ moles

Reações de combustão com estequiometria em moles:

(1) $\quad C \;+\; O_2 \;\to\; CO_2$
$\quad\quad 43,50 \quad\; 43,50 \quad\quad 43,50$ (moles)

(2) $\quad H_2 \;+\; \dfrac{1}{2} O_2 \;\to\; H_2O$
$\quad\quad 65,00 \quad 0,5 \times 65,00 \quad 65,00$ (moles)

Composição qualitativa dos fumos:

$n(\text{fumos}) = n(CO_2) + n(H_2O) + n(N_2) + n(O_2)$

Quantidade molar de CO_2 nos fumos

$n(CO_2) = n(C) = 43,50$ moles

Quantidade molar de H_2O (vapor) nos fumos

$$n(H_2O) = n(H_2) = 65,00 \text{ moles}$$

Mesmo existindo oxigênio no combustível (que é considerado combinado com parte do hidrogênio do combustível) a quantidade de vapor de água formada será dada pelo total de hidrogênio existente no combustível.

Quantidade molar de N_2 nos fumos

Pelo cálculo do exercício nº 5, a quantidade molar de ar real, para este caso, é de 372,14 moles. A quantidade molar de nitrogênio nos fumos será determinada por:

$$n(N_2) = 0,79 \times 372,14 = 293,99 \text{ moles}$$

Pode-se calcular, também, o nitrogênio nos fumos por:

$$n(N_2) = n(O_2 \text{ teórico}) \times 1,20 \times 3,76$$

$$n(N_2) = 65,125 \times 1,20 \times 3,76 = 293,99 \text{ moles}$$

Quantidade molar de O_2 nos fumos

$$n(O_2) = n(O_2 \text{ real}) - n(O_2 \text{ consumido})$$

Do exercício nº 5 tem-se:

$$n(O_2 \text{ teórico}) = 65,125 \text{ moles}$$

Portanto,

$$n(O_2 \text{ real}) = 65,125 \times 1,20 = 78,15 \text{ moles}$$

A quantidade molar de oxigênio consumido corresponde à quantidade de oxigênio teórico, pois a combustão é completa. Assim:

$$n(O_2 \text{ nos fumos}) = 78,15 - 65,125 = 13,025 \text{ moles}$$

Pode-se ainda determinar essa quantidade de oxigênio nos fumos, por:

$$n(O_2 \text{ nos fumos}) = 65,125 \times 0,20 = 13,025 \text{ moles}$$

Quantidade molar dos fumos

$$n(fumos) = n(CO_2) + n(H_2O) + n(N_2) + n(O_2)$$
$$n(fumos) = 43{,}50 + 65{,}00 + 293{,}99 + 13{,}025$$
$$n(fumos) = 415{,}52 \text{ moles}$$

Utilizando a equação de Clapeyron para obter o volume correspondente a 127 °C e 0,92 atmosfera:

$$PV = nRT, \quad \text{onde} \quad P = 0{,}52 \text{ atm}$$
$$n = 415{,}52 \text{ moles}$$
$$R = 0{,}082 \;\tfrac{\text{atm . litro}}{\text{mol . °K}}$$
$$T = 127 + 273 = 400 \text{ °K}$$

$$V = \frac{(415{,}52 \times 0{,}082 \times 400)}{0{,}92}$$

$$V(fumos) = \frac{14.814{,}2 \text{ litros de fumos a } 127 \text{ °C e } 0{,}92 \text{ atm}}{1.000 \text{ g de álcool etílico}}$$

(C) *Combustíveis sólidos*

13. *Considerando os dados do exercício nº 6, determinar o volume de fumos desprendido, medido a 250 °C e 0,895 atmosfera. Determinar a composição percentual volumétrica dos fumos na base seca (correspondente à análise de Orsat dos fumos).*

Base de cálculo = 1.000 gramas de carvão mineral.

Reações de combustão com estequiometria em moles (dados do exercício nº 6):

$$\begin{array}{rcccl}
(1) & C & + \; O_2 & \rightarrow & CO_2 \\
 & 61{,}66 & & & 61{,}66 \text{ (moles)} \\
(2) & H_2 & + \; \tfrac{1}{2}O_2 & \rightarrow & H_2O \\
 & 25{,}00 & & & 25{,}00 \text{ (moles)} \\
(3) & S & + \; O_2 & \rightarrow & SO_2 \\
 & 0{,}31 & & & 0{,}31 \text{ (mol)}
\end{array}$$

Composição qualitativa dos fumos:

$$n(fumos) = n(CO_2) + n(H_2O) + n(SO_2) + n(N_2) + n(O_2)$$

Quantidade molar de CO_2 nos fumos

$$n(CO_2) = n(C) = 61,66 \text{ moles}$$

Quantidade molar de H_2O (vapor) nos fumos

$$n(H_2O) = n(H_2) + n(H_2O \text{ do carvão})$$
$$n(H_2O) = 25,00 + 5,00 = 30,00 \text{ moles}$$

Quantidade molar de SO_2 nos fumos

$$n(SO_2) = n(S) = 0,31 \text{ mol}$$

Quantidade molar de N_2 nos fumos

$$n(N_2) = n(N_2 \text{ do ar real}) + n(N_2 \text{ do carvão})$$
$$n(N_2 \text{ do ar real}) = 0,79 \times n(\text{ar real})$$

Do exercício nº 6 tem-se:

$$n(\text{ar real}) = n(\text{ar teórico} \times 1,50)$$
$$n(\text{ar real}) = 347,2 \times 1,50 = 520,80 \text{ moles}$$

Portanto,

$$n(N_2 \text{ do ar real}) = 0,79 \times 520,00 = 411,43 \text{ moles}$$

Do exercício nº 6:

$$n(N_2 \text{ do carvão}) = 0,36 \text{ mol}$$

Onde,

$$n(N_2 \text{ nos fumos}) = 411,43 + 0,36$$
$$n(N_2 \text{ nos fumos}) = 411,79 \text{ moles}$$

Quantidade molar de O_2 nos fumos

Do exercício nº 6 tem-se:

$$n(O_2 \text{ teórico}) = 72,91 \text{ moles}$$

Como a combustão é completa, pode-se determinar a quantidade molar de oxigênio nos fumos pela porcentagem de excesso de ar utilizada:

$$n(O_2 \text{ nos fumos}) = 0,50 \times 72,91$$
$$n(O_2 \text{ nos fumos}) = 36,455 \text{ moles}$$

Quantidade molar dos fumos

$$n(\text{fumos}) = 61,66 + 30,00 + 0,31 + 411,79 + 36,455$$
$$n(\text{fumos}) = 540,215 \text{ moles}$$

Utilizando os dois critérios para determinação do volume (a 250 °C e 0,895 atm) tem-se:

a) $V_{o(\text{fumos})} = n(\text{fumos}) \times 22,4 = 540,215 \times 22,4$
$V_{o(\text{fumos})} = 12.100,82$ litros (a CNTP)

$$V = V_o \left(\frac{P_o}{P}\right) \times \left(\frac{T}{T_o}\right) = 12.100,82 \left(\frac{1}{0,895}\right) \times \left(\frac{523}{273}\right)$$

$$V = \frac{25.901,85 \text{ litros a 250 °C e 0,895 atm}}{1,0 \text{ kg de carvão}}$$

b) $PV = nRT$, onde $P = 0,895$ atm
$n = 540,215$ moles
$R = 0,082 \dfrac{\text{atm} \times \text{litro}}{\text{mol} \times °K}$
$T = 250 + 273 = 523 °K$

$$V = \frac{(540,215 \times 0,082 \times 523)}{0,895}$$

$$V = \frac{25.885,6 \text{ litros a 250 °C e 0,895 atm}}{1,0 \text{ kg de carvão.}}$$

Composição percentual dos fumos (base seca)

$$n(\text{fumos} - \text{base seca}) = 61,66 + 0,31 + 411,79 + 36,455$$
$$n(\text{fumos} - \text{base seca}) = 510,215 \text{ moles}$$

$$\% CO_2 = \frac{61,66}{510,215} \times 100 = 12,09\%$$

$$\% SO_2 = \frac{0,31}{510,215} \times 100 = 0,06\%$$

$$\% \, N_2 = \frac{411{,}79}{510{,}215} \times 100 = 80{,}70\%$$

$$\% \, O_2 = \frac{36{,}455}{510{,}215} \times 100 = 7{,}15\%$$

Como o aparelho de Orsat não acusa a porcentagem de SO_2, sendo esta dada juntamente com a porcentagem de CO_2, a provável análise de Orsat dos fumos seria:

$$\% \, CO_2 = 12{,}15\%$$
$$\% \, N_2 = 80{,}70\%$$
$$\% \, O_2 = 7{,}15\%$$

14. *Considerando os dados do exercício nº 7 (carvão mineral com C = 84,0%, H_2 = 4,8% e Z = 11,2%, combustão com 50% de ar em excesso, complementação do carbono a CO_2 em 90%), determinar o volume de fumos, medido a CNTP, desprendido de 100 kg de carvão mineral.*

Base de cálculo = 100 kg de carvão mineral.

Massa de carbono alimentado: 0,84 × 100 = 84 kg
Massa de hidrogênio alimentado: 0,048 × 100 = 4,8 kg

Pelos dados do problema sabe-se que 90% do carbono alimentado será oxidado até CO_2 e, portanto, 10% será oxidado até CO.

Massa de carbono oxidado a CO_2: 0,90 × 84 = 75,60 kg
Massa de carbono oxidado a CO: 0,10 × 84 = 8,40 kg

Quantidade molar de C oxidado a CO_2: $\frac{75{,}60}{12} = 6{,}30$ kmoles

Quantidade molar de C oxidado a CO: $\frac{8{,}40}{12} = 0{,}70$ kmol

Quantidade molar de H_2 oxidado a H_2O: $\frac{4{,}8}{2} = 2{,}40$ kmoles

Sistema de combustão:

Carvão $\begin{cases} C = 84{,}0 \text{ kg} \\ H_2 = 4{,}8 \text{ kg} \\ Z = 11{,}2 \text{ kg} \end{cases}$ →

Combustão
$C + O_2 \rightarrow CO_2$
$C + \frac{1}{2} O_2 \rightarrow CO$
$H_2 + \frac{1}{2} O_2 \rightarrow H_2O$

fumos → $\begin{cases} CO_2 \\ CO \\ H_2O \\ O_2 \\ N_2 \end{cases}$

Ar real $\{$ excesso 50% $\}$ →

Reações de combustão com estequiometria em moles:

(1) $C + O_2 \rightarrow CO_2$
    6,30   6,30   6,30 (kmoles)

(2) $C + \frac{1}{2}O_2 \rightarrow CO$
    0,70 $0,5 \times 0,70$ 0,70 (kmol)

(3) $H_2 + \frac{1}{2}O_2 \rightarrow H_2O$
    2,40 $0,5 \times 2,40$ 2,40 (kmoles)

Composição qualitativa dos fumos:

$$n(fumos) = n(CO_2) + n(CO) + n(H_2O) + n(O_2) + n(N_2)$$

Quantidade molar de CO_2 nos fumos

$$n(CO_2) = 6,30 \text{ kmol (de acordo com a reação 1)}$$

Quantidade molar de CO nos fumos

$$n(CO) = 0,70 \text{ kmol (de acordo com a reação 2)}$$

Quantidade molar de H_2O (vapor) nos fumos

$$n(H_2O) = 2,40 \text{ kmoles (de acordo com a reação 3)}$$

Quantidade molar de O_2 nos fumos

$$n(O_2 \text{ nos fumos}) = n(O_2 \text{ real}) - n(O_2 \text{ consumido})$$

Neste caso, não se pode determinar a quantidade molar de oxigênio nos fumos multiplicando a quantidade molar de oxigênio teórico (8,2 kmoles determinado no exercício nº 7) por 0,50 (porcentagem de excesso de ar ou de oxigênio), pois a combustão não foi completa, havendo formação de CO nos fumos correspondente a 10% do carbono alimentado. Do exercício nº 7 tem-se:

$$n(O_2 \text{ real}) = 12,30 \text{ kmoles}$$

Pelas reações de combustão (1), (2) e (3) referidas tem-se:

$$n(O_2 \text{ consumido}) = 6,30 + (0,5 \times 0,70) + (0,5 \times 2,40)$$
$$n(O_2 \text{ consumido}) = 6,30 + 0,35 + 1,20 = 7,85 \text{ kmoles}$$

Verifica-se, neste caso, que a quantidade molar de O_2 consumido não é igual à quantidade molar de O_2 teórico. A diferença entre esses valores é:

$$n(O_2 \text{ diferença}) = 8{,}20 - 7{,}85 = 0{,}35 \text{ kmol}$$

Essa quantidade (0,35 kmol) corresponde exatamente à quantidade de oxigênio que seria necessária para oxidar a quantidade molar de CO que sairá dos fumos, isto é, 0,70 kmol de CO. Portanto, a quantidade molar de oxigênio que sairá nos fumos será:

$$n(O_2 \text{ nos fumos}) = 12{,}30 - 7{,}85 = 4{,}45 \text{ kmoles}$$

NOTA: Verifica-se que o valor de 4,45 kmoles corresponde a 50% do oxigênio teórico (0,50 × 8,20 = 4,10 kmoles) somado à quantidade de oxigênio que seria necessária para oxidar o CO nos fumos, a qual, entretanto, não foi utilizada. Portanto:

$$n(O_2 \text{ nos fumos}) = 4{,}10 + 0{,}35 = 4{,}45 \text{ kmoles}$$

Quantidade molar de N_2 nos fumos

$$n(N_2 \text{ nos fumos}) = 0{,}79 \times n(\text{ar real})$$

Do exercício nº 7 tem-se:

$$n(\text{ar real}) = 58{,}57 \text{ kmoles}$$

Portanto,

$$n(N_2 \text{ nos fumos}) = 0{,}79 \times 58{,}87 = 46{,}27 \text{ kmoles}$$

Esse valor poderia ser obtido também da seguinte forma:

$$n(N_2 \text{ nos fumos}) = n(O_2 \text{ do ar real}) \times \left(\frac{79}{21}\right)$$

$$n(N_2 \text{ nos fumos}) = 12{,}30 \times \frac{79}{21}$$

$$n(N_2 \text{ nos fumos}) = 46{,}27 \text{ kmoles}$$

Quantidade molar de fumos totais

$$n(\text{fumos}) = 6{,}30 + 0{,}70 + 2{,}40 + 4{,}45 + 46{,}27$$
$$n(\text{fumos}) = 60{,}12 \text{ kmoles}$$

Volume de fumos desprendidos (a CNTP)

$$V_o(\text{fumos}) = n(\text{fumos}) \times 22{,}4$$
$$V_o(\text{fumos}) = 60{,}12 \times 22{,}4$$
$$V_o(\text{fumos}) = \frac{1.346{,}69 \text{ m}^3 \text{ (a CNTP)}}{100 \text{ kg de carvão}}$$

NOTA: O volume será obtido em metros cúbicos, pois utilizou-se no cálculo a quantidade molar em kmoles.

É possível utilizar a equação de Clapeyron para determinar o volume a CNTP, ou em qualquer outra condição de temperatura e pressão reais. Para CNTP ter-se-ia:

$$PV = nRT, \quad \text{onde} \quad P = 760 \text{ mm Hg}$$
$$n = 60{,}12 \text{ kmoles}$$
$$R = \frac{62{,}3 \text{ mm Hg} \times \text{m}^3}{\text{kmol} \times {}^\circ K}$$
$$T = 273 \ {}^\circ K$$

$$760 \times V = 60{,}12 \times 62{,}3 \times 273$$
$$V = \frac{1.345{,}41 \text{ m}^3 \text{ (a CNTP)}}{100 \text{ kg de carvão}}$$

2.3.4 Cálculo da porcentagem de "ar em excesso" utilizada em razão da "análise de Orsat"

A análise dos fumos permite determinar, por meio de um balanço material do nitrogênio, a quantidade de ar real e o excesso de ar utilizado. É necessário que o combustível não contenha nitrogênio em quantidade apreciável e que todos os elementos gaseificáveis do combustível apareçam nos gases, isto é, não deverá haver perdas de combustível no resíduo (cinza), nem produção de fuligem e alcatrão. O nitrogênio funciona como *elemento-chave* para relacionar as quantidades de ar e de fumos.

1º exemplo

Uma mistura gasosa de propano (C_3H_8) e butano (C_4H_{10}) é queimada com excesso de ar. A análise de Orsat dos fumos revelou a seguinte composição: CO_2 = 10,4%; O_2 = 4,6%; CO = 0,6%; e N_2 = 84,4%. Determinar a porcentagem de ar em excesso utilizada.

Solução:

Em virtude da quantidade constante de O_2 no ar, pode-se afirmar que:

% de ar em excesso = % de O_2 em excesso

A porcentagem de O_2 em excesso pode ser determinada pela proporção:

O_2 teórico .... O_2 em excesso
100 .... % O_2 em excesso

$$\% \ O_2 \text{ excesso} = \left(\frac{O_2 \text{ em excesso}}{O_2 \text{ teórico}} \right) \times 100$$

Base de cálculo = 100 moles de fumos secos

Considerando o cálculo em unidades molares, a quantidade molar de "O_2 teórico" será:

$n(O_2$ teórico$) = n(O_2$ para combustão completa$) - n(O_2$ do combustível$)$

Pela inexistência de oxigênio no combustível e a existência de apenas C e H, a quantidade molar de O_2 teórico será:

$n(O_2$ teórico$) = n[O_2 : (C \rightarrow CO_2)] + n[O_2 : (H_2 \rightarrow H_2O)]$

Pela base de cálculo de 100 moles de fumos secos, os componentes terão as seguintes quantidades molares (correspondentes à análise de Orsat):

CO_2 = 10,4 moles
O_2 = 4,6 moles
CO = 0,6 mol
N_2 = 84,4 moles

Pela existência de CO_2, CO e H_2O (que o aparelho de Orsat não determinou, porém, que deve existir nos fumos pela existência de hidrogênio no gás combustível), as reações de combustão podem ser consideradas como:

(1) $H_2 + \frac{1}{2} O_2 \rightarrow H_2O$
(2) $C + O_2 \rightarrow CO_2$
(3) $C + \frac{1}{2} O_2 \rightarrow CO$

Pela estequiometria das reações (2) e (3) e sabendo-se que existem 10,4 moles de CO_2 e 0,6 mol de CO, pode-se afirmar que foi queimada uma quantidade molar de C igual a:

$$n(C) = 10,4 + 0,6 + 11,0 \text{ moles}$$

Portanto, a quantidade molar de O_2 para oxidar totalmente essa quantidade de C até CO_2 será:

$$n[O_2 : (C \rightarrow CO_2)] = 11,0 \text{ moles}$$

Substituindo esse valor na expressão do O_2 teórico:

(A) $n(O_2 \text{ teórico}) = 11,0 + n[O_2 : (H_2 \rightarrow H_2O)]$

A quantidade molar de O_2 para queimar o H_2 poderá ser determinada pela expressão:

(B) $n[O_2 : (H_2 \rightarrow H_2O)] = n(O_2 \text{ real}) - n(O_2 \text{ encontrado})$

A quantidade molar de O_2 real é a quantidade contida no ar real colocada na combustão e corresponde à quantidade molar de N_2 determinada pela análise de Orsat; a quantidade molar de O_2 encontrado refere-se às quantidades de oxigênio que possam ser determinadas estequiometricamente pelas reações de combustão e pelo oxigênio nos fumos. A quantidade de O_2 real será:

$$n(O_2 \text{ real}) = n(N_2 \text{ real}) \times \left(\frac{21}{79}\right)$$

$$n(O_2 \text{ real}) = 84,4 \times \left(\frac{21}{79}\right)$$

$$n(O_2 \text{ real}) = 22,4 \text{ moles}$$

A quantidade de O_2 encontrado pode ser determinada pela expressão:

$$n(O_2 \text{ encontrado}) = n[O_2 : (C \rightarrow CO_2)] + n[O_2 : (C \rightarrow CO)] + n(O_2 \text{ nos fumos})$$

Pelas reações (2) e (3) anteriores, determina-se que para a formação de 10,4 moles de CO_2 são necessários 10,4 moles de O_2 e para a formação de 0,6 mol de CO é necessário 0,3 mol de O_2. Nos fumos, o aparelho de Orsat determinou 4,6 moles (para 100 moles de fumos da base de cálculo). Portanto:

$$n(O_2 \text{ encontrado}) = 10,4 + 0,3 + 4,6 = 15,3 \text{ moles}$$

A quantidade molar de O_2 para queimar o H_2 (formando H_2O) será, usando a expressão (B):

$$n[O_2 : (H_2 \rightarrow H_2O)] = 22,4 - 15,3 = 7,1 \text{ moles}$$

Pode-se, afinal, determinar a quantidade molar de O_2 teórico, usando a expressão (A):

$$n(O_2 \text{ teórico}) = 11,0 + 7,1 = 18,1 \text{ moles}$$

Sendo a quantidade molar de O_2 em excesso tomada em relação à quantidade de O_2 teórico, tem-se a expressão:

$$n(O_2 \text{ real}) = n(O_2 \text{ teórico}) + n(O_2 \text{ em excesso})$$
$$n(O_2 \text{ em excesso}) = n(O_2 \text{ real}) - n(O_2 \text{ teórico})$$

Substituindo os valores encontrados tem-se:

$$n(O_2 \text{ em excesso}) = 22,4 - 18,1 = 4,3 \text{ moles}$$

Verifica-se que a diferença entre o $n(O_2$ em excesso) e o $n(O_2$ nos fumos) é $(4,6 - 4,3) = 0,3$ mol. Esta quantidade é exatamente a quantidade necessária para queimar 0,6 mol de CO que sai nos fumos e não se transforma em CO_2:

$$CO + \frac{1}{2} O_2 \rightarrow CO_2$$

Poderíamos, portanto, determinar rapidamente a quantidade molar de O_2 em excesso pela expressão:

$$n(O_2 \text{ em excesso}) = n(O_2 \text{ nos fumos}) - n(O_2 \text{ para queimar o CO nos fumos})$$
$$n(O_2 \text{ em excesso}) = 4,6 - \frac{0,6}{2} = 4,3 \text{ moles}$$

Evidentemente, quando não existir CO nos fumos, tem-se:

$$n(O_2 \text{ em excesso}) = n(O_2 \text{ nos fumos})$$

A porcentagem de O_2 em excesso pode ser calculada por:

$$\% \, O_2 \text{ em excesso} = \left(\frac{O_2 \text{ excesso}}{O_2 \text{ teórico}}\right) \times 100$$

$$\% \, O_2 \text{ em excesso} = \left(\frac{4,3}{18,1}\right) \times 100$$

Portanto,

$$\% \text{ ar em excesso} = 23,8\%$$

A resolução do problema pode ser efetuada utilizando a tabela prática abaixo:

	CO_2	O_2	CO	N_2	C
CO_2	10,4	10,4	–	–	10,4
O_2	–	4,6	–	–	–
CO	–	0,3	0,6	–	0,6
N_2	–	–	–	84,4	–
Total	10,4	15,3	0,6	84,4	11,0

Utilizando as expressões já vistas:

$$n(O_2 \text{ real}) = 84,4 \times \left(\frac{21}{79}\right) = 22,4 \text{ moles}$$
$$n(O_2 \text{ encontrado}) = 15,3 \text{ moles}$$
$$n[O_2 : (H_2 \to H_2O)] = 22,4 - 15,3 = 7,1 \text{ moles}$$
$$n(O_2 \text{ teórico}) = 11,0 + 7,1 = 18,1 \text{ moles}$$
$$n(O_2 \text{ em excesso}) = 22,4 - 18,1 = 4,3 \text{ moles}$$
$$\% \, O_2 \text{ em excesso} = \left(\frac{4,3}{18,1}\right) \times 100 = 23,8\%$$

2º exemplo

Os gases de escapamento de um motor a diesel alimentado com óleo de alta qualidade constituído de hidrocarbonetos encerram 10% de CO_2, 6% de O_2 e o restante de N_2. Calcular:

(1) a porcentagem de ar em excesso utilizada na combustão;

(2) a relação entre os pesos de carbono e de hidrogênio no combustível;

(3) a porcentagem em peso de carbono e a porcentagem em peso de hidrogênio no combustível.

Solução:

(1) Utilizando a tabela prática:

	CO_2	O_2	CO	N_2	C
CO_2	10	10	–	–	10
O_2	–	6	–	–	–
CO	–	–	–	–	–
N_2	–	–	–	84	–
Total	10	16	–	84	10

(a) $n(O_2 \text{ real}) = 84 \left(\dfrac{21}{79}\right) = 22{,}3$ moles

(b) $n(O_2 \text{ encontrado}) = 16$ moles

(c) $n[O_2 : (H_2 \rightarrow H_2O)] = 22{,}3 - 16 = 6{,}3$ moles

(d) $n(H_2 \text{ queimado}) = 12{,}6$ moles

(e) $n(H_2O \text{ formada}) = 12{,}6$ moles

(f) $n(O_2 \text{ teórico}) = 10 + 6{,}3 = 16{,}3$ moles

(g) $n(O_2 \text{ em excesso}) = 22{,}3 - 16{,}3 = 6{,}0$ moles

(h) % O_2 em excesso $= \left(\dfrac{6}{16{,}3}\right) \times 100 = 36{,}8\%$

(2) Relação entre os pesos de C e de H no combustível.

Considerando a relação $n = \dfrac{m}{M}$, ou seja, o número de moles é igual à relação entre a massa (em gramas) do composto (ou elemento) e a massa molecular (ou atômica), tem-se:

$$m(C) = n.M = 10 \times 12 = 120{,}0 \text{ g}$$
$$m(H_2) = n.M = 12{,}6 \times 2 = 25{,}2 \text{ g}$$
$$\dfrac{m(C)}{m(C)/m(H_2)} = \left(\dfrac{120}{25{,}2}\right) = \dfrac{4{,}75 \text{ g C}}{\text{g H}}$$

(3) Porcentagem em peso de C e de H_2

$m_C = 120{,}0$ g
$m_H = 25{,}2$ g
$m_{(total)} = 145{,}2$ g (para a base de cálculo de 100 moles de fumos)

$$\% \text{ C} = \left(\dfrac{120}{145{,}2}\right) \times 100 = 82{,}6\% \qquad \text{peso C}$$
$$\% \text{ H} = \left(\dfrac{25{,}2}{145{,}2}\right) \times 100 = 17{,}4\% \qquad \text{peso H}$$

Capítulo 3

Estudo Térmico da Combustão

Eng. Prof. Jorge Wilson Hilsdorf

Os principais objetivos da combustão de combustíveis carbonáceos são:

(1) geração de vapor de água;
(2) aquecimento de fornos ou espaços;
(3) produção de trabalho por meio de motor de combustão interna ou turbina a gás.

Todas as três formas físicas de combustível, ou seja, sólidas, líquidas e gasosas são utilizadas para essas técnicas. Cada vez mais os combustíveis líquidos e gasosos tendem a tomar uma parte maior na demanda de energia, e a maior fonte dessas formas fluidas de combustíveis são os hidrocarbonetos de petróleo.

Qualquer que seja o tipo de combustível utilizado e qualquer que seja a técnica da combustão, o objetivo primordial permanece o mesmo, ou seja, **desenvolver em uma forma útil a máxima proporção de calor potencial do combustível.** Em um processo de combustão pode-se obter a quantidade máxima de calor útil:

(a) assegurando-se de que a combustão do combustível seja completa;

(b) utilizando uma quantidade mínima de ar em excesso para a finalidade.

É evidente que um dos problemas fundamentais da prática da combustão é aquele de fazer com que o combustível e o ar necessário para a combustão (geralmente chamado de *ar de combustão*) estejam em mistura íntima.

Se o combustível for gasoso, essa dificuldade é pequena, o gás e o ar podem ser misturados antes que entrem na *câmara de combustão*, ou podem ser introduzidos separadamente e misturar-se por difusão natural. Os combustíveis líquidos podem ser injetados no espaço de combustão (ou fornalha) na forma de névoa fina ou pulverização. As gotículas do líquido combustível ficam suspensas no ar de combustão. A combustão mais difícil apresenta-se quando o combustível está no estado sólido. O combustível sólido (carvão ou coque) é usado na combustão em "camada" ou "leito" suportado em uma grelha, através da qual passa uma corrente de ar ascendente, ou como pó finamente dividido (*combustível pulverizado*) que é soprado em uma câmara de combustão por um jato de ar e queimado enquanto está suspenso no ar, como no caso do combustível líquido.

3.1 TEMPERATURA DE IGNIÇÃO

Nenhuma substância "queimará" a não ser que seja aquecida a uma temperatura suficientemente elevada para permitir que a velocidade de sua reação com o oxigênio exceda um valor crítico, no qual se liberta calor pela reação mais rapidamente do que se perde ao ambiente. A reação torna-se auto-suficiente, pode ser designada "combustão" e se distingue então de uma simples "oxidação". Essa temperatura necessária é conhecida como *temperatura de ignição*.

A ignição ou queima visível é precedida por um intervalo de temperatura em que ocorre uma combustão lenta.

As temperaturas de ignição de vários combustíveis ao ar são apresentadas na tabela a seguir. Essas temperaturas não são absolutas, porém, dependem em maior ou menor extensão das condições da ignição.

TEMPERATURAS DE IGNIÇÃO AO AR	
Combustível	**°C**
Carvão para gás	370
Hulha betuminosa comum	400-425
Antreacito	500
Coque (baixa resistência)	425-500
Coque (alta resistência)	500-650
Hidrogênio	580-590
Monóxido de carbono	644-658
Metano	650-750
Etano	520-630
Etileno	542-547
Álcool etílico	558
Querosene	295

3.1.1 Poder calorífico de combustíveis

Quantidade de calor é definida como o calor necessário para elevar a temperatura de uma determinada massa de água de um dado intervalo de temperatura. No sistema métrico, a unidade básica de calor é a *caloria* ou *caloria-grama*, que é a quantidade de calor necessária para elevar a temperatura de 1,0 grama de água de 1,0 grau centígrado, entre 15 °C e 16 °C. A *caloria média* é um centésimo da quantidade de calor necessária para elevar a temperatura de 1,0 grama de água de 0 °C a 100 °C (sem vaporização). A *Caloria* (grande caloria) ou *Kilocaloria* é igual a 1.000 calorias. Em unidades inglesas a medida de calor é feita em termos de "British Thermal Unit" (BTU). Um BTU é a quantidade de calor necessária para elevar a temperatura de 1,0 libra de água de 60 °F a 61 °F.

Quando um combustível é queimado, desenvolve-se calor, e a quantidade de calor é proporcional ao peso do material queimado. A quantidade de calor libertada pela unidade de massa não é a mesma para todas as substâncias, e também o calor desenvolvido pela queima de um composto não é o mesmo que seria obtido pela queima dos elementos constituintes separadamente.

O *poder calorífico* de qualquer substância é uma medida do calor que pode ser obtido pela queima dessa substância.

O poder calorífico é definido como *a quantidade de calor libertada pela unidade de massa (ou volume para combustíveis gasosos) de um combustível, quando queimado* completamente, *em uma dada temperatura (normalmente 18 °C ou 25 °C), sendo os produtos da combustão (CO_2, H_2O etc.) resfriados até a temperatura inicial (18 °C ou 25 °C) da mistura combustível.*

Verifica-se pela definição que, para o combustível libertar a quantidade de calor correspondente ao seu "poder calorífico", não deve haver combustão incompleta, e os gases residuais (ou fumos) não devem sair a temperaturas altas (maiores que 18 °C ou 25 °C, conforme o nível de temperatura considerado).

Um combustível contendo apenas C e H (hidrocarboneto), para que forneça o poder calorífico, deve entrar na combustão a 18 °C e fornecer fumos contendo apenas CO_2 e H_2O (máximo grau de oxidação do C e do H, ou combustão completa), e os fumos devem sair do sistema de combustão a 18 °C.

Teoricamente, a quantidade total de calor do poder calorífico poderia ser obtida. Porém, na prática, uma parte desse calor pode perder-se por radiação ou como calor sensível levado pelos fumos, quando saem em temperatura superior a 18 °C.

Se o combustível contiver hidrogênio, e, portanto, pela sua combustão houver a formação de água, pode-se argumentar que em uma combustão industrial esse vapor de água não se condensa, saindo como vapor nos fumos e que, conseqüentemente, o calor latente de condensação do vapor de água não deveria ser incluído no poder calorífico do combustível. Para diferenciar esse caso considera-se a definição de dois tipos de poder calorífico: (a) *poder calorífico superior* ou *bruto* como definido anteriormente, e que inclui o calor libertado pela condensação de toda a quantidade de água presente nos produtos da combustão (fumos); (b) *poder calorífico inferior* ou *líquido*, obtido deduzindo do poder calorífico superior o calor latente libertado pela condensação e resfriamento de toda a água presente nos produtos da combustão (fumos), incluindo a água previamente presente no combustível com umidade.

Em resumo, o poder calorífico superior é obtido quando se considera que toda a água nos fumos esteja no estado líquido, e o poder calorífico inferior é obtido quando se considera que toda a água nos fumos esteja no estado de vapor.

A diferença entre o poder calorífico inferior e o poder calorífico superior corresponde ao calor latente de evaporação ou de condensação da água (a 18 °C) multiplicado pela quantidade de água existente nos fumos. O poder calorífico inferior pode então ser obtido a partir do poder calorífico superior, subtraindo-se deste calor de evaporação da água a 18 °C multiplicado pela água total no estado de vapor (a inicialmente presente no combustível, mais aquela formada durante a queima):

$$PCI = PCS - L(m_{H_2O} \text{ fumos})$$

Sendo o calor latente de condensação da água a 18 °C de 586 $\frac{cal}{g}$, ou seja, 0,586 $\frac{Kcal}{g}$, e considerando a massa de água nos fumos em gramas, tem-se:

$$PCI = PCS - 0{,}586 \, (m_{H_2O} \text{ fumos})$$

Se considerarmos a fração em peso de hidrogênio "total" do combustível (hidrogênio livre + hidrogênio combinado + hidrogênio da umidade), e considerando que a relação de massas entre hidrogênio e água é de 2 para 18 ou de 1 para 9, pode-se determinar a relação:

$$PCI = PCS - 9\,(586)H$$
$$PCI = PCS - 5.274\,H$$

Dependendo das condições em que se efetua a combustão, deve-se distinguir ainda:

Poder calorífico a pressão constante, que é o calor libertado na combustão que se processa a pressão constante;

Poder calorífico a volume constante, que é o calor medido quando a combustão se processa dentro de recipiente de volume constante.

Quando se dá o poder calorífico de um combustível, torna-se importante indicar as condições sob as quais foi medido experimentalmente, ou seja, a pressão constante, o volume constante, e ainda indicar as características do combustível, ou seja, se seco, ou úmido, com ou sem cinzas. Geralmente, os dados numéricos da leitura (cujas condições são as normais da prática) referem-se a pressão constante igual a 1,0 atmosfera e temperaturas de 18 °C a 25 °C.

TABELA 3.1 – Valores de "Poder Calorífico"
Calores de combustão

Composto	Fórmula	Estado	PC a 25 °C e pressão constante			
			H_2O (líq.) e CO_2 (g)		H_2O (vap.) e CO_2 (g)	
			Kcal/mol	Cal/g	Kcal/mol	Cal/g
Hidrogênio	H_2	gás	68,32	33.887	57,79	28.669
Carbono (grafite)	C	sól.	94,05	7.831	—	—
Monóxido de Carbono	CO	gás	67,64	2.415	—	—
Carbono (amorfo)	C	sól.	96,70	8.083	—	—
Hidrocarbonetos parafínicos						
Metano	CH_4	gás	212,80	13.265	191,76	11.954
Etano	C_2H_6	gás	372,82	12.399	341,26	11.350
Propano	C_3H_8	gás	530,60	12.034	488,53	11.079
Propano	C_3H_8	líq.	526,78	11.947	484,70	10.993
n-Butano	C_4H_{10}	gás	687,98	11.837	635,38	10.932
n-Butano	C_4H_{10}	líq.	682,84	11.749	630,25	10.844
n-Pentano	C_5H_{12}	gás	845,16	11.715	782,04	10.840
n-Pentano	C_5H_{12}	líq.	838,80	11.626	775,68	10.752
n-Hexano	C_6H_{14}	gás	1.002,57	11.635	928,93	10.780
n-Hexano	C_6H_{14}	líq.	995,01	11.547	921,37	10.692
Alquilbenzenos						
Benzeno	C_6H_6	gás	789,08	10.102	757,52	9.968
Benzeno	C_6H_6	líq.	780,98	9.998	749,42	9.594
Tolueno	C_7H_8	gás	943,58	10.241	901,50	9.784
Tolueno	C_7H_8	líq.	934,50	10.143	892,42	9.686
Monoolefinas						
Etileno (etano)	C_2H_4	gás	337,23	12.022	316,20	11.272
Propileno (propeno)	C_3H_6	gás	491,98	11.692	460,12	10.942
Acetileno (etino)	C_2H_2	gás	310,62	11.930	300,10	11.526

3.2 UNIDADES DO PODER CALORÍFICO

Normalmente, o poder calorífico é expresso, para combustíveis sólidos e líquidos, em "$\frac{Kcal}{kg}$" em unidades métricas ou "$\frac{BTU}{lb}$" em unidades inglesas, e para combustíveis gasosos em "$\frac{Kcal}{m^3}$" em unidades métricas ou "$\frac{BTU}{pé^3}$" em unidades inglesas.

As relações entre as unidades métricas e inglesas são:

$$1,0 \frac{BTU}{lb} = 0,555 \frac{Kcal}{kg}$$
$$1,0 \frac{Kcal}{kg} = 1,8 \frac{BTU}{lb}$$
$$1,0 \frac{BTU}{pé^3} = 8,9 \frac{Kcal}{m^3}$$

Utilizam-se, muitas vezes, unidades molares como referência para o poder calorífico, tendo-se as unidades "$\frac{Kcal}{mol}$" e "$\frac{Kcal}{Kmol}$". A relação entre elas é:

$$1,0 \frac{Kcal}{Kmol} = 1.000 \frac{Kcal}{mol}$$

Os combustíveis de maior poder calorífico são os que apresentam carbono e hidrogênio em sua molécula. Nota-se na tabela anterior que o PC do carbono (grafite) é de 7.831 $\frac{Kcal}{kg}$, enquanto o PC de hidrocarbonetos, que contêm carbono e hidrogênio, é da ordem de 1.000 $\frac{Kcal}{kg}$. Por outro lado, a presença de oxigênio na molécula do combustível representa uma oxidação parcial, isto é, uma diminuição da parte combustível, dando, portanto, um PC menor. Nota-se, na Tabela 3.1, e na Tabela 3.2 a seguir, que o etano (C_2H_6) apresenta 12.399 $\frac{Kcal}{kg}$ e que o álcool etílico (C_2H_5OH) apresenta apenas 7.100 $\frac{Kcal}{kg}$.

TABELA 3.2

Combustível	PC Superior $\left(\frac{Kcal}{kg}\right)$ (base úmida) (25 °C e p = constante)
Antracito	8.054
Carvão para gás	7.440
Linhito	5.000
Querosene	11.100
Óleo diesel	10.880
Óleo combustível pesado	10.410
Álcool etílico (C_2H_5OH)	7.100
Álcool metílico (CH_3OH)	5.420

3.3 CÁLCULO DO PODER CALORÍFICO

Apesar de o valor correto do poder calorífico ser obtido por meio de *calorímetros*, pode-se determinar um valor aproximado por métodos termoquímicos ou empíricos.

1º) A partir da composição do combustível e dos calores de combustão das frações combustíveis

Os calores de combustão são dados na Tabela 3.1, supondo-se sempre a formação de CO_2 e de H_2O (vapor ou líquida) na combustão de hidrocarbonetos. Sabendo-se a composição do combustível, molar ou em peso, determinam-se as quantidades de calor desprendidas pela combustão das frações combustíveis. A soma dessas quantidades de calor representará o valor aproximado do poder calorífico. Deve-se considerar que, quando o combustível apresenta umidade, deve-se, para a determinação do poder calorífico inferior, descontar o calor latente de evaporação da quantidade correspondente de umidade na unidade de massa do combustível.

2º) Por fórmulas empíricas

Para carvões minerais, pode-se utilizar a *fórmula de Dulong*, que permite calcular o poder calorífico superior a partir dos dados da análise elementar, obtendo-se resultados aceitáveis para carvões com mais de 76% de carbono e menos de 90% de carbono.

Considerando a unidade $\frac{Kcal}{kg}$, a fórmula de Dulong é a seguinte:

$$PCS = 81,4 \times C + 345 \left(H - \frac{O}{8}\right) + 25 \times S \quad \left(\frac{Kcal}{kg}\right)$$

onde C, H, O e S são as porcentagens, na "base úmida", de carbono, hidrogênio, oxigênio e enxofre, respectivamente, do carvão mineral.

Alguns autores utilizam a seguinte expressão:

$$PCS = 8.070 \times C + 34.550 \left(H - \frac{O}{8}\right) + 2.248 \times S \quad \left(\frac{Kcal}{kg}\right)$$

onde C, H, O e S representam respectivamente as frações em peso de carbono, hidrogênio, oxigênio e enxofre do combustível.

Para a determinação do poder calorífico inferior pode-se efetuar a subtração do calor latente de condensação de toda a água presente nos fumos, ou utilizar diretamente a seguinte expressão:

$$PCI = 81,4 \times C + 290 \left(H - \frac{O}{8}\right) + 25 \times S - 6 \times H_2O$$

onde H_2O é a porcentagem de "umidade" do combustível.

Os coeficientes da fórmula de Dulong dependem das unidades empregadas. Verifica-se pela Tabela 3.1 que o calor de combustão do carbono amorfo é de 8.083 $\frac{Kcal}{kg}$, do hidrogênio é de 33.887 $\frac{Kcal}{kg}$ (para H_2O líquido) e 28.669 $\frac{Kcal}{kg}$ (para H_2O vapor); portanto, os coeficientes são valores aproximados, divididos por 100, para utilizar diretamente o valor da porcentagem dos elementos.

Essa fórmula baseia-se no calor de combustão do carbono, hidrogênio e enxofre e admite que o oxigênio presente no carvão esteja totalmente ligado ao hidrogênio, formando água. O hidrogênio "combinado" será igual a $\frac{O}{8}$, pela proporção de combinação de 2 partes de hidrogênio para 16 partes de oxigênio, e, portanto, o hidrogênio "livre" ou "combustível" será a diferença entre o hidrogênio "total" e o hidrogênio "combinado", ou seja, $\left(H - \frac{O}{8}\right)$.

Outra fórmula empírica utilizada para determinar o valor do poder calorífico de carvões minerais é a "fórmula de Gouthal", que utiliza os dados da "análise imediata" e que fornece valores satisfatórios para carvões com baixo teor de oxigênio. A fórmula de Gouthal fornece valor aproximado do poder calorífico superior:

$$PCS = 82 \, (CF) + A \, (MV) \quad \left(\frac{Kcal}{kg}\right)$$

Nesta fórmula CF e MV são, respectivamente, a porcentagem de *carbono fixo* na base úmida e a porcentagem de *matéria-volátil* na base úmida. O fator "A" é determinado na Tabela 3.3 e depende da porcentagem de matéria volátil na base seca e sem cinza, isto é, "A" é função de MV = MV $\left[\frac{100}{100} - (U+Z)\right]$.

TABELA 3.3 – *Fator "A"*

MV"	A	MV"	A	MV"	A	MV"	A	MV"	A
1 a 4	100	12	124	20	109	28	100	36	91
5	145	13	122	21	108	29	99	37	88
6	142	14	120	22	107	30	98	38	85
7	139	15	117	23	105	31	97	39	82
8	136	16	115	24	104	32	97	40	80
9	133	17	113	25	103	33	96	41	77
10	130	18	112	26	102	34	95	–	–
11	127	19	110	27	101	35	94	–	–

3.4 MEDIDA EXPERIMENTAL DO PODER CALORÍFICO

Foi mencionado anteriormente que o poder calorífico pode ser definido como poder calorífico a volume constante e como poder calorífico a pressão constante.

A determinação do poder calorífico a volume constante é efetuado em aparelho altamente especializado (desenvolvido por Berthelot e melhorado por Mahler) denominado bomba calorimétrica.

Uma quantidade pesada de carvão ou óleo combustível é colocada em um cadinho pequeno e disposto em um recipiente de aço inoxidável resistente a altas pressões, denominada *bomba*. A bomba é enchida com oxigênio a uma pressão de 25 atmosferas e é imersa em uma quantidade pesada de água em um "vaso calorimétrico". Este vaso calorimétrico é um recipiente cilíndrico perfeitamente polido e brilhante, com quantidade de água suficiente para cobrir a bomba. O combustível dentro da bomba é queimado por um filamento fusível aquecido eletricamente. O combustível (carvão ou óleo) queima rápida e completamente e o calor desprendido pela combustão eleva a temperatura da bomba e da água no vaso calorimétrico. A elevação da temperatura é medida cuidadosamente e fornece dados para determinar a quantidade de calor desprendido.

A *bomba calorimétrica de Parr* utiliza o mesmo princípio, porém, emprega como fornecedor de oxigênio para a combustão o peróxido de sódio.

A determinação do poder calorífico a pressão constante pode ser efetuada, para o caso de carvões minerais, em uma bomba calorimétrica, na qual o oxigênio é mantido a pressão atmosférica. Uma corrente contínua de oxigênio é levada a uma câmara (bomba) contendo o combustível.

Para a determinação do poder calorífico a pressão constante de combustíveis gasosos ou líquidos combustíveis voláteis, utiliza-se o calorímetro de Junkers. O combustível gasoso entra continuamente em um queimador padronizado, através de um medidor de vazão. Os gases residuais (fumos) são resfriados até a temperatura inicial do combustível gasoso, por meio de água que circula internamente em tubos e que irá se aquecer. A partir da quantidade de água que circula dentro do calorímetro em um dado intervalo de tempo, e da elevação de temperatura dessa água de circulação, pode-se determinar o poder calorífico superior a pressão constante, isto é, a quantidade de kcal libertada por 1,0 m^3 (a CNTP) do gás combustível. O princípio do calorímetro de Junkers é o da igualdade de quantidade de calor entre o calor libertado pela combustão do gás e o calor recebido pela água de resfriamento. O PCS do gás combustível pode ser determinado pela expressão:

$$(PCS) \times V_{o(gás)} = M_{água} \times C \times (t_s - t_e)$$

onde $V_{o(gás)}$ é o volume de gás combustível medido a CNTP e queimado durante o período de determinação, $M_{água}$ é a quantidade (em kg) de água que circulou dentro do calorímetro durante o período de determinação, C é o calor específico da água que pode ser tomado igual a 1,0 $\frac{Kcal}{kg \cdot °C}$, t_e é a temperatura de entrada da água de circulação e t_s é a temperatura de saída da água de circulação.

O poder calorífico inferior pode ser calculado recolhendo-se e pesando a água condensada pelo resfriamento dos fumos, e subtraindo do PCS o valor do calor latente de condensação da quantidade pesada de água condensada.

Capítulo 4

Cálculo do "Poder Calorífico"

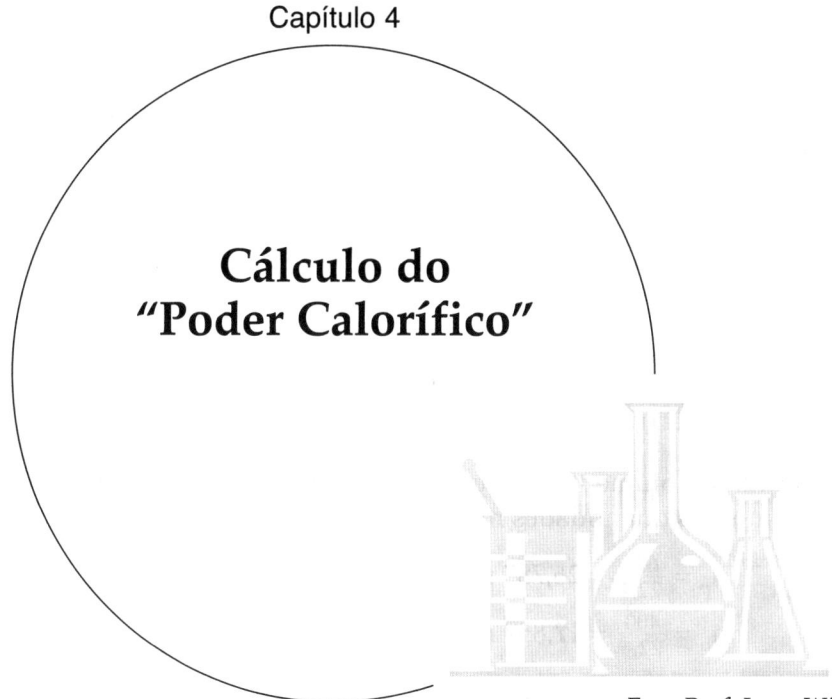

Eng. Prof. Jorge Wilson Hilsdorf

Como mencionado anteriormente, pode-se ter uma estimativa do valor do poder calorífico de um combustível, por meio de dois tipos de determinação:

(1) a partir da composição do combustível e dos calores de combustão das frações combustíveis;
(2) a partir de fórmulas empíricas para combustíveis sólidos, conhecendo-se a análise elementar ou a análise imediata.

1º Exemplo

Determinar o poder calorífico inferior de uma mistura gasosa de 60% em volume de propano (C_3H_8) e 40% em volume de n-butano (C_4H_{10}), a partir dos calores de combustão seguintes:

$$C_3H_{8\,(gás)} + 5\,O_2 \rightarrow 3\,CO_2 + 4\,H_2O_{(vapor)} + 488{,}53\,\frac{Kcal}{mol}$$

$$C_4H_{10\,(gás)} + 6{,}5\,O_2 \rightarrow 4\,CO_2 + 5\,H_2O_{(vapor)} + 635{,}38\,\frac{Kcal}{mol}$$

Solução:

O poder calorífico inferior, por ser mistura gasosa, será dado em $\frac{Kcal}{m^3}$ (CNTP), e considerando que as reações de combustão mostram a formação de H_2O (vapor), a quantidade de calor libertada pela queima de 1,0 m³ de gás a CNTP, considerando os calores de combustão das reações dadas, dará diretamente o PCI. Tomando-se uma base de cálculo de 1.000 litros (1,0 m³) em condições normais de temperatura e pressão (CNTP) pode-se ter a resposta da quantidade de calor em $\frac{Kcal}{m^3}$ diretamente.

Pela composição da mistura, em 1.000 litros existem:

$$V_p = 0{,}60 \times 1.000 = 600 \text{ litros de propano}$$
$$V_b = 0{,}40 \times 1.000 = 400 \text{ litros de n-butano}$$

Considerando o volume molar de qualquer gás igual a 22,4 litros por mol, a CNTP, tem-se as quantidades molares:

$$n_p = \frac{600}{22{,}4} = 26{,}785 \text{ moles de propano}$$
$$n_b = \frac{400}{22{,}4} = 17{,}857 \text{ moles de n-butano}$$

Pelos calores de combustão das reações do propano e do n-butano, se houver a queima dessas quantidades molares, haverá desprendimento de calor igual a:

$$Q = \underset{\left(\frac{mol}{m^3}\right)}{26{,}785} \times \underset{\left(\frac{Kcal}{mol}\right)}{488{,}53} + \underset{\left(\frac{mol}{m^3}\right)}{17{,}857} \times \underset{\left(\frac{Kcal}{mol}\right)}{635{,}38}$$
$$\text{(propano)} \qquad\qquad \text{(n-butano)}$$

$$Q = 24.431 \frac{Kcal}{m^3} \text{ ou PCI} = 24.431 \frac{Kcal}{m^3} \text{ (CNTP)}$$

Se for tomada uma base de cálculo de 1,0 mol da mistura gasosa pode-se efetuar a seguinte solução:

$$n_{propano} = 0{,}60 \times 1{,}00 = 0{,}60 \text{ mol}$$
$$n_{butano} = 0{,}40 \times 1{,}00 = 0{,}40 \text{ mol}$$

(Nota: A porcentagem volumétrica é igual à porcentagem molar para misturas gasosas.)

Considerando os calores de combustão das reações:

$$Q = 0{,}60 \times 488{,}53 + 0{,}40 \times 635{,}38$$
$$Q = 547{,}27 \frac{Kcal}{mol} \text{ (de mistura gasosa)}$$

como deve ser dada a quantidade de calor em $\frac{Kcal}{m^3}$ (CNTP) pode-se efetuar a transformação:

$$22{,}4 \text{ litros} \text{---------- } 547{,}27 \text{ Kcal}$$
$$1.000 \text{ litros} \text{-------- } PCI$$

onde

$$PCI = 547{,}27 \left(\frac{1.000}{22{,}4}\right)$$

$$PCI = 24.431 \ \frac{Kcal}{m^3}$$

2º Exemplo

Um carvão mineral apresentou a seguinte análise elementar (% peso):

Carbono	= 78%
Hidrogênio	= 6%
Oxigênio	= 7%
Nitrogênio	= 3%
Enxofre	= 2%
Cinza	= 4%

Estimar, pelas reações de combustão das frações combustíveis, o poder calorífico superior (PCS) e o poder calorífico inferior (PCI) desse carvão mineral.

Solução:

Devendo o poder calorífico ser dado em $\frac{Kcal}{kg}$, pode-se tomar como base de cálculo a massa de 1.000 gramas de carvão. Pela composição do carvão em porcentagem peso, tem-se:

Carbono	= 780 g
Hidrogênio	= 60 g
Oxigênio	= 70 g
Nitrogênio	= 30 g
Enxofre	= 20 g
Cinza	= 40 g

Sendo mais conveniente utilizar unidades molares para os cálculos, deve-se transformar as massas em moles, usando a relação:

$$n \text{ (moles)} = \frac{\text{massa (gramas)}}{\text{massa molecular (ou atômica)}}$$

Portanto, as quantidades molares dos componentes do carvão serão:

$$n_C = \frac{780}{12} = 65,00 \text{ moles}$$

$$n_{H_2} = \frac{60}{12} = 30,00 \text{ moles}$$

$$n_{O_2} = \frac{70}{32} = 2,19 \text{ moles}$$

$$n_{N_2} = \frac{30}{28} = 1,07 \text{ mol}$$

$$n_S = \frac{20}{32} = 0,62 \text{ mol}$$

São frações combustíveis, e que, portanto, irão fornecer a quantidade de calor do poder calorífico, o carbono, o hidrogênio livre e o enxofre.

As reações de combustão serão:

(1) $C + O_2 \rightarrow CO_2 + 96,70 \frac{Kcal}{mol}$ (carbono amorfo)

(2) $H_2 + \frac{1}{2} O_2 \rightarrow H_2O_{(líq)} + 68,32 \frac{Kcal}{mol}$

(3) $H_2 + \frac{1}{2} O_2 \rightarrow H_2O_{(vap.)} + 57,80 \frac{Kcal}{mol}$

(4) $S + O_2 \rightarrow SO_2 + 72,00 \frac{Kcal}{mol}$

Quantidade de calor do carbono

Sendo a quantidade de carbono a queimar (em 1,00 kg de carvão) de 65,00 moles e a quantidade de calor libertada pela reação de combustão de 96,70 Kcal/mol, a quantidade total de calor libertada será:

Q (carbono) = 65,00 × 96,70

Q (carbono) = 6.285,5 kcal

Quantidade de calor do hidrogênio

Já vimos que o hidrogênio de um carvão pode ser dado na análise elementar como hidrogênio total, desde que não se dê a quantidade de umidade e que esse hidrogênio total englobe o hidrogênio livre ou combustível e o hidrogênio combinado, sempre que o combustível contiver oxigênio em sua constituição. Apenas o hidrogênio livre ou combustível é que reage libertando calor. O oxigênio do carvão é considerado combinado com o hidrogênio combinado, e, portanto, formando H_2O e não fornecendo calor. Considerando a existência de 70 gramas de oxigênio ou 2,19 moles em 1,00 kg de carvão, o hidrogênio combinado será:

n (H combinado) = 2 × 2,19 = 4,38 moles

A quantidade molar de hidrogênio livre ou combustível será:

$$n \text{ (H livre)} = n \text{ (H total)} - n \text{ (H combinado)}$$
$$n \text{ (H livre)} = 30{,}00 - 4{,}38 = 25{,}62 \text{ moles}$$

A quantidade de calor libertada pela queima dessa quantidade molar de hidrogênio será:

$$Q \text{ (H)} = 25{,}62 \times 68{,}32 = 1.750{,}4 \text{ kcal}$$

Considerou-se nessa determinação a quantidade de calor da reação de combustão do hidrogênio com formação de água líquida, pois procura-se determinar o poder calorífico superior no qual se considera a água nos fumos na forma líquida.

Quantidade de calor do enxofre

Sendo a quantidade de enxofre que entra em reação com o oxigênio igual a 0,62 mol, pela reação de combustão a quantidade total de calor libertada será:

$$Q \text{ (S)} = 0{,}62 \times 72 = 44{,}6 \text{ kcal}$$

Poder calorífico superior

Tendo sido tomada como base de cálculo a massa de 1,0 kg de carvão e determinadas as quantidades de calor libertadas pelas frações combustíveis existentes em 1,0 kg de carvão, o poder calorífico superior será igual à soma dessas quantidades de calor:

$$PCS = 6.285{,}5 + 1.750{,}4 + 44{,}6$$
$$PCS = 8.080{,}5 \; \frac{Kcal}{kg}$$

Poder calorífico inferior

Na determinação do poder calorífico inferior deve-se considerar que a água nos fumos proveniente da queima do hidrogênio deve sair na forma de vapor, e mesmo a água existente no combustível, na forma líquida, deve evaporar e sair nos fumos na forma de vapor. Pode-se, portanto, considerar que toda a água existente nos fumos deverá estar na forma de vapor de água.

As quantidades de calor das frações combustíveis são determinadas a seguir:

Quantidade de calor do C

Será a mesma antes calculada:

$$Q [C] = 6.285,5 \text{ kcal}$$

Quantidade de calor do H

Nesta determinação deve-se considerar a reação de combustão do hidrogênio formando água na forma de vapor e libertando $57,8 \frac{Kcal}{mol}$. Sendo a quantidade de hidrogênio livre igual a 25,62 moles, a quantidade de calor será:

$$Q [H] = 25,62 \times 57,8 = 1.480,8 \text{ kcal}$$

Quantidade de calor do S

Será a mesma antes calculada:

$$Q [S] = 44,6 \text{ kcal}$$

Quantidade de calor para evaporar a H_2O do combustível

Na determinação do PCI deve-se considerar toda a água nos fumos no estado de vapor; e, portanto, a água existente no combustível e correspondente ao hidrogênio combinado deve retirar o calor da combustão para evaporar-se. Considerando o calor latente de evaporação a 18 °C e igual a 586 $\frac{cal}{g}$ ou $\frac{kcal}{kg}$, e que a quantidade de hidrogênio combinado é de 4,38 moles que formam 4,38 moles de água ou seja, 18 × 4,38 = 78,84 gramas de água, a quantidade de calor necessário para a evaporação dessa água será:

$$Q [\text{evaporação}] = \left(\frac{78,84}{1.000}\right).586$$
$$Q [\text{evaporação}] = 46,2 \text{ kcal}$$

Poder calorífico inferior

O "poder calorífico inferior" será:

$$PCI = 6.285,5 + 1.480,8 + 44,6 - 46,2$$
$$PCI = 7.764,7 \frac{Kcal}{kg}$$

Outra maneira de determinar o "poder calorífico inferior" seria aplicar a expressão:

$$PCI = PCS - m_{H_2O \text{ (fumos)}} \times L$$

Da determinação anterior sabe-se que o PCS = 8.080,5 $\frac{Kcal}{kg}$.

Como toda a água nos fumos será proveniente do hidrogênio total do carvão, e sendo a quantidade molar de hidrogênio total igual a 30,00 moles, haverá a formação de 30,00 moles de água, ou seja, uma massa de água de:

$$m_{H_2O \text{ fumos}} = 30,00 \times 18 = 540 \text{ gramas}$$

O calor latente de evaporação (L) a 18 °C é de 586 $\frac{Kcal}{kg}$.
Portanto:

$$PCI = PCS - \left(\frac{540}{1.000}\right) \times 586$$

$$PCI = 8.080,5 - \left(\frac{540}{1.000}\right) \times 586$$

$$PCI = 7.764 \frac{Kcal}{kg}$$

3º Exemplo

Um carvão mineral apresenta a seguinte análise elementar:

Carbono	=	*66,6% peso*
Hidrogênio (livre)	=	*3,2% peso*
Nitrogênio	=	*1,4% peso*
Enxofre	=	*0,5% peso*
Água combinada	=	*9,5% peso*
Umidade	=	*9,6% peso*
Cinza	=	*9,2% peso*

Utilizando os calores de combustão das frações combustíveis, determinar o poder calorífico superior e o poder calorífico inferior desse carvão.

Solução:

Base de cálculo = 1,00 kg de carvão mineral.

As quantidades em massa dos componentes e as respectivas quantidades molares serão:

$m_C = 666$ g ou $n_C = \frac{666}{12} = 55,5$ moles

$m_H = 32$ g ou $n_H = \frac{32}{2} = 16,0$ moles

$m_N = 14$ g ou $n_N = \frac{14}{28} = 0,5$ mol

$m_S = 5$ g ou $n_S = \frac{5}{32} = 0,15$ mol

$m_{H_2O} = 95$ g ou $n_{H_2O} = \frac{95}{18} = 5,27$ moles (água combinada)

$m_{H_2O} = 96$ g ou $n_{H_2O} = \frac{96}{18} = 5,33$ moles (umidade)

Neste tipo de análise elementar, a quantidade de oxigênio é dada como água combinada, portanto, já ligada com o hidrogênio combinado. O hidrogênio dado é, portanto, o hidrogênio livre ou combustível.

Poder calorífico superior

Considerando os calores de combustão do carbono, hidrogênio (produzindo água líquida) e enxofre, e as quantidades molares desses elementos em 1,0 kg de carvão, o PCS será:

PCS = 55,5 × 96,7 + 16 × 68,32 + 0,15 × 72

PCS = 5.366 + 1.093 + 11

PCS = 6.470 $\frac{Kcal}{kg}$

Deve-se observar que as quantidades de água combinada e umidade não influenciam o cálculo do PCS, pois, apesar de consideradas na forma líquida e, portanto, retirado o calor para se evaporar, devem essas mesmas quantidades condensar novamente e, portanto, ceder a mesma quantidade de calor, não alterando assim o valor do PCS.

Poder calorífico inferior

Para a determinação do PCI, deve-se considerar a reação do hidrogênio que forma água no estado de vapor e descontar do total das quantidades de calor libertadas a quantidade de calor necessária para evaporar a água combinada e a umidade.

PCI = 55,5 × 96,7 + 16 × 57,8 + 0,15 × 72 − $(m_{H_2O \text{ a evaporar}})$ × L

A massa de H_2O a evaporar considerada deve ser apenas a referente à água combinada e à umidade. A água proveniente da queima do hidrogênio já está considerada no estado de vapor em virtude do emprego da quantidade de calor libertada de 57,8 $\frac{Kcal}{mol}$.

A massa de água a evaporar deve ser:

$$m_{(H_2O\ a\ evaporar)} = 95 + 96 = 191\ gramas$$

Portanto:

$$PCI = 5.366 + 924{,}8 + 11 - \left(\frac{191}{1.000}\right) \times 586$$
$$PCI = 6.190\ \frac{Kcal}{kg}$$

Determinação por fórmulas empíricas

1º Exemplo

Considerando a análise elementar do carvão mineral do 3º exemplo de cálculo, determinar o PCS e o PCI utilizando a fórmula de Dulong.

Solução

Fórmula de Dulong:

$$PCS = 8.070 \times C + 34.550 \left(H - \frac{O}{8}\right) + 2.248 \times S \left(\frac{Kcal}{kg}\right)$$

C, H, O e S representam as frações centesimais das porcentagens em peso desses elementos. Como no presente caso o O já foi representado como H$_2$O combinada, a expressão $\left(H - \frac{O}{8}\right)$ utiliza o valor do hidrogênio livre.

$$PCS = 8.070 \times \left(\frac{66{,}6}{100}\right) + 34.550 \left(\frac{3{,}2}{100}\right) + 2.248 \left(\frac{0{,}5}{100}\right)$$
$$\mathbf{PCS = 6.491\ \frac{Kcal}{kg}}$$

O "poder calorífico inferior" pode ser determinado por:

$$PCI = 81{,}4 \times C + 290 \left(H - \frac{O}{8}\right) + 25 \times S - 6\ H_2O$$

A porcentagem de água no combustível no presente caso será a soma da porcentagem de água combinada e da umidade.

$$PCI = 81{,}4\ (66{,}6) + 290\ (3{,}2) + 25\ (0{,}5) - 6\ (19{,}1)$$
$$\mathbf{PCI = 6.247\ \frac{Kcal}{kg}}$$

A fórmula de Dulong para o PCI pode ser ainda:

$$PCI = 8.070 \times C + 29.000 \left(H - \frac{O}{8}\right) + 2.248 \times S - 600 \times H_2O$$
$$PCI = 8.070 \left(\frac{66{,}6}{100}\right) + 29.000 \left(\frac{3{,}2}{100}\right) + 2.248 \left(\frac{0{,}5}{100}\right) - 600 \left(\frac{19{,}1}{100}\right)$$
$$\mathbf{PCI = 6.199\ \frac{Kcal}{kg}}$$

Esta segunda expressão, portanto, apresenta coeficientes que permitem maior precisão, comparando com o valor do **PCI = 6.190** $\frac{Kcal}{kg}$ determinado pelos calores de combustão.

2º Exemplo

Considerando a análise elementar do 2º exemplo da série anterior e utilizando a fórmula de Dulong, determinar o PCS e o PCI desse carvão mineral.

Solução

$$PCS = 8.070 \times C + 34.550 \left(H - \frac{O}{8}\right) + 2.248 \times S$$

$$PCI = 8.070 \left(\frac{78}{100}\right) + 34.550 \left(\frac{6}{100} - \frac{\frac{7}{100}}{8}\right) + 2.248 \times \frac{2}{100}$$

PCS = 8.108 $\frac{Kcal}{kg}$

$$PCI = 8.070 \times C + 29.000 \left(H - \frac{O}{8}\right) + 2.248 \times S - 600 \times H_2O$$

$$PCI = 8.070 \left(\frac{78}{100}\right) + 29.000 \left(\frac{6}{100} - \frac{\frac{7}{100}}{8}\right) + 2.248 \left(\frac{2}{100}\right) - 600 \left(\frac{7,875}{100}\right)$$

PCI = 7.771 $\frac{Kcal}{kg}$

O valor da porcentagem de H_2O nos fumos que sofreu evaporação, ou seja, referente ao oxigênio e hidrogênio combinado, foi determinado considerando que há 7% de oxigênio e 7/8% de hidrogênio combinado; portanto, 7 + 0,875 = 7,875% de água combinada.

3º Exemplo

Um carvão mineral apresentou a seguinte análise imediata:

> Umidade = 9,6%
> Matéria volátil = 30,8%
> Carbono fixo = 50,4%
> Cinza = 9,2%

Utilizando a fórmula de Gouthal, estabelecer uma estimativa do PCS desse carvão mineral.

Solução

Fórmula de Gouthal:

$$PCS = 82 \, (CF) + A \, (MV)$$

onde:

$$(CF) = 50,4$$
$$(MV) = 30,8$$

O fator A deve ser determinado em tabela em relação ao valor de matéria volátil na base seca e sem cinza. Portanto, deve-se transformar matéria volátil na base úmida, para aquela base seca e sem cinza, ou seja:

$$MV'' = 30,8 \left(\frac{100}{100 - (9,6 + 9,2)} \right) = 37,8\%$$

Pela tabela, determina-se, interpolando, que o valor de A = 86.
Portanto,

$$PCS = 82 (50,4) + 86 (30,8)$$
$$\mathbf{PCS = 6.780 \frac{Kcal}{kg}}$$

4º Exemplo

Um carvão nacional (Santa Catarina) apresenta a seguinte análise imediata:

Umidade   = 2,2%
Matéria volátil = 26,8%
Carbono   = 53,3%
Cinza   = 17,7%

Utilizando a fórmula de Gouthal, estimar o PCS desse carvão.

Solução

$$PCS = 82 (CF) + A (MV)$$

onde

$$(CF) = 53,3$$
$$(MV) = 26,8$$

A matéria volátil na base seca e sem cinza será:

$$MV'' = 26,8 \left(\frac{100}{100 - (2,2 + 17,7)} \right) = 33,4\%$$

Da tabela determina-se que A = 95,5.
Portanto:

$$PCS = 82 (53,3) + 95,5 (26,8)$$
$$\mathbf{PCS = 6.930 \frac{Kcal}{kg}}$$

Capítulo 5

Temperatura Teórica de Combustão

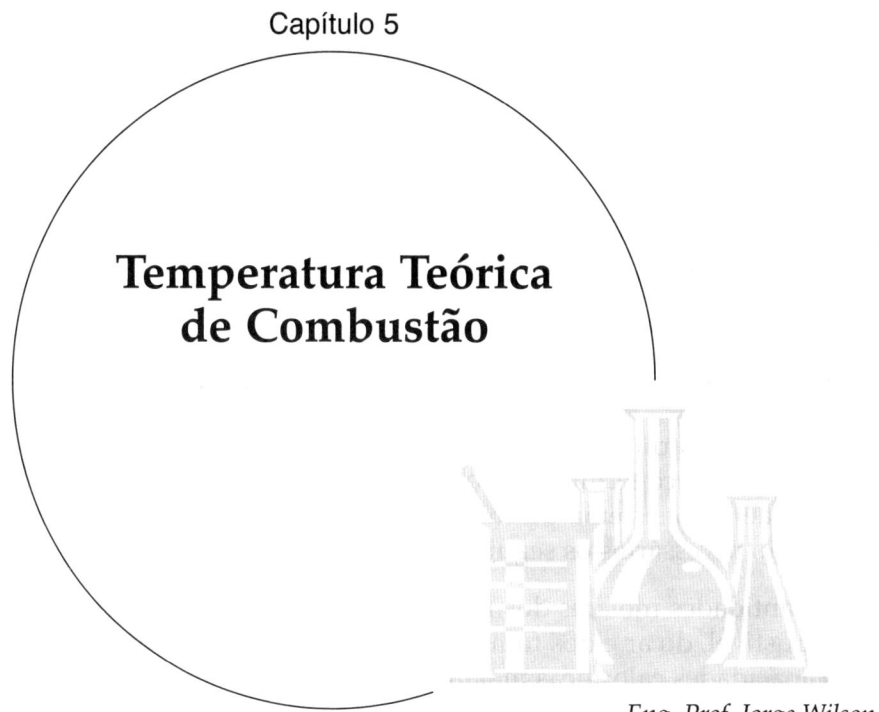

Eng. Prof. Jorge Wilson Hilsdorf

Já se mencionou que a finalidade básica da combustão é a obtenção de calor por meio da energia potencial ou interna do combustível, e que esse calor será utilizado nos fornos, nas caldeiras, ou para a produção de trabalho, como nos motores e nas turbinas.

Muitas vezes torna-se necessário conhecer qual a temperatura que seria possível alcançar na combustão de determinado combustível, sob condições especificadas. Pode-se, efetuando uma análise por meio de *balanços térmicos*, determinar a temperatura máxima possível de ser alcançada, e que se denomina *temperatura teórica de combustão* ou *temperatura teórica de chama*.

Pode ser definida a "temperatura teórica de combustão" da seguinte maneira:

> **"é a temperatura que atingiriam os fumos de uma combustão, se toda a quantidade de calor desprendida na combustão (poder calorífico) adicionada à quantidade de calor sensível dos reagentes (combustível e ar) fosse utilizada unicamente para o aquecimento dos fumos, sem haver perdas de calor".**

Nota-se pela própria definição que é uma temperatura máxima teoricamente possível, pois, na sua determinação, não se consideram *perdas* de calor, o que praticamente é impossível de ser evitado. Em um processo de combustão sempre haverá perdas de calor, por irradiação e por aquecimento do material em que se efetua a combustão. A temperatura real de combustão será, portanto, inferior à temperatura teórica de combustão. A importância prática da temperatura teórica de combustão é grande, pois sua determinação permite prever a temperatura máxima a que estarão sujeitos os materiais (tijolos, metais, cerâmicas etc.) que estarão em contato com os fumos da combustão, ou com a chama da combustão.

5.1 CÁLCULO DA TEMPERATURA TEÓRICA DE COMBUSTÃO

Sendo no caso uma determinação de temperatura, o processo deve ser analisado por meio de balanço térmico, envolvendo as quantidades de calor que chegam e que saem do sistema da combustão. Para se estabelecer um balanço térmico são necessários os seguintes elementos:

(a) as quantidades molares dos reagentes e dos produtos, ou seja, do combustível, do ar e dos fumos, obtidas por balanços materiais;
(b) as capacidades caloríficas molares (ou calores específicos) dos reagentes e dos produtos;
(c) o poder calorífico do combustível ou os calores de reação. Consideremos o esquema abaixo representando o sistema da combustão:

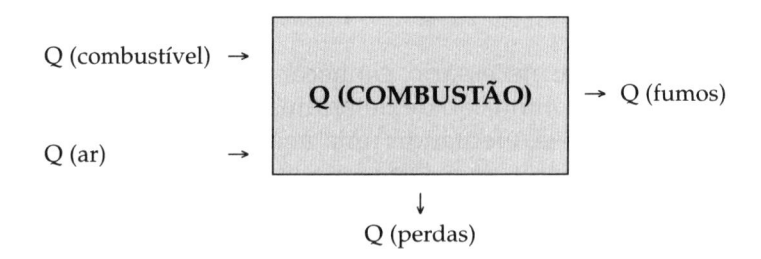

```
Q (combustível) →   ┌──────────────────┐
                    │                  │
                    │  Q (COMBUSTÃO)   │  → Q (fumos)
                    │                  │
Q (ar)          →   └──────────────────┘
                              ↓
                          Q (perdas)
```

Sendo a combustão um processo realizado normalmente a pressão constante, pode-se afirmar que a quantidade de calor será igual à variação de *entalpia*, isto é:

$$Q = \Delta H$$

Portanto, para o balanço de energia poderemos considerar apenas as quantidades de calor envolvidas no processo.

O balanço térmico do sistema de combustão aqui esquematizado pode ser representado como:

$$Q_{(combustível)} + Q_{(ar)} + Q_{(combustão)} = Q_{(fumos)} + Q_{(perdas)}$$

Como na determinação da "temperatura teórica de combustão" deve considerar-se **Q (perdas) = 0**, o "balanço térmico" será:

$$Q_{(combustível)} + Q_{(ar)} + Q_{(combustão)} = Q_{(fumos)}$$

Portanto:

"todo calor sensível trazido pelos reagentes (combustível e ar) mais o calor da combustão (poder calorífico) será utilizado apenas para aquecer os fumos".

Sendo o processo da combustão a pressão constante, as quantidades de calor poderão ser expressas por:

$$Q = m \times c_p \times \Delta t$$

(c_p = calor específico do gás, a pressão constante, em $\frac{cal}{g \cdot °K}$)

Substituindo **m** pelo produto **n.M** ter-se-á:

$$Q = n \times M \times c_p \times \Delta t$$

onde Mc_p = calor específico ou capacidade calorífica molar do gás, em $\frac{cal}{mol \cdot °K}$ (a pressão constante).

As capacidades caloríficas molares dos gases variam com a temperatura, de modo que a expressão anterior deve ser expressa por:

$$Q = n \int_{T1}^{T2} Mc_p \times dt$$

O valor de "Mc_p" (capacidade calorífica molar a pressão constante) dos gases pode ser determinado por expressões em razão da temperatura, que, para cálculos técnicos, é um polinômio do tipo:

$$Mc_p = a + bT + cT^2$$

onde T é a temperatura absoluta (em °K) e "a", "b" e "c" são constantes empíricas.

A Tabela 5.1 a seguir apresenta os valores dessas constantes para os gases mais comuns na combustão.

TABELA 5.1

Constantes empíricas para a expressão $Mc_p = a + bT + cT^2$
$\left(\frac{cal}{mol \cdot °K} \text{ ou } \frac{kcal}{kmol \cdot °K}\right)$
Válidas para o intervalo de 15 °C a 1.200 °C

SUBSTÂNCIA	FÓRMULA	a	b x 10^3	c x 10^6
Acetileno	C_2H_2	7,331	12,622	–3,889
Água (vapor)	H_2O	7,256	2,298	0,283
Ar	—	6,270	2,090	–0,4549
Butano (n)	C_4H_{10}	3,844	73,350	–22,655
Dióxido de carbono	CO_2	6,214	10,396	–3,545
Dióxido de enxofre	SO_2	7,116	9,512	3,511
Etano	C_2H_6	2,247	38,201	–11,049
Etileno	C_2H_4	2,830	28,601	–8,726
Hidrogênio	H_2	6,947	–0,200	–4,300
Monóxido de carbono	CO	6,420	1,665	–0,196
Nitrogênio	N_2	6,524	1,250	–0,001
Oxigênio	O_2	6,148	3,102	–0,923
Propano	C_3H_8	2,410	57,195	–17,533

5.2 EXPRESSÃO EXATA DA QUANTIDADE DE CALOR

Integrando a expressão da quantidade de calor entre os limites T_1 e T_2 obtém-se a expressão que permite um cálculo exato da quantidade de calor e, portanto, da *temperatura teórica de combustão*. O valor de Q integrado será:

$$Q = n\left[a(T_2 - T_1) + \frac{b}{2}(T_2^2 - T_1^2) + \frac{c}{3}(T_2^3 - T_1^3)\right]$$

Se for adotado um nível de temperatura de 18 °C ou 291 °K, isto é, se no balanço térmico forem consideradas apenas as quantidades de calor sensível acima de 18 °C, a expressão acima será:

$$Q = n\left[a(T_2 - 291) + \frac{b}{2}(T_2^2 - 291^2) + \frac{c}{3}(T_2^3 - 291^3)\right]$$

Portanto, para a determinação da temperatura teórica de combustão, desde que sejam conhecidas as quantidades molares (n) dos reagentes (combustível, se for gasoso, e do ar) e dos produtos (fumos), deve-se substituir, para cada composto, a expressão Q acima, no balanço térmico. A temperatura dos reagentes normalmente é conhecida, ficando, pois, determinadas as quantidades de calor sensível trazidas por eles ao sistema da combustão. A temperatura dos fumos T^2 será a incógnita da expressão do balanço térmico, a qual será a temperatura teórica de combustão.

Evidentemente, se os reagentes (combustível e ar) entrarem na combustão na temperatura de 18 °C, e considerando-se esta temperatura de referência para o "balanço térmico", as quantidades de calor dos reagentes será igual a zero, pois $T_2 = 291$ °K e, portanto, t = 0. Neste caso, o balanço térmico será expresso por:

$$Q_{(combustão)} = Q_{(fumos)}$$

A equação obtida a partir do balanço térmico será uma equação do terceiro grau, isto é, com T^3 e, portanto, de solução trabalhosa. O resultado de T pode ser obtido por tentativas ou por processo gráfico.

A temperatura T dos fumos será a temperatura teórica de combustão.

5.3 CÁLCULO APROXIMADO DA TEMPERATURA TEÓRICA DE COMBUSTÃO (TTC)

1ª aproximação

Sendo o valor de T^3 muito pequeno em vista dos valores muito pequenos de c, que são da ordem de 10^{-6}, pode-se desprezar o fator a T^3 na expressão do balanço térmico obtendo-se, portanto, uma equação do segundo grau, facilmente determinada.

A expressão de Mc_p será tomada como:

$$Mc_p = a + bT$$

A expressão da quantidade de calor, integrada entre T_1 e T_2, será, neste caso:

$$Q = n \left[a(T_2 - T_1) + \frac{b}{2}(T_2^2 - T_1^2) \right]$$

Se a integração for efetuada entre 0 °C e t °C, a expressão acima torna-se:

$$Q = n \left(a.t + \frac{b}{2} t^2 \right)$$

A expressão $\left(a.t + \dfrac{b}{2} t^2\right)$ é denominada de *binômio de Mallard* e os valores de a e b podem ser verificados na Tabela 5.1.

Substituindo, pois, na equação do balanço térmico, as expressões das quantidades de calor contendo apenas os termos em t e em t^2, e agrupando-se, obtém-se uma equação do segundo grau. A resolução fornece dois valores para t (temperatura teórica de combustão), sendo um deles impossível.

2ª aproximação

Para a determinação da temperatura teórica de combustão com aproximação suficiente para a prática, pode-se utilizar, para o cálculo da quantidade de calor no balanço térmico, a capacidade calorífica molar média do gás a pressão constante entre 18 °C e t °C, cujo símbolo é $\overline{Mc_p}$ (Mc_p traço).

Já vimos que a quantidade de calor, para uma molécula-grama de gás (n=1), pode ser expressa por:

$$Q = n \int_{T1}^{T2} Mc_p \times dt$$

A capacidade calorífica molar média entre t_1 e t_2 pode ser definida como um valor adequado que pela multiplicação da diferença de temperaturas $(t_2 - t_1)$ por esse valor adequado resulta no valor correto para a quantidade de calor Q.

Portanto, se teria:

$$Q = \overline{Mc_p}\,(t_2 - t_1)$$

Pela igualdade das duas expressões, obtém-se:

$$\overline{Mc_p} = \dfrac{\int_{t_1}^{t_2} Mc_p \times dt}{(t_2 - t_1)}$$

Normalmente, a temperatura t_1 é tomada igual a 18 °C e, portanto, a quantidade de calor é determinada entre 18 °C e a temperatura t_2 (ou t).

Para melhor compreensão do que representa a capacidade calorífica molar média veja-se a interpretação do gráfico seguinte:

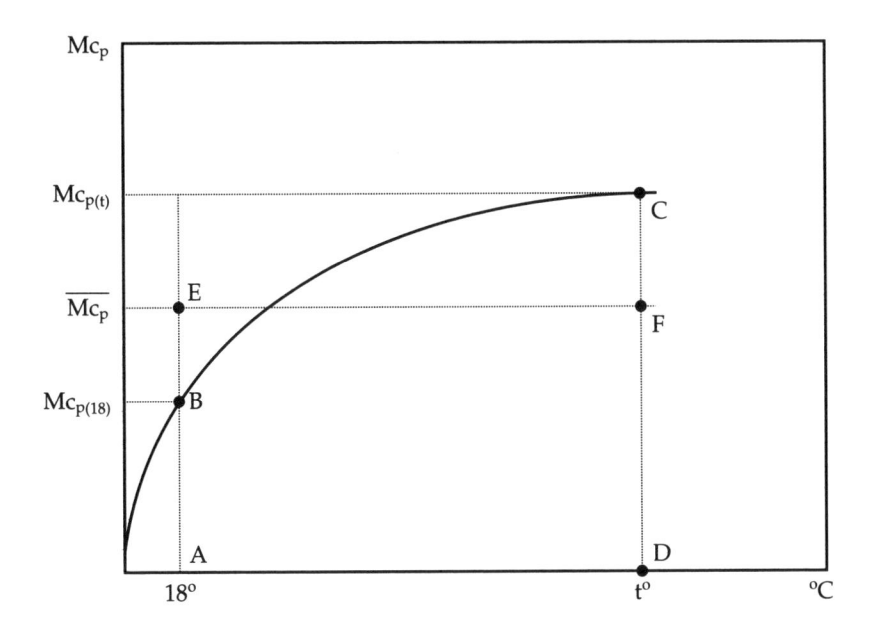

A variação de Mc_p com a temperatura, conforme já vimos, é dada pela expressão:

$$Mc_p = a + b \times t + c \times t^2$$

Portanto, a representação gráfica dessa variação, colocando os valores de temperatura em abscissa e os valores correspondentes de Mc_p em ordenadas, seria uma curva, mais ou menos pronunciada conforme o gás considerado. Para a temperatura de 0 °C, o valor de Mc_p será igual ao valor de "a".

Tomando como nível de referência a temperatura de 18 °C, e se o cálculo da quantidade de calor for necessário entre 18 °C e uma outra temperatura qualquer, tem-se:

$$Q = n \int_{18°}^{t} Mc_p \times dt \qquad \text{(para n = 1 mol do gás)}$$

Pelo cálculo integral, pode-se afirmar que o valor dessa integral entre os limites 18 °C e t °C, ou seja, a quantidade de calor do gás quando este se aquece de 18 °C até t °C será igual à área compreendida entre a curva de variação de Mc_p com t, às paralelas ao eixo das ordenadas passando por 18 °C e t °C e o eixo das abscissas, ou seja, no gráfico acima, correspondente à área (A-B-C-D).

Entre os valores de Mc_p a 18 °C e Mc_p a t °C, haverá um valor adequado de Mc_p (que será denominado capacidade calorífica molar média e, portanto,

$\overline{Mc_p}$), a partir do qual se pode traçar uma horizontal paralela ao eixo das temperaturas e que cortará as verticais que passam pelas temperaturas 18 °C e t °C nos pontos E e F (ver gráfico), formando um retângulo (A-E-F-D). A área desse retângulo, ou seja, a sua base dada pela diferença (t – 18) multiplicada pela altura, dada por $\overline{Mc_p}$, representará a mesma quantidade de calor Q dada pelo cálculo integral, se o valor $\overline{Mc_p}$ for adequado, de modo a se ter:

$$Q = \overline{Mc_p}\,(t - 18) = \int_{18°}^{t} Mc_p \times dt$$

Tendo-se, portanto, o valor de $\overline{Mc_p}$ entre 18 °C e t °C, pode-se determinar rapidamente e com suficiente aproximação o valor da quantidade de calor necessária para aquecer um gás de 18 °C até t °C. Para n moles do gás, a quantidade de calor será:

$$Q = n \times \overline{Mc_p}\,(t - 18)$$

Considerando o balanço térmico para a determinação da temperatura teórica de combustão, e considerando um gás combustível pré-aquecido à temperatura t_1 e o ar pré-aquecido à temperatura t_2, a TTC poderá ser determinada pela expressão:

$$n_{gás} \times \overline{Mc_{p(gás)}}\,(t - 18) + n_{ar} \times \overline{Mc_{p(ar)}}\,(t_2 - 18) + Q_{(combustão)} =$$
$$= (\Sigma\, n_i \times \overline{Mc_{p(i)}})\,(TTC - 18)$$

O índice *i* indica cada gás componente dos fumos, ou seja, CO_2, CO, H_2O, O_2, N_2 etc.

Evidentemente, o valor de $\overline{Mc_{p(i)}}$ de cada componente gasoso dos fumos depende da temperatura teórica de combustão que é a incógnita principal da equação do balanço térmico. Essa aparente dificuldade pode ser solucionada pelo processo de tentativas, adotando-se valor para a TTC e determinando em tabela os valores de $\overline{Mc_{p(i)}}$, até obter-se a quantidade de calor no primeiro membro. Pode-se ainda determinar a TTC pelo método gráfico (como será visto no capítulo 6 sobre cálculo da temperatura teórica de combustão), adotando-se dois valores para a TTC e calculando a quantidade de calor correspondente ao segundo membro da equação. Esses dois pontos do gráfico, correspondentes a $TTC_{(1)}$ e $Q_{(1)}$ (2º membro), e $TTC_{(2)}$ e $Q_{(2)}$ (2º membro), determinarão uma reta no gráfico de Q em ordenada e t em abscissa. O valor de Q (1º membro) localizado na escala de Q corresponderá, por meio da reta, a uma temperatura que será igual, com suficiente aproximação, à temperatura teórica de combustão.

No caso de o combustível e de o comburente (ar ou oxigênio puro) entrarem na combustão à temperatura de 18 °C (sem pré-aquecimento), a equação do balanço térmico será:

$$Q_{(combustão)} = (\Sigma n_i \times \overline{Mc_{p(i)}})(TTC - 18)$$

5.4 FATORES QUE INFLUENCIAM A TEMPERATURA TEÓRICA DE COMBUSTÃO

Tomando-se como referência o valor da temperatura teórica de combustão de um determinado combustível com a quantidade "teórica" de ar, o valor da temperatura teórica desse combustível poderá aumentar ou diminuir pela influência dos fatores que vêm a seguir:

5.4.1 Aumento da TTC

(1) Uso de oxigênio puro como comburente

O uso de oxigênio puro como comburente evita a introdução de nitrogênio na combustão, o qual, não tendo função alguma, irá apenas retirar calor da combustão para se aquecer, diminuindo dessa forma a quantidade de calor disponível para elevar a temperatura dos outros gases componentes dos fumos.

Em uma combustão com ar como comburente, a maior parcela dos fumos é constituída de nitrogênio.

Nos casos em que se deseja uma elevada temperatura e em que seja economicamente compensador o uso do oxigênio puro, deve-se utilizar a combustão tendo oxigênio como comburente, como no caso do maçarico oxiacetilênico.

(2) Pré-aquecimento do ar

Um fator bastante utilizado na prática para a elevação da temperatura teórica de combustão é o pré-aquecimento do ar de combustão. Nos casos em que se utiliza um gás ou uma mistura gasosa como combustível, pode-se efetuar também o pré-aquecimento do próprio combustível. Pela equação do balanço térmico, verifica-se que o pré-aquecimento do ar (calor sensível acima de 18 °C) aumenta a quantidade de calor disponível para o aquecimento dos fumos, portanto, elevando a temperatura destes.

O pré-aquecimento do ar é normalmente efetuado em recuperadores de calor, que podem ser do tipo de colméia de tijolos refratários, por onde passam os fumos contendo ainda calor sensível, antes de serem lançados à atmosfera. Após o aquecimento dessa colméia, o ar da combustão passa por ela aquecendo-se até temperaturas elevadas da ordem de 500 °C.

5.4.2 Diminuição da TTC

(1) Excesso de ar

Ainda tomando como referência a TTC determinada na combustão com a quantidade de ar teórico, é evidente que se for utilizado um excesso de ar (e especialmente um excesso exagerado de ar) a TTC tende a diminuir. Esse fato acontece em virtude do aquecimento do oxigênio em excesso e principalmente pela grande quantidade de nitrogênio introduzida na combustão.

Portanto, quanto maior a quantidade de ar em excesso, menor será a TTC. Esse fato é que limita de certa forma a porcentagem de ar em excesso que deve ser utilizada em razão do estado físico e das condições da combustão.

(2) Dissociação dos produtos da combustão

Já foi visto que as reações de combustão são reações de equilíbrio químico, em altas temperaturas. Conseqüentemente, uma parcela da quantidade de calor representada pelo poder calorífico inferior do combustível (que corresponde à combustão completa do combustível) será perdida com a parcela de combustível reformada pela dissociação dos produtos.

5.4.3 Temperatura real de combustão

A temperatura real de combustão será sempre inferior à temperatura teórica de combustão para um determinado combustível. No cálculo da temperatura teórica de combustão, considera-se como não havendo perdas de calor através do sistema de combustão, o que não acontece na prática, pois parte do calor da combustão vai ser utilizada para aquecer o material (tijolos, metais etc.) em contato com a chama, e parte ainda se perde por irradiação e convecção.

Capítulo 6

Cálculo da Temperatura Teórica de Combustão

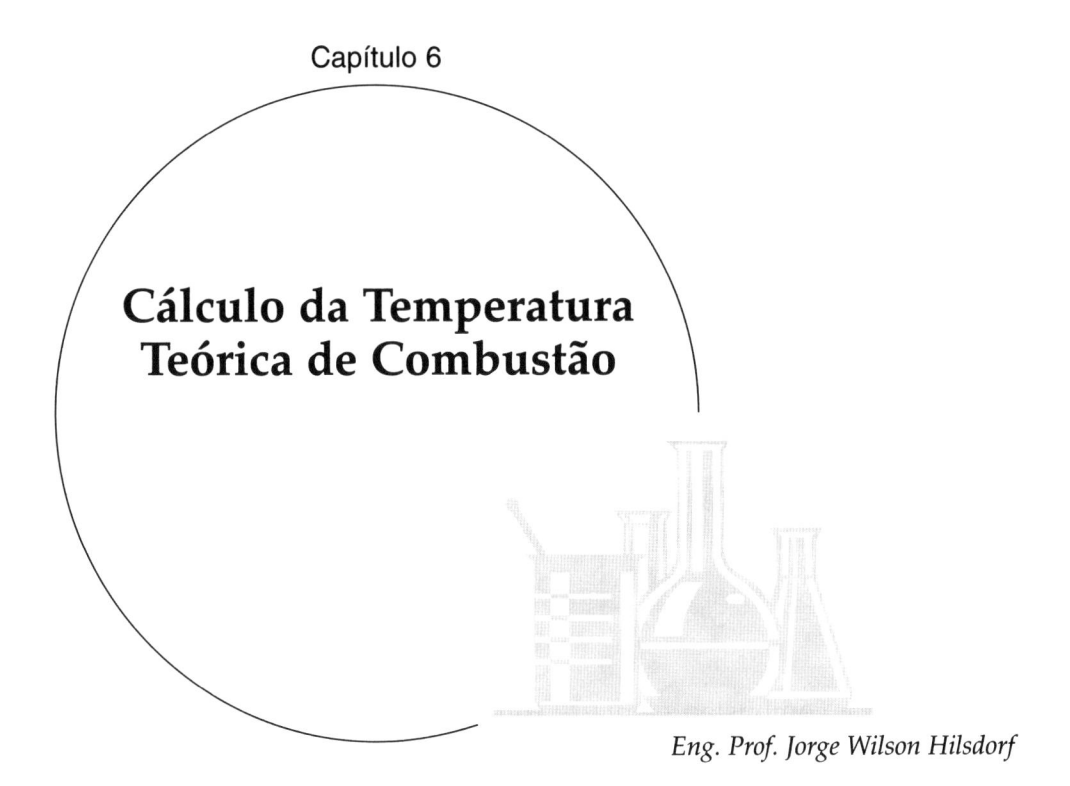

Eng. Prof. Jorge Wilson Hilsdorf

O exemplo a seguir ilustra as variações do valor da temperatura teórica de combustão com todos os fatores que a influenciam.

1º exemplo

Determinar a temperatura teórica de combustão de uma mistura gasosa combustível constituída de 20% de monóxido de carbono (CO) e 80% de nitrogênio (N_2) (porcentagens volumétricas), nas seguintes condições diferentes de combustão:

1 – Combustão com a quantidade de ar teórico na temperatura de 18 °C, pelos seguintes métodos:
   1.a – utilizando o cálculo exato da quantidade de calor;
   1.b – utilizando o cálculo aproximado da quantidade de calor (uso da capacidade calorífica molar média entre 18 °C e t °C).

2 – Combustão com oxigênio puro na quantidade teoricamente necessária e considerando a temperatura do combustível e do oxigênio igual a 18 °C.

3 – Combustão com ar em excesso de 100% em relação ao teórico e considerando temperaturas do ar e do combustível igual a 18 °C.

4 – Combustão com ar em excesso de 100% em relação ao teórico e considerando o ar e o combustível pré-aquecidos a 500 °C.

1ª solução

Combustão com a quantidade de ar teórico na temperatura de 18 °C, utilizando o cálculo exato da quantidade de calor.

Sistema de combustão

Gás combustível: $CO = 20\%$
$N_2 = 80\%$

Ar teórico: $O_2 = 21\%$
$N_2 = 79\%$

→ **COMBUSTÃO**
$CO + \frac{1}{2} O_2 \rightarrow CO_2$

→ Fumos: $\begin{cases} CO_2 \\ N_2 \end{cases}$

Sendo a combustão efetuada com ar teórico não haverá oxigênio nos fumos.

Para se efetuar o balanço térmico torna-se necessário conhecer as quantidades molares que participam da combustão.

Deve-se, portanto, iniciar o cálculo com um balanço material.

Balanço material

Deve-se inicialmente fixar uma *base de cálculo*. Sendo a expressão da capacidade calorífica molar (Mc_p) dada na unidade *Kcal/kmol . °C*, e como é preferível utilizar quantidade de calor em Kcal (números menores), deve-se utilizar a unidade *kmol* (quilomol) para a quantidade a ser fixada como *base de cálculo*.

Como o valor final da TTC independerá da quantidade inicial de combustível queimado, pode-se tomar uma base de cálculo de 1,0 kmol de mistura gasosa combustível.

Portanto, pela porcentagem volumétrica dada, a mistura gasosa que será queimada compõe-se de:

1,0 kmol da mistura gasosa combustível = 0,20 kmol de CO + 0,80 kmol de N_2.

A reação de combustão a ser considerada com o respectivo calor de combustão (ver Tabela 6.1) será:

$$CO + \frac{1}{2} O_2 \rightarrow CO_2 + 67,64 \text{ kcal/mol}$$

Sendo a quantidade de CO a queimar igual a 0,20 kmol tem-se:

$$n_{(O2 \text{ teórico})} = \frac{0,2}{2} = 0,1 \text{ kmol}$$

$$n_{(N2 \text{ do ar})} = \left(\frac{79}{21}\right) \times 0,1 = 0,376 \text{ kmol}$$

A quantidade de fumos produzidos será:

$n_{CO_2} = 0,20$ kmol (proveniente de 0,20 kmol de CO)

$n_{N_2} = n_{N_2 \text{ (do ar)}} + n_{N_2 \text{ (do gás combustível)}} = 0,376 + 0,80 = 1,176$ kmol

O sistema de combustão, com as quantidades molares envolvidas será:

Gás combustível: CO = 0,20 kmol
N$_2$ = 0,80 kmol
Ar (excesso): O$_2$ = 0,10 kmol
N$_2$ = 0,376 kmol
→ **COMBUSTÃO**
$CO + \frac{1}{2} O_2 \rightarrow CO_2 +$
$+ 67,64$ kcal/mol
→ Fumos: $\begin{cases} CO_2 = 0,20 \text{ kmol} \\ N_2 = 1,176 \text{ kmol} \end{cases}$

Balanço térmico

Considerando o nível de temperatura igual a 18 °C (291 °K), as quantidades de calor sensível da mistura gasosa combustível e do ar trazidas para o sistema de combustão serão iguais a zero. Pela igualdade do "balanço térmico" tem-se:

$$Q_{\text{combustível}} + Q_{\text{ar}} + Q_{\text{combustão}} = Q_{\text{fumos}}$$

Como o cálculo é de temperatura teórica de combustão considera-se **Q (perdas) = 0**.

Sendo as temperaturas da mistura gasosa combustível e do ar iguais a 18 °C (dado do problema) e sendo o nível de referência de temperaturas igual a 18 °C, tem-se $\Delta t = 0$.

Portanto:

$$Q_{combustão} = Q_{fumos}$$

O calor libertado na combustão será função da quantidade queimada de combustível. Considerando o calor de combustão da reação de combustão do CO (única parcela combustível) igual a 67,64 kcal/mol ou 67.640 kcal/kmol, e base de cálculo de 1,0 kmol de mistura gasosa, portanto, da combustão de 0,20 kmol de CO, tem-se:

$$Q_{combustão} = 67.640 \times 0{,}20 = 13.528 \text{ kcal}$$

Portanto, pela igualdade do balanço térmico:

$$13.528 = Q_{fumos}$$
$$13.528 = Q(CO_2) + Q(N_2)$$

Aparece uma equação com quantidade de calor que pode ser resolvida pelo método exato ou pelo método aproximado.

Cálculo exato da quantidade de calor

Pela expressão da "quantidade de calor":

$$13.528 = n_{CO_2} \int_{291}^{T} Mc_{p\,(CO_2)} \times dt + n_{N_2} \int_{291}^{T} Mc_{p\,(N_2)} \times dt$$

Usando a expressão integrada da quantidade de calor para cada componente dos fumos, tem-se:

$$Q_{CO_2} = n_{CO_2} \left[a(T - 291) + \frac{b}{2}(T^2 - 291^2) + \frac{c}{3}(T^3 - 291^3) \right]$$

Substituindo $n_{CO_2} = 0{,}20$ kmol e substituindo os valores de a, b e c obtidos na Tabela 6.1 (constantes empíricas para a expressão de $Mc_p = a + b \times T + c \times T^2$):

$$Q_{CO_2} = 0{,}20 \left[6{,}214\,(T - 291) + \frac{10{,}396 \times 10^{-3}}{2}(T^2 - 291^2) - \right.$$

$$\left. - \frac{3{,}545 \times 10^{-6}}{3}(T^3 - 291^3) \right]$$

Para o nitrogênio:

$$Q_{N_2} = n_{N_2}\left[a(T - 291) + \frac{b}{2}(T^2 - 291^2) + \frac{c}{3}(T^3 - 291^3)\right]$$

$$Q_{N_2} = 1{,}176\left[6{,}524\,(T - 291) + \frac{1{,}25 \times 10^{-3}}{2}(T^2 - 291^2) - \right.$$

$$\left. - \frac{0{,}001 \times 10^{-6}}{3}(T^3 - 291^3)\right]$$

Substituindo os valores das expressões exatas de Q_{CO_2} e Q_{N_2} na igualdade do balanço térmico,

$$13.528 = Q_{CO_2} + Q_{N_2}$$

e agrupando os termos em T, T^2 e T^3, obtém-se uma equação de terceiro grau seguinte:

$$16.257 = 8{,}91 \times T + 1{,}78 \times 10^{-3} \times T^2 - 0{,}24038 \times 10^{-6} \times T^3$$

A temperatura T corresponde à temperatura dos fumos, portanto, à temperatura teórica de combustão em graus absolutos. A resolução dessa equação do terceiro grau é trabalhosa e pode ser convenientemente resolvida por tentativas ou por processo gráfico.

O processo de tentativas (também trabalhoso) consiste em dar valores a T, até que se tenha um valor de T que dê para o segundo membro da igualdade da equação o valor de 16.257.

O processo gráfico consiste em dar apenas alguns valores (normalmente dois para intervalos pequenos de T) e determinar o valor da função Y do segundo membro da equação. Os valores de T e da função Y (quantidades de calor) são postos em gráfico e é traçada a reta (no pequeno intervalo entre T_1 e T_2 admitidas). Utilizaremos o processo gráfico.

Admitindo um valor de $T_1 = 1.000\ °K$, o valor do segundo membro da equação será:

$Y_1 = 8{,}91 \times 1.000 + 1{,}78 \times 10^{-3} \times 1.000^2 - 0{,}24038 \times 10^{-6} \times 1.000^3$

$Y_1 = 10.450$ kcal (menor, portanto, que o valor do primeiro membro).

Admitindo um valor maior para T = 2.000 °K, o valor do segundo membro da equação será:

$Y_2 = 8{,}91 \times 2.000 + 1{,}78 \times 10^{-3} \times 2.000^2 - 0{,}24038 \times 10^{-6} \times 2.000^3$

$Y_2 = 23.017$ kcal (maior que o valor do primeiro membro).

Admitindo um terceiro valor de T_3 = 1.500 °K, o valor do segundo membro da equação será:

$Y_3 = 8{,}91 \times 1.500 + 1{,}78 \times 10^{-3} \times 1.500^2 - 0{,}24038 \times 10^{-6} \times 1.500^3$

$Y_3 = 16.560$ kcal

Portanto, tem-se três pontos no gráfico:

T (°K)	Q (kcal)
1.000	10.450
1.500	16.560
2.000	23.017

No gráfico seguinte obtém-se uma reta (ou aproximadamente uma reta) entre os três pontos. Localizando o valor da quantidade de calor do primeiro membro da equação (ou seja, Q = 16.257) no eixo de Q e traçando uma horizontal até a reta da função Y e traçando uma vertical até a escala de Temperatura, obtém-se T = 1.460 °K, ou seja, t = 1.460 − 273 = 1.187 °C. Esta será a temperatura teórica de combustão.

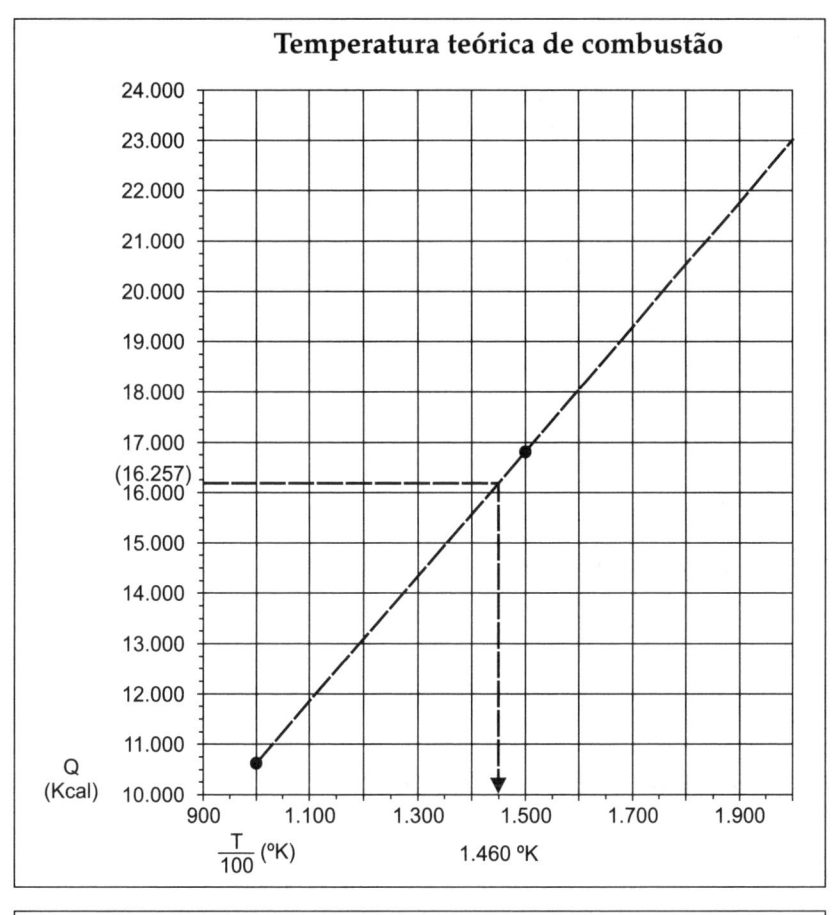

Temperatura teórica de combustão

Q = 16.257 kcal → T = 1.460 °K (1.187 °C)

FIGURA 6.1 – *Temperatura teórica de combustão – 1ª solução*

2ª solução

Determinar a "temperatura teórica de combustão" da mistura gasosa combustível da primeira solução, considerando combustão com a quantidade de ar teórico na temperatura de 18 °C, utilizando o cálculo aproximado da quantidade de calor (uso da capacidade calorífica molar média entre 18 °C e t °C).

Balanço material

Será o mesmo do primeiro caso, pois a combustão se dará com "ar teórico". Portanto, o sistema de combustão, com as quantidades molares, será o mesmo:

Gás combustível: CO = 0,20 kmol
N_2 = 0,80 kmol

Ar (excesso): O_2 = 0,10 kmol
N_2 = 0,376 kmol

→ **COMBUSTÃO**

$CO + \frac{1}{2} O_2 \rightarrow CO_2 +$
$+ 67,64 \frac{kcal}{mol}$

→ Fumos: $\begin{cases} CO_2 = 0,20 \text{ kmol} \\ N_2 = 1,176 \text{ kmol} \end{cases}$

Balanço térmico

Sendo as temperaturas do ar e do gás combustível iguais a 18 °C, o balanço térmico será o mesmo anterior:

$$13.528 = Q(CO_2) + Q(N_2)$$

Cálculo aproximado da quantidade de calor

Utilizando a expressão de quantidade de calor em função da capacidade calorífica molar média entre 18 °C e t °C ($\overline{Mc_p}$), tem-se:

$$Q_{CO_2} = n_{CO_2} \times \overline{Mc_{p(CO_2)}} \, (t - 18)$$

$$Q_{N_2} = n_{N_2} \times \overline{Mc_{p(N_2)}} \, (t - 18)$$

Substituindo na equação do balanço térmico tem-se:

$$13.528 = (n_{CO_2} \times \overline{Mc_{p(CO_2)}} + n_{N_2} \times \overline{Mc_{p(N_2)}}) \, (t - 18)$$

Pelas quantidades de CO_2 e N_2 nos fumos:

$$13.528 = (0,20 \times \overline{Mc_{p(CO_2)}} + 1,176 \times \overline{Mc_{p(N_2)}}) \, (t - 18)$$

Os valores de $\overline{Mc_p}$ para o CO_2 e o N_2 podem ser obtidos da Tabela 6.1. Entretanto, aparece uma aparente impossibilidade de solução, pois os valores de $\overline{Mc_p}$ variam com a temperatura e o que se deseja determinar é a temperatura **t** (temperatura dos fumos ou temperatura teórica de combustão).

A solução pode ser obtida, como no primeiro caso, por tentativas, dando-se valores a **t** e determinando na Tabela 6.1 os valores correspondentes de $\overline{Mc_p}$, até que o valor do segundo membro da equação seja igual a 13.528; ou pelo **processo gráfico**, dando-se dois valores para **t** (não muito distantes), determinando os valores de $\overline{Mc_p}$ na Tabela 6.1 e calculando os valores das quantidades de calor do segundo membro da equação. Obtêm-se valores de dois pontos do gráfico, pelos quais se traça uma reta, que representa a equação do balanço térmico.

Pelo processo gráfico tem-se a solução seguinte:

(1) adotando $t_1 = 1.000\ °C$ tem-se da Tabela 6.1:

$$\overline{Mc_p}\ (CO_2) = 11{,}94\ \frac{kcal}{kmol \cdot °C}$$

$$\overline{Mc_p}\ (N_2) = 7{,}50\ \frac{kcal}{kmol \cdot °C}$$

Substituindo esses valores no segundo membro da equação:

$$Q_1 = (0{,}20 \times 11{,}94 + 1{,}176 \times 7{,}50)\ (1.000 - 18)$$

$$Q_1 = 11.006\ kcal$$

(2) adotando $t_2 = 2.000\ °C$ tem-se da Tabela 6.1:

$$\overline{Mc_p}\ (CO_2) = 13{,}03\ \frac{kcal}{kmol \cdot °C}$$

$$\overline{Mc_p}\ (N_2) = 7{,}99\ \frac{kcal}{kmol \cdot °C}$$

Substituindo esses valores no segundo membro da equação:

$$Q_2 = (0{,}20 \times 13{,}03 + 1{,}176 \times 7{,}99)\ (1.000 - 18)$$

TABELA 6.1 – *Temperatura Teórica de Combustão*
Capacidade Calorífica Molar Média de gases entre 18 °C e t °C a pressão constante $\left(\dfrac{kcal}{kmol \cdot °C} \text{ ou } \dfrac{cal}{mol \cdot °C}\right)$

t °C	H_2	N_2	O_2	CO	H_2O	CO_2	SO_2	AR	CH_4	C_2H_4	C_2H_2
18	6,86	6,96	7,00	6,96	7,99	8,70	9,38	6,94	8,30	10,20	10,25
100	6,92	6,97	7,06	6,97	8,04	9,25	9,81	6,96	8,73	11,45	11,12
200	6,95	7,00	7,16	7,00	8,13	9,73	10,22	7,01	9,48	12,64	11,79
300	6,97	7,04	7,28	7,06	8,23	10,14	10,59	7,06	10,20	13,73	12,36
400	6,98	7,09	7,40	7,12	8,35	10,48	10,91	7,14	10,88	14,76	12,81
500	6,99	7,15	7,51	7,20	8,49	10,83	11,18	7,21	11,53	15,69	13,21
600	7,02	7,21	7,61	7,28	8,62	11,11	11,42	7,28	12,15	16,52	13,58
700	7,04	7,28	7,70	7,35	8,76	11,35	11,62	7,35	12,74	17,26	13,90
800	7,07	7,36	7,79	7,44	8,91	11,57	11,79	7,43	13,28	18,07	14,22
900	7,10	7,43	7,87	7,51	9,06	11,76	11,95	7,50	13,79	18,62	14,49
1.000	7,13	7,50	7,94	7,58	9,20	11,94	12,08	7,57	14,27	19,24	14,75
1.100	7,16	7,57	8,00	7,65	9,34	12,11	12,20	7,63			
1.200	7,21	7,63	8,06	7,71	9,47	12,25	12,29	7,69			
1.300	7,25	7,68	8,13	7,77	9,60	12,37	12,39	7,74			
1.400	7,29	7,74	8,18	7,82	9,74	12,50	12,46	7,79			
1.500	7,33	7,79	8,22	7,85	9,86	12,61	12,53	7,85			
1.600	7,37	7,83	8,25	7,91	9,98	12,71	12,60	7,89			
1.700	7,41	7,87	8,27	7,95	10,11	12,80	12,65	7,93			
1.800	7,46	7,92	8,34	7,99	10,22	12,88	12,71	7,97			
1.900	7,50	7,95	8,39	8,03	10,32	12,96	12,74	8,00			
2.000	7,54	7,99	8,43	8,06	10,43	13,03	12,80	8,04			
2.100	7,58	8,02	8,46	8,10	10,54	13,10	12,84	8,07			
2.200	7,63	8,06	8,49	8,13	10,63	13,17	12,88	8,09			
2.300	7,67	8,09	8,53	8,16	10,73	13,23	12,92	8,13			
2.400	7,71	8,11	8,57	8,19	10,81	13,27	12,96	8,15			
2.500	7,75	8,15	8,60	8,22	10,89	13,33	12,98	8,19			
2.600	7,79	8,18	8,64	8,24	10,93	13,37	13,01	8,21			
2.700	7,82	8,20	8,66	8,26	11,05	13,42	13,03	8,24			
2.800	7,86	8,23	8,69	8,28	11,13	13,46	13,06	8,26			
2.900	7,90	8,25	8,73	8,31	11,20	13,51	13,09	8,28			
3.000	7,93	8,27	8,77	8,33	11,25	13,55	13,12	8,30			

$$Q_2 = 23.784 \text{ kcal,}$$

obtêm-se dois pontos do gráfico representados por:

t (°C)	Q (kcal)
1.000	11.006
2.000	23.784

Verifica-se pelos valores acima que a solução de t para o balanço térmico deverá ser um pouco maior que 1.000 °C, pois o valor do primeiro membro é de 13.528 kcal.

Pelo gráfico na página seguinte (Figura 6.2) determina-se para o valor de t correspondente a 13.528 kcal:

$$t = 1.200 \text{ °C} = TTC$$

Nota-se, portanto, que o uso de capacidades caloríficas molares médias apresentou um valor de TTC de 1.200 °C e pelo método exato pela expressão polinômio de Mc_p apresentou um valor de 1.187 °C, portanto, uma diferença de apenas 13 °C, que para efeitos práticos pode ser desprezada.

3ª solução

Combustão com oxigênio puro na quantidade teoricamente necessária e considerando a temperatura do combustível e do oxigênio igual a 18 °C.

Balanço material

Como o comburente é oxigênio puro, não haverá nitrogênio do ar.
A combustão se dará com:

$$n_{O_2} \text{ teórico} = \frac{0,2}{2} = 0,1 \text{ kmol}$$

Os fumos serão constituídos de CO_2 e de N_2.

$n_{CO_2} = 0,20$ kmol (da combustão de 0,20 kmol de CO)

$n_{N_2} = 0,80$ kmol (quantidade existente no gás combustível)

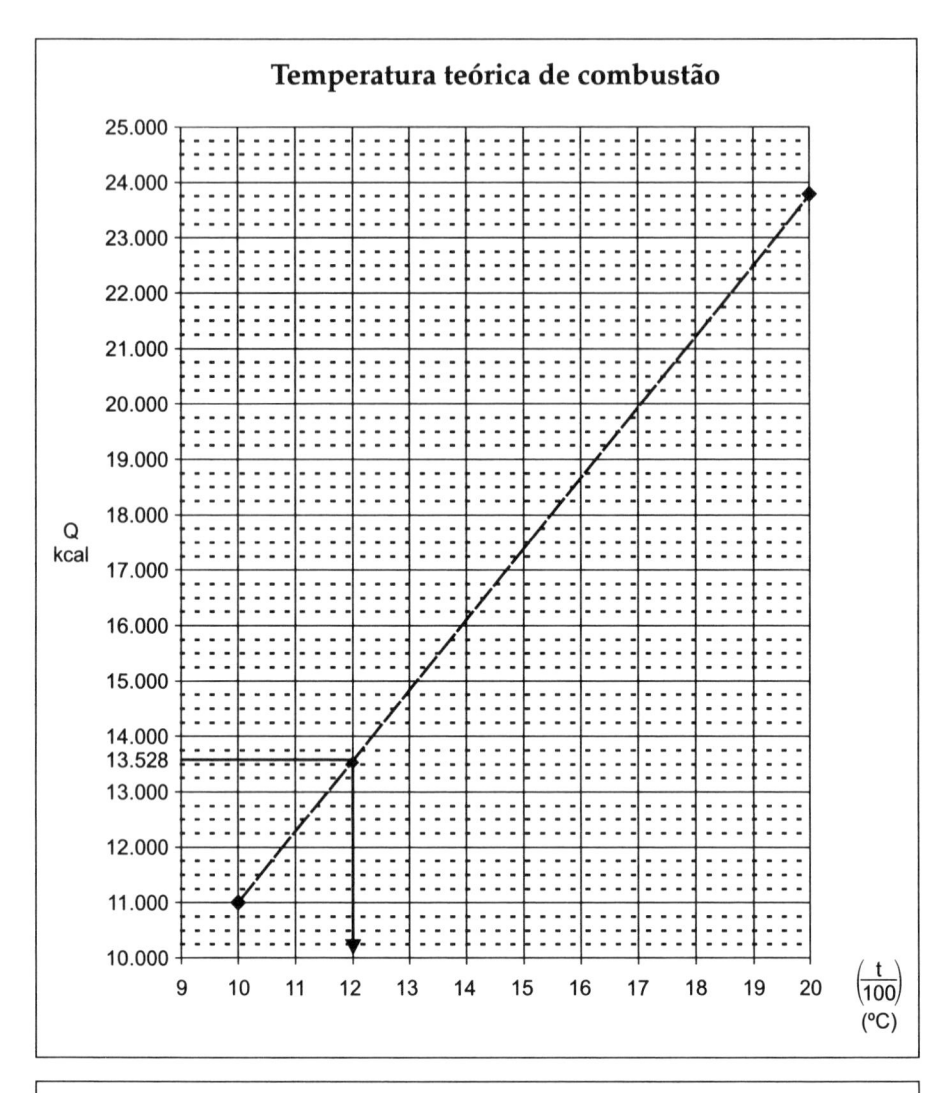

Temperatura teórica de combustão

Q = 13.528 kcal → t = 1.200 °C

FIGURA 6.2 – *Temperatura teórica de combustão – 2ª solução*

Sistema de combustão

Gás combustível: $\begin{cases} CO = 0{,}20 \text{ kmol} \\ N_2 = 0{,}80 \text{ kmol} \end{cases}$ →

Oxigênio (teórico): $\{O_2 = 0{,}10 \text{ kmol}$ →

$$\boxed{\text{COMBUSTÃO} \\ CO + \tfrac{1}{2} O_2 \rightarrow CO_2 + \\ + 67{,}64 \tfrac{kcal}{mol}}$$

→ Fumos: $\begin{cases} CO_2 = 0{,}20 \text{ kmol} \\ N_2 = 0{,}80 \text{ kmol} \end{cases}$

Balanço térmico

Sendo as temperaturas do gás combustível e do oxigênio iguais a 18 °C, o balanço térmico será como no primeiro caso:

$$Q_{combustão} = Q_{fumos}$$

Sendo a base de cálculo a mesma de 1,0 kmol do gás combustível, ou seja, 0,20 kmol de CO e 0,80 kmol de N_2, a quantidade de calor da combustão será a mesma:

$$Q_{combustão} = 0{,}20 \times 67.640$$

$$Q_{combustão} = 13.528 \text{ kcal}$$

A equação do balanço térmico será como no primeiro caso:

$$13.528 = Q(CO_2) + Q(N_2)$$

Utilizando o método das capacidades caloríficas molares médias:

$$Q(CO_2) = n(CO_2) \times \overline{Mc_{p(CO_2)}} \, (t - 18)$$

$$Q(N_2) = n(N_2) \times \overline{Mc_{p(N_2)}} \, (t - 18)$$

Substituindo na equação do balanço térmico:

$$13.528 = [0,20 \times \overline{Mc_{p(CO_2)}} + 0,80 \times \overline{Mc_{p(N_2)}}] (t - 18)$$

Adotando $t_1 = 1.000$ °C e determinando na Tabela 6.1 os valores de $\overline{Mc_p}$:

$$Q_1 = (0,20 \times 11,94 + 0,80 \times 7,50)(1.000 - 18)$$

$$Q_1 = 8.237 \text{ kcal}$$

Adotando $t_2 = 2.000$ °C e determinando na Tabela 6.1 os valores de $\overline{Mc_p}$:

$$Q_2 = (0,20 \times 13,03 + 0,80 \times 7,99)(2.000 - 18)$$

$$Q_2 = 17.834 \text{ kcal}$$

Os dois pontos do gráfico que definirão a reta da equação do balanço térmico serão:

t (°C)	Q (kcal)
1.000	8.237
2.000	17.834

Do gráfico (Figura 6.3) determina-se que o valor de t para as 13.528 kcal é igual a:

$$t = 1.560 \text{ °C} = TTC$$

Capítulo 6 – *Cálculo da Temperatura Teórica de Combustão* ■ **115**

Temperatura teórica de combustão

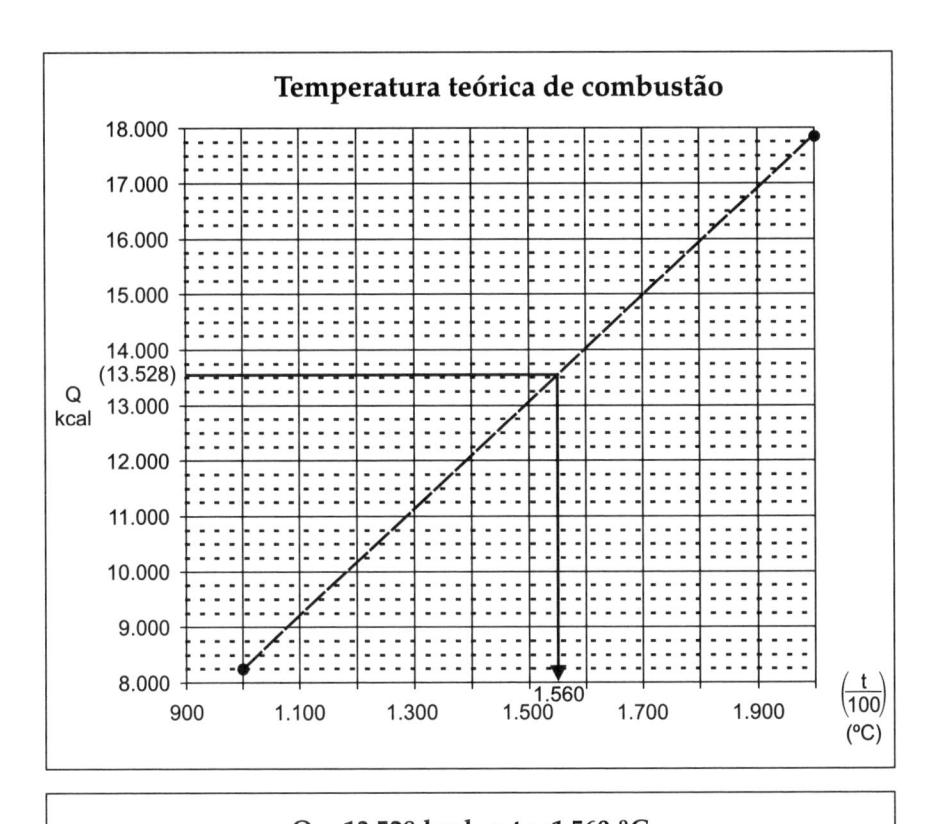

$Q = 13.528$ kcal → $t = 1.560$ °C

FIGURA 6.3 – *Temperatura teórica de combustão – 3ª solução*

4ª solução

Combustão com "ar em excesso" de 100% em relação ao ar teórico e considerando temperaturas do ar e do combustível iguais a 18 °C.

Sistema de combustão

Gás combustível: $\begin{cases} CO = 0{,}20 \text{ kmol} \\ N_2 = 0{,}80 \text{ kmol} \end{cases}$ →

Ar (excesso de 100%): $\begin{cases} O_2 = 0{,}20 \text{ kmol} \\ N_2 = 0{,}752 \text{ kmol} \end{cases}$ →

COMBUSTÃO

$CO + \dfrac{1}{2} O_2 \rightarrow CO_2 +$
$+ 67{,}64 \, \dfrac{\text{kcal}}{\text{mol}}$

→ Fumos: $\begin{cases} CO_2 = 0{,}20 \text{ kmol} \\ N_2 = 1{,}552 \text{ kmol} \\ O_2 = 0{,}10 \text{ kmol} \end{cases}$

Balanço material

Base de cálculo: 1,0 kmol de mistura gasosa combustível
(0,20 kmol de CO + 0,80 kmol de N_2)

Pelo balanço material do primeiro exemplo sabe-se que:

$$n(O_2 \text{ teórico}) = 0{,}10 \text{ kmol}$$

Sendo o excesso de ar igual a 100%, o excesso de oxigênio será também de 100%. Portanto, a quantidade de oxigênio real será:

$$n(O_2 \text{ real}) = 2 \times 0{,}10 = 0{,}20 \text{ kmol}$$

Sendo a combustão completa de CO, a quantidade de oxigênio consumido será igual à quantidade de oxigênio teórico. Portanto,

$$n(O_2 \text{ consumido}) = 0{,}10 \text{ kmol}$$

A quantidade de oxigênio nos fumos será igual a:

$$n(O_2 \text{ nos fumos}) = n(O_2 \text{ real}) - n(O_2 \text{ consumido})$$
$$n(O_2 \text{ nos fumos}) = 0{,}20 - 0{,}10 = 0{,}10 \text{ kmol}$$

A quantidade de nitrogênio do ar real será igual a:

$$n(N_2 \text{ do ar real}) = 0{,}20 \times \left(\frac{79}{21}\right) = 0{,}752 \text{ kmol}$$

A quantidade de CO_2 nos fumos será igual à quantidade de CO queimado:

$$n(CO_2) = 0{,}20 \text{ kmol}$$

A quantidade de nitrogênio nos fumos será igual à soma da quantidade de nitrogênio do ar real e da quantidade de nitrogênio do gás combustível:

$$n(N_2 \text{ nos fumos}) = 0{,}752 + 0{,}80 = 1{,}552 \text{ kmol}$$

Em resumo, os fumos serão constituídos de:

$$n(O_2) = 0,10 \text{ kmol}$$
$$n(CO_2) = 0,20 \text{ kmol}$$
$$n(N_2) = 1,552 \text{ kmol}$$

Balanço térmico

Sendo as temperaturas do gás combustível e do ar iguais a 18 °C, o balanço térmico será como no primeiro caso:

$$Q_{combustão} = Q_{fumos}$$

Sendo a base de cálculo a mesma de 1,0 kmol de gás combustível, ou seja, 0,20 kmol de CO e 0,80 kmol de N_2, a quantidade de calor de combustão será a mesma do primeiro caso:

$$Q_{combustão} = 0,20 \times 67.640$$
$$Q_{combustão} = 13.528 \text{ kcal}$$

Neste caso, os fumos compõem-se de CO_2, N_2 e O_2. Portanto, a equação do balanço térmico será:

$$13.528 = Q(CO_2) + Q(N_2) + Q(O_2)$$

Utilizando as capacidades caloríficas molares médias e as quantidades molares dos componentes dos fumos, obtém-se a equação:

$$13.528 = [0,20 \times \overline{Mc_p}(CO_2) + 1,552 \times \overline{Mc_p}(N_2) + 0,10 \times \overline{Mc_p}(O_2)] \times (t-18)$$

Utiliza-se o processo gráfico para obtenção do valor de t.

Em virtude do excesso de 100% de ar, pode-se prever uma diminuição da temperatura teórica de combustão. Adotando $t_1 = 500$ °C, têm-se da Tabela 6.1:

$$\overline{Mc_p}(CO_2) = 10,83 \frac{\text{kcal}}{\text{kmol} \cdot °C}$$

$$\overline{Mc_p}(N_2) = 7,15 \frac{\text{kcal}}{\text{kmol} \cdot °C}$$

$$\overline{Mc_p}(O_2) = 7,51 \frac{\text{kcal}}{\text{kmol} \cdot °C}$$

Substituindo esses valores no segundo membro da equação:

$$Q_1 = (0{,}20 \times 10{,}83 + 1{,}552 \times 7{,}15 + 0{,}10 \times 7{,}51) \times (500 - 18)$$

$$Q_1 = 6.754 \text{ kcal}$$

Adotando $t_2 = 1.000\ °C$ têm-se da Tabela 6.1:

$$\overline{Mc_p}\ (CO_2) = 11{,}94\ \frac{\text{kcal}}{\text{kmol}\,.\,°C}$$

$$\overline{Mc_p}\ (N_2) = 7{,}50\ \frac{\text{kcal}}{\text{kmol}\,.\,°C}$$

$$\overline{Mc_p}\ (O_2) = 7{,}94\ \frac{\text{kcal}}{\text{kmol}\,.\,°C}$$

Substituindo esses valores no segundo membro da equação:

$$Q_2 = (0{,}20 \times 11{,}94 + 1{,}552 \times 7{,}50 + 0{,}10 \times 7{,}94) \times (1.000 - 18)$$

$$Q_2 = 14.555 \text{ kcal}$$

Como a quantidade de calor do balanço térmico é de 13.528 kcal, pode-se prever que a temperatura teórica de combustão estará entre 500 °C e 1.000 °C e mais próxima desta. Obtêm-se dois pontos do gráfico representados por:

t (°C)	Q (kcal)
500	6.754
1.000	14.555

Localizando na escala de kcal do gráfico (Figura 6.4) o valor de 13.528 determina-se por meio da reta o valor de:

$$t\ °C = 930\ °C = TTC$$

Temperatura teórica de combustão

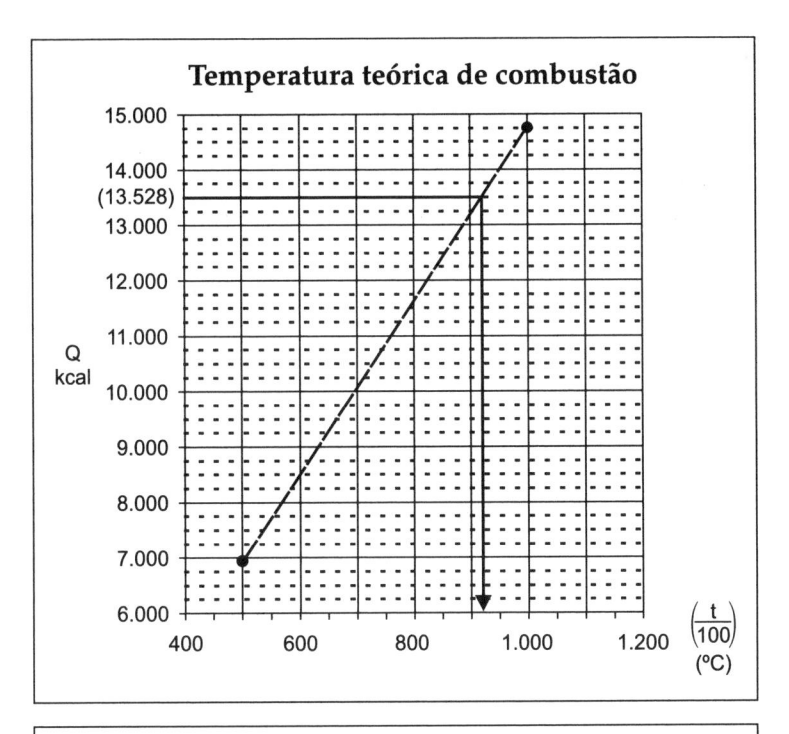

$$Q = 13.528 \text{ kcal} \rightarrow t = 930 \,°C$$

FIGURA 6.4 – *Temperatura teórica de combustão – 4ª solução*

5ª solução

Combustão com ar em excesso de 100% e considerando o ar e o gás combustível pré-aquecidos a 500 °C.

Balanço material

Considerando a base de cálculo de 1,0 kmol de gás combustível, o balanço material será exatamente igual ao da quarta solução. Portanto, os fumos serão constituídos de:

$n(O_2)$ = 0,10 kmol
$n(CO_2)$ = 0,20 kmol
$n(N_2)$ = 1,552 kmol

Balanço térmico

Neste caso, o ar e o gás combustível são pré-aquecidos a 500 °C e, portanto, trazem para o sistema de combustão uma quantidade de calor sensível, que deve ser levada em conta no balanço térmico, no qual se considera o nível de temperatura igual a 18 °C. Para este caso, o balanço térmico deve considerar:

$$Q_{combustível} + Q_{ar} + Q_{combustão} = Q_{fumos}$$

Pelo balanço material da quarta solução, sabe-se que o gás combustível tem:

$$n(CO) = 0{,}20 \text{ kmol}$$
$$n(N_2) = 0{,}80 \text{ kmol}$$

e que o "ar real" utilizado tem:

$$n(O_2) = 0{,}20 \text{ kmol}$$
$$n(N_2) = 0{,}752 \text{ kmol}$$

ou seja,

$$n(Ar) = 0{,}20 + 0{,}752 = 0{,}952 \text{ kmol}$$

A quantidade de calor sensível trazida pelo gás combustível será:

$$Q_{combustível} = [n(CO) \times \overline{Mc_p}(CO) + n(N_2) \times \overline{Mc_p}(N_2)] (t_1 - 18)$$

Sendo a temperatura $t_1 = 500$ °C, pode-se determinar na Tabela 6.1 os valores de $\overline{Mc_p}$:

$$\overline{Mc_p}(CO) = 7{,}20 \frac{\text{kcal}}{\text{kmol} \cdot {}^\circ C}$$

$$\overline{Mc_p}(N_2) = 7{,}15 \frac{\text{kcal}}{\text{kmol} \cdot {}^\circ C}$$

Substituindo os valores na equação acima, tem-se:

$$Q_{combustível} = (0{,}20 \times 7{,}20 + 0{,}80 \times 7{,}15) \times (500 - 18)$$

$$Q_{combustível} = 3.451 \text{ kcal}$$

A quantidade de calor sensível trazida pelo ar será:

$$Q_{ar} = n(ar) \times \overline{Mc_p}(ar) \times (t_2 - 18)$$

Sendo a temperatura do ar $t_2 = 500\ °C$, pode-se determinar na Tabela 6.1 o valor de $\overline{Mc_p}$ (ar):

$$\overline{Mc_p}(ar) = 7{,}21\ \frac{kcal}{kmol\ .\ °C}$$

Substituindo os valores na equação acima, tem-se:

$$Q_{ar} = 0{,}952 \times 7{,}21 \times (500 - 18)$$

$$Q_{ar} = 3.308\ kcal$$

Sendo a quantidade molar de CO queimada igual a 0,20 kmol (pela base de cálculo), a quantidade de calor de combustão será:

$$Q_{combustão} = 0{,}20 \times 67.640$$

$$Q_{combustão} = 13.528\ kcal$$

Substituindo esses valores de quantidades de calor no balanço térmico, tem-se:

$$3.451 + 3.308 + 13.528 = Q_{fumos}$$

ou

$$3.451 + 3.308 + 13.528 = Q\ (CO_2) + Q\ (O_2) + Q\ (N_2)$$

Do balanço material têm-se as quantidades molares de componentes dos fumos. Portanto,

$$20.279 = [n(CO_2) \times \overline{Mc_p}(CO_2) + n(O_2) \times \overline{Mc_p}(O_2) + n(N_2) \times \overline{Mc_p}(N_2)] \times (t - 18)$$

$$20.279 = [0{,}20 \times \overline{Mc_p}(CO_2) + 0{,}10 \times \overline{Mc_p}(O_2) + 1{,}552 \times \overline{Mc_p}(N_2)] \times (t - 18)$$

Adotando $t_1 = 1.000$ °C, tem-se da Tabela 6.1:

$$\overline{Mc_p}\,(CO_2) = 11{,}94 \frac{kcal}{kmol\cdot °C}$$

$$\overline{Mc_p}\,(O_2) = 7{,}94 \frac{kcal}{kmol\cdot °C}$$

$$\overline{Mc_p}\,(N_2) = 7{,}50 \frac{kcal}{kmol\cdot °C}$$

Substituindo esses valores no segundo membro da equação:

$$Q_1 = (0{,}20 \times 11{,}04 + 0{,}10 \times 7{,}94 + 1{,}552 \times 7{,}50) \times (1.000 - 18)$$

$$Q_1 = 14.555 \text{ kcal}$$

Adotando $t_2 = 2.000$ °C, tem-se na Tabela 6.1:

$$\overline{Mc_p}\,(CO_2) = 13{,}03 \frac{kcal}{kmol\cdot °C}$$

$$\overline{Mc_p}\,(O_2) = 8{,}43 \frac{kcal}{kmol\cdot °C}$$

$$\overline{Mc_p}\,(N_2) = 7{,}99 \frac{kcal}{kmol\cdot °C}$$

Substituindo esses valores no segundo membro da equação:

$$Q_2 = (0{,}20 \times 13{,}03 + 0{,}10 \times 8{,}43 + 1{,}552 \times 7{,}99) \times (2.000 - 18)$$

$$Q_2 = 31.412 \text{ kcal}$$

obtêm-se dois pontos do gráfico representados por:

t (°C)	Q (kcal)
1.000	14.555
2.000	31.412

Localizando na escala de kcal do gráfico (Figura 6.5) o valor de 20.279, determina-se por meio da reta o valor de:

$$t = 1.340 \text{ °C} = TTC$$

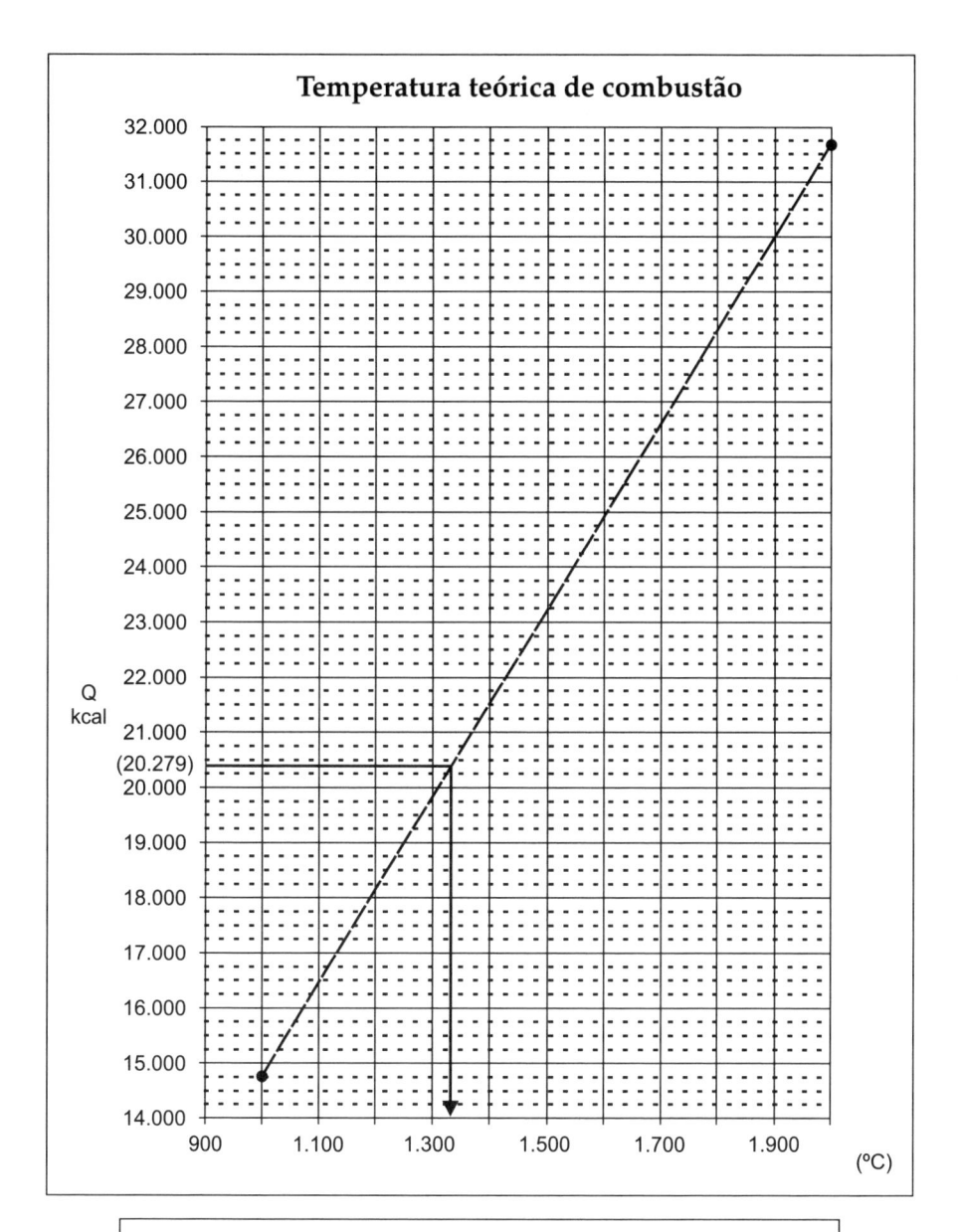

Capítulo 6 – *Cálculo da Temperatura Teórica de Combustão* ■ **123**

Temperatura teórica de combustão

Q = 31.412 kcal → t = 1.340 °C

FIGURA 6.5 – *Temperatura teórica de combustão – 5ª solução*

TABELA 6.2 – *Resumo dos Valores Obtidos*

Condições de combustão	Temperatura teórica de combustão
1º – Ar teórico na temperatura de 18 ºC (cálculo exato de Q)	1.187 ºC
2º – Ar teórico na temperatura de 18 ºC (cálculo aproximado de Q)	1.200 ºC
3º – Oxigênio puro teórico na temperatura de 18 ºC	1.560 ºC
4º – Ar em excesso de 100% na temperatura de 18 ºC	930 ºC
5º – Ar em excesso de 100% com pré-aquecimento do ar e do gás a 500 ºC	1.340 ºC

Considerações

Tomando como referência o valor de 1.200 ºC (caso de uso de ar teórico na temperatura de 18 ºC), nota-se que, com o uso de oxigênio puro na mesma temperatura, a temperatura teórica de combustão eleva-se para 1.560 ºC, em virtude de não haver nitrogênio do ar para ser aquecido. Com o uso de ar em excesso de 100% acima do ar teórico, há uma diminuição da temperatura teórica de combustão para 930 ºC, em virtude do aquecimento dessa grande quantidade de ar em excesso.

Tomando como referência o 4º caso (ar em excesso de 100% na temperatura de 18 ºC), nota-se que, com pré-aquecimento do ar a 500 ºC e do gás combustível a 500 ºC, a temperatura teórica de combustão (caso 5) eleva-se para 1.340 ºC em relação a 930 ºC.

2º exemplo

Um carvão coque seco, constituído praticamente de 90% em peso de carbono e 10% em peso de cinza, com poder calorífico de 7.250 kcal/kg, deve ser usado no aquecimento de um forno. A combustão se dará com 20% de ar em excesso. O coque é alimentado na temperatura ambiente e o ar será pré-aquecido a 200 ºC. Desprezando perdas de combustível e supondo combustão completa do carbono, determinar a temperatura teórica de combustão.

Solução

Será utilizado o processo gráfico com dados da capacidade calorífica molar média.

Balanço material

A reação de combustão completa do carbono consumirá oxigênio:

$$C + O_2 \to CO_2$$

Base de cálculo

Dado o poder calorífico em kcal/kg, será adotada a base de cálculo de 1,0 kg de carvão coque. Em 1.000 g de carvão coque tem-se 900 g de carbono, ou

$$n(C) = \frac{900}{12} = 75 \text{ moles de carbono}$$

A quantidade teórica de oxigênio será:

$$n(O_2 \text{ teórico}) = 75 \text{ moles}$$

Sendo o excesso de ar de 20% e, portanto, também do oxigênio de 20%, a quantidade real de oxigênio será:

$$n(O_2 \text{ real}) = 1,20 \times 75 = 90 \text{ moles}$$

A quantidade de nitrogênio do ar real será:

$$n(N_2 \text{ real}) = 90 \times \left(\frac{79}{21}\right) = 338,4 \text{ moles}$$

Composição dos fumos

Os fumos serão constituídos de CO_2 da combustão do C, de O_2 do excesso de ar e de N_2 do ar real. As quantidades molares serão:

$$n(CO_2) = 75,0 \text{ moles}$$
$$n(O_2) = 90 - 75 = 15,0 \text{ moles}$$
$$n(N_2) = 338,4 \text{ moles}$$

Sistema da combustão

carvão coque: n(C) = 0,075 kmol →

ar real:
- n(O_2) = 0,0900 kmol
- n(N_2) = 0,3384 kmol
- n(ar) = 0,4284 kmol →

COMBUSTÃO

$$CO + \frac{1}{2}O_2 \rightarrow CO_2$$

→ Fumos:
- n(CO_2) = 0,075 kmol
- n(N_2) = 0,3384 kmol
- n(O_2) = 0,015 kmol

Balanço térmico

Para a equação do balanço térmico, deve-se usar as quantidades molares em kmol (quilomol), pois os valores das capacidades caloríficas molares médias são dadas em $\frac{kcal}{kmol \cdot °C}$. A equação geral do balanço térmico é:

$$Q_{combustível} + Q_{ar} + Q_{combustão} = Q_{fumos}$$

Estando o combustível (carvão coque) na temperatura ambiente tem-se, considerando o nível de temperatura do balanço térmico igual a 18 °C, $\Delta t = 0$ e $Q_{combustível} = 0$.

O balanço térmico para este caso será, considerando que o ar está pré-aquecido a 200 °C:

$$Q_{ar} + Q_{combustão} = Q_{fumos}$$

Considerando a composição dos fumos:

$$Q_{ar} + Q_{combustão} = Q \times (CO_2) + Q(N_2) + Q(O_2)$$

Tomando os valores (em kmol) do ar, do poder calorífico e dos componentes dos fumos (para 1,0 kg de carvão coque):

$$n(ar) \times MC_p(ar) \times (t_{ar} - 18) + 7.250 = [n(CO_2) \times MC_p(CO_2) +$$
$$+ n(N_2) \times MC_p(N_2) + n(O_2) \times MC_p(O_2)] \times [t - 18]$$

Substituindo os valores:

$$0,428 \times 7,0 \times (200 - 18) + 7.250 = [0,075 \times MC_p(CO_2) + 0,3384 \times MC_p(N_2) + 0,015 \times MC_p(O_2)] \times [t - 18]$$

O valor de $Mc_p(ar)$ foi tomado da Tabela 6.1 para a temperatura de 200 °C. Resolvendo:

$$7.795 = [0,075 \times MC_p(CO_2) + 0,3384 \times MC_p(N_2) + 0,015 \times MC_p(O_2)] \times [t - 18]$$

Processo gráfico

Deve-se determinar dois pontos da reta representativa da equação do balanço térmico. Como o valor de Mc_p depende da temperatura, adotaremos dois valores de temperatura e, determinando os valores de Mc_p na Tabela 6.1, pode-se encontrar o valor do segundo membro da equação do balanço térmico para a temperatura adotada. Adotando $t_1 = 1.000$ °C:

$$Q_1 = (0,075 \times 11,94 + 0,3384 \times 7,50 + 0,015 \times 7,94)(1.000 - 18)$$

$$Q_1 = 3.486 \text{ kcal}$$

Adotando $t_2 = 2.000$ °C:

$$Q_2 = (0,075 \times 13,03 + 0,3384 \times 7,99 + 0,015 \times 8,43)(2.000 - 18)$$

$$Q_2 = 7.541 \text{ kcal}$$

Os dois pontos da reta são:

Q (kcal)	t (°C)
3.486	1.000
7.541	2.000

Como a quantidade de calor do balanço térmico do primeiro membro é igual a 7.795 kcal, pode-se prever que a temperatura teórica de combustão será um pouco superior a 2.000 °C. Pelo gráfico (Figura 6.6), localizando na escala de Q o valor de 7.795, determina-se, por meio da reta, que o valor de t que satisfaz a equação do balanço térmico é:

$$t = 2.060 \text{ °C} = TTC$$

Temperatura teórica de combustão

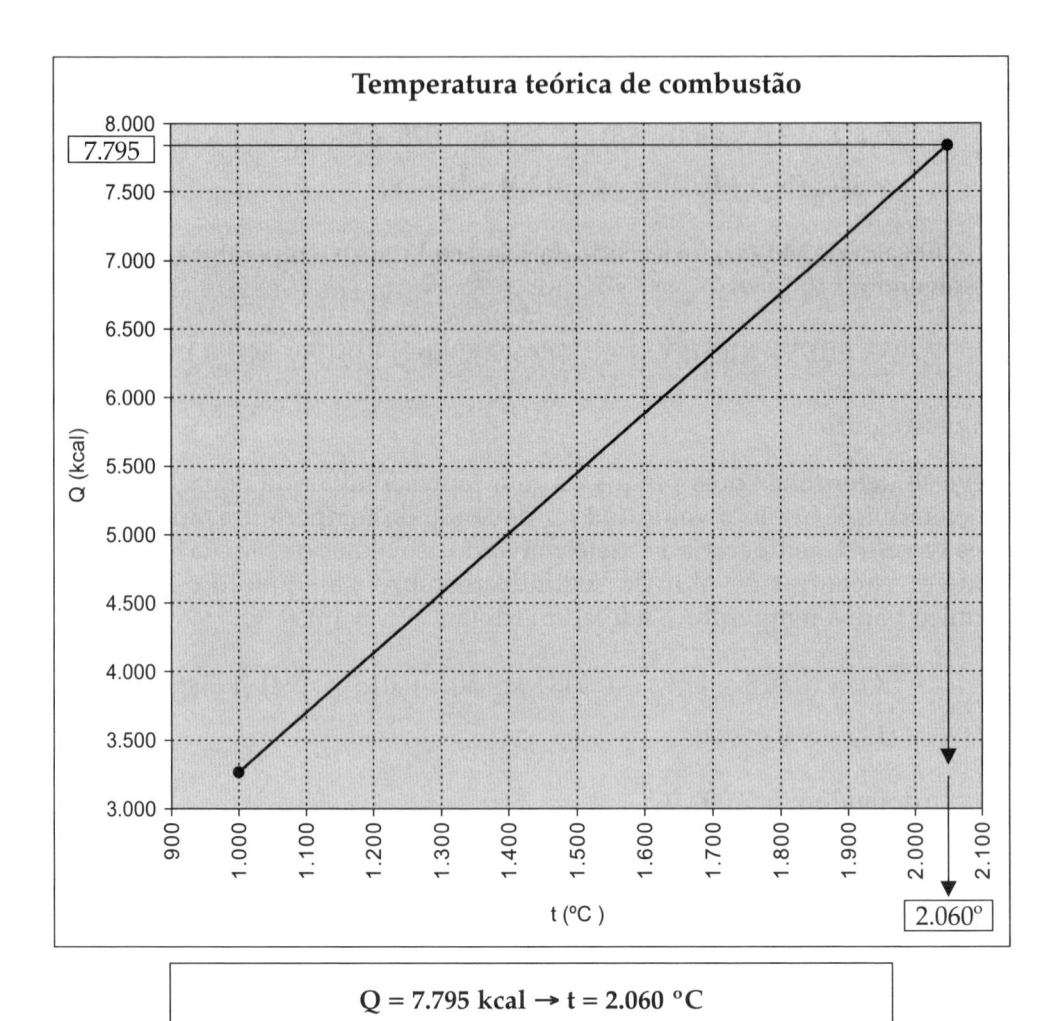

$Q = 7.795 \text{ kcal} \rightarrow t = 2.060 \text{ °C}$

FIGURA 6.6 – *Temperatura teórica de combustão – 2º exemplo*

3º exemplo

Considerando os dados de combustão do 2º exemplo, determinar a que temperatura deverá ser pré-aquecido o ar, para que a temperatura teórica de combustão seja de 2.500 °C.

Solução

Corresponde ao cálculo de um balanço térmico quando se fixa a temperatura teórica de combustão e deve-se determinar a temperatura de pré-aquecimento do ar. O balanço térmico do 2º exemplo apresentou a seguinte equação:

$$Q_{ar} + Q_{combustão} = Q(CO_2) + Q(N_2) + Q(O_2)$$

Considerando o balanço material do 2º exemplo e obtendo-se os valores de Mc_p dos componentes dos fumos (CO_2, N_2 e O_2) para a temperatura de 2.500 °C, obtém-se a seguinte equação:

$$0,428 \times MC_{p(ar)} \times (t_{ar} -18) + 7.250 = (0,075 \times 13,3 + 0,3384 \times$$
$$\times 8,15 + 0,015 \times 8,60) \times (2.500 - 18)$$

$$0,428 \times MC_{p(ar)} \times (t_{ar} - 18) + 7.250 = 9.633$$

$$0,428 \times MC_{p(ar)} \times (t_{ar} - 18) = 2.383$$

Resolvendo pelo "processo gráfico" tem-se:

(1) Adotando-se $t_{ar\,(1)}$ = 500 °C, o valor do primeiro membro da equação será:

$$Q_1 = 0,428 \times 7,21 \times (500 - 18) = 1.540$$

(2) Adotando-se $t_{ar\,(2)}$ = 1.000 °C, o valor do primeiro membro da equação será:

$$Q_2 = 0,428 \times 7,57 \times (1.000 - 18) = 3.194$$

Sendo o valor do segundo membro da equação igual a 2.383, pode-se prever, pelos valores anteriores de Q_1 e Q_2, que a temperatura do ar deverá estar entre 500 e 1.000 °C.

Os dois pontos da reta serão:

Q (kcal)	t (°C)
1.540	500
3.194	1.000

Localizando no gráfico (Figura 6.7) o valor de 2.383, determina-se por meio da reta que o valor de t_{ar} que satisfaz a equação do balanço térmico é:

$$t_{ar} = 750\ °C$$

É necessário, portanto, que o ar seja pré-aquecido a 750 °C para que a temperatura teórica de combustão, neste caso, seja igual a 2.500 °C.

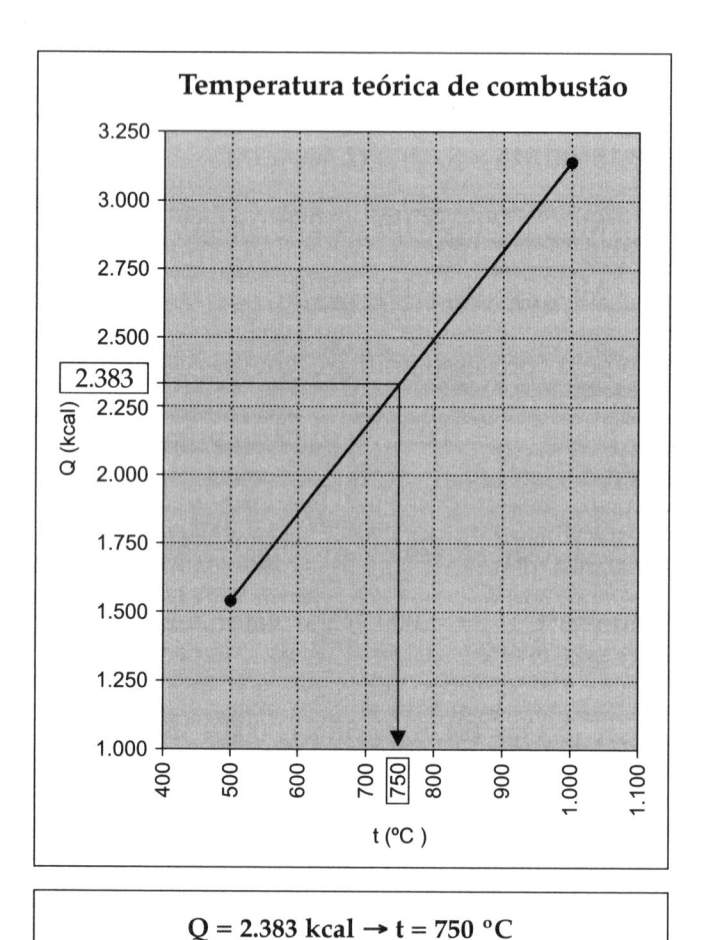

Q = 2.383 kcal → t = 750 °C

FIGURA 6.7 – *Temperatura teórica de combustão – 3º exemplo*

Exercícios sobre Combustão

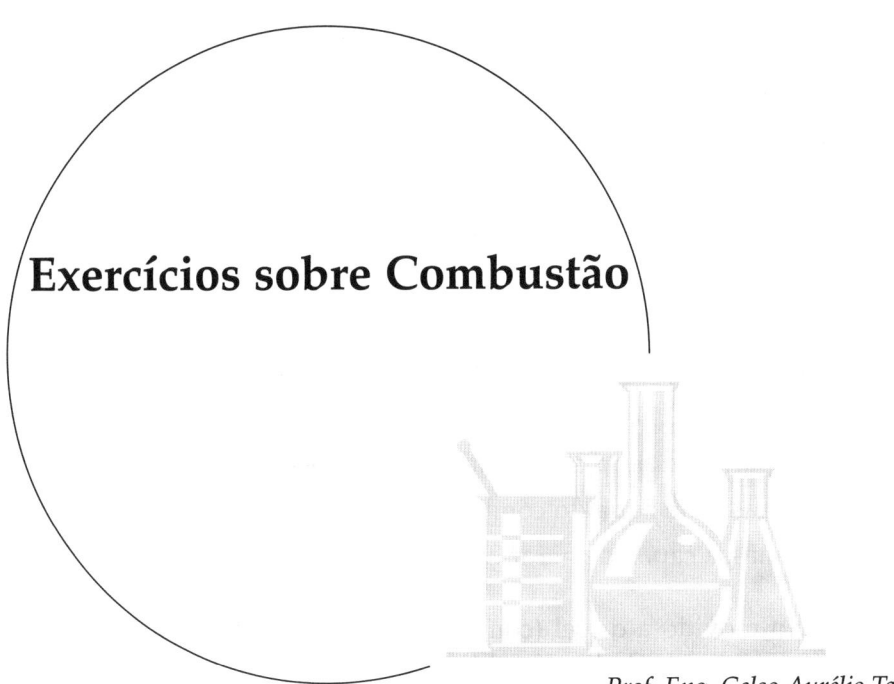

Prof. Eng. Celso Aurélio Tassinari

Capítulo 2

I – *Cálculos estequiométricos na combustão*

1) Considere os combustíveis "X" e "Y" de composições porcentuais em massa:

Combustíveis	Carbono	Hidrogênio	Oxigênio	Enxofre	Umidade	Cinza
X	72	5	3,2	3,2	8	8,6
Y	69	5	6,4	1,6	12	6

Pergunta-se:

a) Em qual deles a porcentagem de hidrogênio combinado é maior?
b) Em qual deles a porcentagem de hidrogênio livre é maior?
c) Qual o mais agressivo à aparelhagem?
d) Em qual deles a quantidade de água nos produtos da combustão é maior?

2) São dadas as composições em massa dos combustíveis "A", "B" e "C", tomando-se como base 1.000 g de cada combustível.

Combustíveis	Carbono	Hidrogênio	Oxigênio	Enxofre	Umidade	Cinza
A	780	60	48	48	36	28
B	660	60	40	64	92	84
C	720	60	64	32	90	34

a) Qual dos combustíveis apresentará maior massa de água nos fumos?
b) Qual dos combustíveis apresenta maior massa de hidrogênio livre?
c) Qual a massa de água combinada no combustível C?
d) Qual a massa de água do combustível na composição A?
e) Qual a massa capaz de gerar calor no combustível B?

3) Um veículo movido a diesel (composição média $C_{16}H_{32}$ e densidade = 0,896 g/ml) percorre 20 km por litro de combustível. São empregados 26% de excesso de ar na queima. Considerando que 80% do carbono é queimado totalmente e 20% forma CO, pede-se:

a) O volume de oxigênio subtraído do ambiente por litro de diesel queimado, medido a 27 °C e 1,23 atm;
b) A massa de CO por quilômetro rodado liberada no ambiente; e
c) A massa de CO_2 liberada no ambiente por litro de combustível queimado.

4) Um combustível sólido apresenta a seguinte composição em porcentagem em massa:

Carbono	Hidrogênio	Oxigênio	Nitrogênio	Enxofre	Umidade	Cinza
72	4,8	9,6	2,8	3,2	5,4	2,2

Tomando-se como base de cálculo 1.000 g de carvão, e considerando-se a queima com 50% de ar em excesso, pergunta-se:

a) A quantidade de matéria de oxigênio teórico.
b) A quantidade de matéria de ar real.

c) A massa de oxigênio nos fumos.
d) A massa de nitrogênio nos fumos.
e) O volume de fumos liberados a 227 °C e 1,0 atm.

5) Um combustível líquido oxigenado apresenta a seguinte composição (% em massa):

Carbono	Hidrogênio	Oxigênio
64,8	13,6	21,6

Deve-se efetuar a queima completa de 1 kg desse combustível, utilizando oxigênio puro com 30% de excesso. Pede-se:

a) A massa de oxigênio puro necessária.
b) O volume de fumos desprendidos a 187 °C e 1,3 atm.

6) Considerar a queima completa de 1 kg de álcool etílico (C_2H_5OH) com 20% de excesso. Calcular:

a) O volume de ar teórico a 27 °C e 1,64 atm.
b) A quantidade de matéria de ar real.
c) O volume de fumos totais a 177 °C e 747,6 mm Hg.
d) A massa de oxigênio nos fumos.

7) Considerar a queima de 1.000 litros (CNTP) de metano (CH_4) com 18% de ar em excesso. Calcular:

a) A massa de oxigênio a ser empregada.
b) O volume de fumos desprendidos a 127 °C e 820 mm Hg.
c) A quantidade de matéria de nitrogênio nos fumos.
d) A massa de oxigênio nos fumos.

8) Um combustível sólido possui a seguinte composição em massa:

Carbono	Hidrogênio	Oxigênio	Nitrogênio	Enxofre	Cinza
792	40	64	56	12,8	35,2

Considerando a queima de 1 kg do combustível com 47% de ar em excesso, calcular:

a) A quantidade de matéria de ar real para a queima.

b) O volume de fumos a 127 °C e 770 mm Hg.

9) Um gás apresenta a seguinte composição volumétrica H_2 = 50%: CH_4 = 30%; CO = 9%; C_2H_2 = 4%; N_2 = 5%; CO_2 = 2%. Deve ser queimado com 16% de ar em excesso. Considerando a queima de 1 m³ desse gás medidos nas CNTP calcular:

a) O volume de ar teoricamente necessário a CNTP.

b) O volume de ar real captado a 27 °C e 710 mm Hg.

c) Volume de fumos liberados nas CNTP.

d) Volume de fumos liberados a 127 °C e 720 mm Hg.

10) Numa certa condição de funcionamento, são queimados no motor de um automóvel movido a álcool etílico (C_2H_5OH) 46,8 ml por minuto do combustível. Para tanto, injetam-se 10,48 moles por minuto de ar. Sabendo-se que a densidade do álcool é 0,789 g/ml, pergunta-se:

a) O tipo de combustão prevista.

b) Qual a característica e a composição dos fumos?

c) Haverá excesso de ar? Qual porcentagem? É adequada?

11) Um combustível líquido derivado de petróleo apresenta a seguinte composição em massa: carbono = 85,7%, hidrogênio = 12,1%, nitrogênio = 0,9%, enxofre = 0,3%, umidade = 1,0%. Determinar:

a) O volume de ar teoricamente necessário para a queima completa de 1,0 kg desse combustível líquido, sendo o ar medido nas CNTP.

b) Considerando a queima completa com 30% de excesso de ar na temperatura de 25 °C e 760 mm Hg, determinar o volume de "ar real" necessário.

12) Um gás natural é constituído de 90% de CH_4 (gás metano) e 10% de C_2H_6 (gás etano), em volume. Esse gás deve ser queimado, estando na temperatura de 20 °C e 700 mm Hg, com 10% de "ar em excesso". O ar

atmosférico encontra-se a 27 °CV e 700 mm Hg. Determinar considerando a combustão completa:

a) O volume de "ar real" necessário para a combustão de 1,0 m³ da mistura gasosa combustível.

b) O volume de fumos totais (incluindo vapor de água) desprendidos e medido a 250 °C e 700 mm Hg.

c) A composição volumétrica provável na base seca (provável "análise de Orsat" dos fumos).

13) Um carvão coque é constituído de 90% de carbono e 10% de cinza. A combustão será efetuada com 50% de ar em excesso. Sabe-se que 15% do carbono alimentado transforma-se em CO e 85% do carbono alimentado passa a CO_2 durante a combustão. Determinou-se ainda que 10% do carbono alimentado perde-se no resíduo da combustão (cinza). Determinar, considerando os dados acima:

a) O volume de fumos que se desprenderá, medido a 250 °C e 760 mm Hg.

b) A provável "análise de Orsat" dos fumos.

14) Os fumos de uma combustão de um combustível contendo apenas hidrogênio e carbono foram analisados no aparelho de Orsat e revelaram: 15% de CO_2, 5% de O_2 e 80% de N_2. Determinar:

a) A porcentagem de ar em excesso utilizada.

b) A composição em massa do combustível.

15) Os fumos provenientes de um forno foram analisados em um aparelho de Orsat e tiveram: 11,3% de CO_2, 1,2% de CO, 7,7% de O_2 e 79,8% de N_2. O combustível queimado não contém nitrogênio. Calcular a porcentagem de ar em excesso na combustão.

16) A análise dos fumos da queima de um combustível gasoso, que não contém nitrogênio, é 4,6% de CO_2, 3,08% de CO, 8,91% de O_2 e 83,39% de N_2. Calcular:

a) A porcentagem de ar em excesso considerando queima completa do combustível.

b) A massa de hidrogênio queimada por mol de fumos secos.

c) A massa de combustível queimada por mol de fumos secos.

Capítulos 3 e 4

II – *Estudo térmico da combustão – Cálculos do poder calorífico*

17) Dadas as fórmulas químicas dos combustíveis

(1) $C_6H_{14}O_2$; (2) C_6H_{14} e (3) $C_6H_{14}O$.

a) Enumerar em ordem crescente de quantidade de calor liberado na queima de 1 kg de cada combustível.
b) Justificar a ordenação obtida pelo conceito de "hidrogênio livre".
c) Por mol de combustível queimado, em qual dos casos a quantidade de água nos produtos da combustão é maior?

18) O PCS de um combustível sólido é 9.200 kcal/kg. Em 1 kg desse combustível existem 80 g de hidrogênio livre e 20 g de hidrogênio combinado.

Considerando que o combustível apresenta 9% de umidade, calcular o valor do PCI, utilizando a relação existente entre PCS e PCI.

19) Os combustíveis A e B apresentam a seguinte composição em 1.000 gramas:

Combustíveis	Carbono	Hidrogênio	Oxigênio	Enxofre	Cinza
A	600 g	180 g	146 g	32 g	42 g
B	600 g	180 g	114 g	32 g	74 g

a) Qual dos combustíveis libera maior quantidade de calor por unidade de massa?
b) Se o combustível B for queimado com excesso de ar atmosférico seco, quais serão os componentes dos fumos?

20) Os combustíveis "R" e "S" possuem a seguinte composição porcentual em massa:

Combustíveis	Carbono	Hidrogênio	Oxigênio	Nitrogênio	Umidade	Cinza
R	66,0	4,8	6,4	1,4	10,8	10,6
S	66,0	4,6	4,8	2,8	10,8	11,0

Pergunta-se:

a) Qual deles apresenta maior teor de água nos fumos?
b) Qual deles possui maior PCS?
c) Qual deles possui maior PCI?
d) Em qual deles a diferença PCS − PCI é maior?
e) Em qual deles o oxigênio teórico de combustão é maior?
f) Qual deles possui maior teor de hidrogênio combinado?
g) Qual deles possui maior teor de hidrogênio livre?

21) Considere um carvão com a seguinte composição em porcentagens em massa:

Carbono	Hidrogênio	Oxigênio	Enxofre	Nitrogênio	Umidade	Cinza
690	80	72	48	14	36	60

Calcular:

a) O PCS e o PCI pelos calores de combustão.
b) O PCS pela relação entre PCS e PCI. Para tanto, utilize o PCI determinado em "a".

22) Calcular pelos calores de combustão o PCS e o PCI do propanodiol (álcool líquido de fórmula molecular $C_3H_8O_2$).

23) Calcular pelos calores de combustão, o PCS do álcool butílico (C_4H_9OH) e o PCI pela relação entre PCS e PCI.

24) 1.000 g de um carvão mineral apresentam as seguintes quantidades em massa:

Carbono	Hidrogênio	Oxigênio	Nitrogênio	Enxofre	Umidade	Cinza
600	80	80	80	10	60	90

Determinar:

a) O valor estimativo do poder calorífico superior, utilizando os calores de combustão das frações combustíveis do carvão;

b) O valor do poder calorífico inferior utilizando a fórmula de Dulong:

$$PCI = 81{,}4(C) + 290(H - \frac{O}{8}) + 25(S) - 6(H_2O);$$

c) O poder calorífico superior, pela relação existente entre PCS e PCI, utilizando o PCI encontrado no item b; e

d) O poder calorífico inferior, pela fórmula de Dulong com coeficientes desenvolvidas:

$$PCI = 8.070(C) + 29.000(H - \frac{O}{8}) + 2.248\,(S) - 600(H_2O).$$

25) Estimar o PCS e o PCI do propano gasoso (C_3H_8) conhecendo:

calor de combustão do propano = 530,6 kcal/mol (p/ H_2O líquida).

26) Estimar o PCS e o PCl do pentano líquido (C_5H_{12}) conhecendo-se:

calor de combustão do pentano = 775,7 kcal/mol (para H_2O vapor).

27) A composição percentual em massa de um combustível sólido é:

Carbono	Hidrogênio	Oxigênio	Nitrogênio	Enxofre	Cinza
79,2	8	3,2	2	3,2	4,4

Determinar pelos calores de combustão:

a) o PCS;

b) o PCI;

Determinar pelas fórmulas de Dulong abaixo:

$$PCS = 81{,}4(C) + 345(H - \frac{O}{8}) + 25(S)$$

$$PCI = 8.070(C) + 29.000(H - \frac{O}{8}) + 2.248(S) - 600(H_2O)$$

c) o PCS;

d) o PCI;

e) o valor do poder calorífico inferior desse combustível, pela relação existente entre PCS e PCI, utilizando o valor encontrado no item "a" para PCS.

28) Utilizando a fórmula de Gouthal, determinar o "poder calorífico superior" dos quatro carvões minerais cujas "análises imediatas" são dadas abaixo:

	(A)	(B)	(C)	(D)
% Umidade	12,0	2,0	10,0	2,0
% Matéria volátil	25,0	25,0	18,0	23,0
% Carbono fixo	47,0	66,0	57,0	70,0
% Cinza	16,0	7,0	15,0	5,0

29) Utilizando a fórmula de Dulong, determinar o "poder calorífico superior" e o "poder calorífico inferior" do carvão mineral cuja análise elementar em massa é a seguinte:

Carbono	74,0%
Hidrogênio	5,0%
Oxigênio	5,0%
Nitrogênio	1,0%
Enxofre	1,0%
Umidade	9,0%
Cinza	5,0%

30) Um gás de hulha apresenta a seguinte composição volumétrica:

H_2 = 50%

CH_4 = 30%

CO = 9%

N_2 = 9%

C_2H_2 = 2%

Considerando os calores de combustão da Tabela, estimar o Poder Calorífico Superior (PCS) e o Poder Calorífico Inferior (PCI) em kcal/m^3 (a CNTP) desse gás combustível.

Capítulo 6

III – *Cálculos da temperatura teórica de combustão*

31) Determinar a temperatura teórica de combustão (TTC) de uma mistura formada por 60% de C_2H_4 e 40% de CO_2 em volume, com 30% de ar em excesso, nas seguintes condições:

   a) Ar e combustível pré-aquecidos a 100 °C; e

   b) A TTC quando ocorre perda de 15% em relação à quantidade de calor gerado, nas condições do item "a".

32) Determinar a TTC de uma mistura gasosa composta de 20% de CO e 80% de N_2 em volume nas seguintes condições:

   a) Combustão com ar teórico, sendo 18 °C a temperatura de alimentação do ar e combustível;

   b) Combustão com oxigênio puro, na quantidade teórica, sendo combustível e oxigênio alimentados a 18 °C;

   c) Combustão com excesso de 100% de ar, sendo ar e combustível alimentados a 18 °C;

   d) Combustão nas condições do item "c", sendo ar e combustível pré-aquecidos a 500 °C.

33) Calcular a TTC de um coque seco constituído de 90% de carbono e 10% de cinza, com poder calorífico de 7.250 kcal/kg. A combustão é feita com 20% de ar em excesso, sendo o ar alimentado a 200 °C e o combustível, a 18 °C.

34) Determinar a temperatura de pré-aquecimento do ar no exercício anterior, para que a TTC resulte 2.500 °C.

35) Uma mistura gasosa combustível apresenta a seguinte composição volumétrica: CO = 20% vol.; H_2 = 30% vol.; CH_4 = 10% vol., e N_2 = 40% vol. Essa mistura gasosa é queimada com 20% de ar em excesso em relação ao teórico. O ar e a mistura gasosa entram a 18 °C e a combustão pode ser suposta completa. Calcular a temperatura teórica de combustão (temperatura de chama). Dados:

$$\text{Poder calorífico inferior: } CO = 67{,}7 \text{ kcal/mol}$$
$$H_2 = 57{,}8 \text{ kcal/mol}$$
$$CH_4 = 192{,}0 \text{ kcal/mol}.$$

RESPOSTAS DOS EXERCÍCIOS PROPOSTOS

Cálculos estequiométricos na combustão

1) (a) y   (b) x   (c) x   (d) y

2) (a) B   (b) B   (c) 72 g   (d) 90 g   (e) 779 g

3) (a) 1.792 litros   (b) 17,92 g   (c) 2.252,8 g

4) (a) 70 moles   (b) 500 moles   (c) 1.120 g   (d) 11.088 g   (e) 21.279 litros

5) (a) 3.380 g   (b) 3.324 litros

6) (a) 4.658 litros   (b) 372,67 moles   (c) 12.137 litros   (d) 417,4 g

7) (a) 3.368 g   (b) 12.441 litros   (c) ~396 moles   (d) 514 g

8) (a) 520,8 moles   (b) 17.308 litros

9) (a) 4,74 m^3 (b) 6,47 m^3 (c) 6,18 m^3 (d) 9,56 m^3

10) (a) incompleta   (b) ausência de O_2, CO em grande quantidade – CO_2, CO, H_2O e N_2 (c) não

11) (a) 10.853 litros   (b) 15.387 litros

12) (a) 11.531 litros   (b) 21.977 litros   (c) CO_2 = 10,8% O_2 = 2,1% N_2 = 87,1%

13) (a) 23.184 litros   (b) CO_2 = 10,6% O_2 = 9,2%   CO = 1,9% N_2 = 78,3%

14) (a) 30,7%   (b) C = 97,2% H_2 = 2,8%

15) (a) 50,3%

16) (a) 49,8%   (b) 0,285 grama   (c) 1,207 grama

Estudo térmico da combustão

17) (a) 1, 3, 2   (c) iguais

18) 8.620 kcal/kg

19) (a) B   (b) SO_2; H_2O; CO_2; O_2; N_2

20) (a) R   (b) iguais   (c) S   (d) R   (e) iguais   (f) R   (g) iguais

21) (a) 8.093 kcal/kg – 7.652 kcal/kg   (b) 8.095 kcal/kg

22) (a) 5.608 kcal/kg – 5.055 kcal/kg

23) (a) 8.920 kcal/kg – 8.210 kcal/kg

24) (a) 7.248 kcal/kg   (b) 6.849 kcal/kg   (c) 7.306 kcal/kg   (d) 6.804 kcal/kg

25) (PCS) 23.686 kcal/m^3 (PCI) 21.802 kcal/m^3

26) (PCS) 11.653 kcal/kg   (PCI) 10.774 kcal/kg

27) (a) 9.049 kcal/kg   (b) 8.630 kcal/kg   (c) 9.149 kcal/kg   (d) 8.646 kcal/kg   (e) 8.627 kcal/kg

28) (A) 7.031,5 kcal/kg   (B) 7.924,5 kcal/kg   (C) 6.546 kcal/kg   (D) 8.116 kcal/kg

29) PCS = 7.558 kcal/kg   PCI = 7.230 kcal/kg

30) PCS = 4.948 kcal/m^3 PCI = 4.398 kcal/m^3

Cálculos da Temperatura Teórica de Combustão

31) (a) 1.933 °C   (b) 1.680 °C

32) (a) 1.200 °C   (b) 1.560 °C   (c) 936 °C   (d) 1.340 °C

33) TTC = 2.060 °C

34) t = 768 °C

35) TTC = 1.750 °C

Capítulo 7

Combustíveis Sólidos

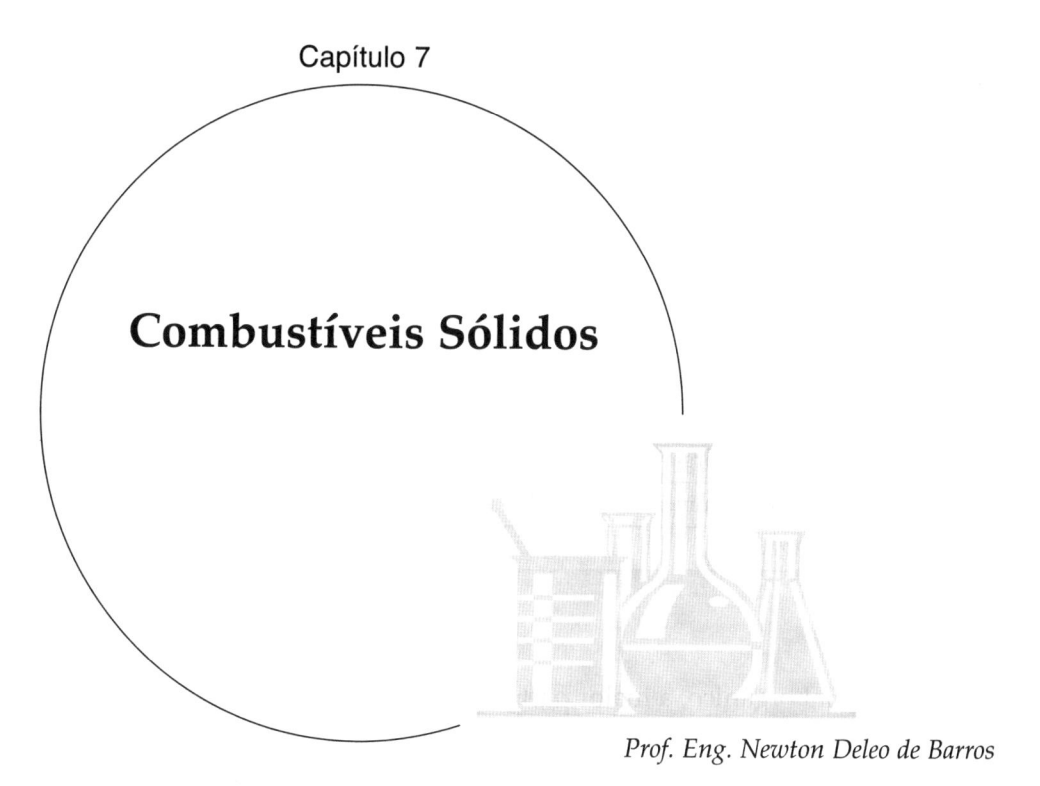

Prof. Eng. Newton Deleo de Barros

7.1 VISÃO GERAL

Dentro do grande desenvolvimento tecnológico observado na obtenção de energia para fins industriais, os combustíveis sólidos apresentam ainda elevado grau de importância. Países bastante desenvolvidos, industrialmente falando, como os Estados Unidos da América, a Inglaterra e a Alemanha, baseiam grande parte do fornecimento de energia para sua indústria nos combustíveis sólidos, embora haja o aspecto da desvantagem técnica do seu estado físico, quando comparados com os combustíveis fluidos, de mais fácil manuseio e transporte.

Os combustíveis sólidos classificam-se, como já visto, em *naturais* ou *primários* (encontram-se na natureza) e *preparados* ou *derivados*, ou ainda, *secundários* (aqueles que sofreram transformação ou elaboração por parte do homem).

7.2 COMBUSTÍVEIS SÓLIDOS PRIMÁRIOS

A natureza fornece combustíveis sólidos nos reinos vegetal e mineral. O combustível sólido natural vegetal é a *lenha* e os do reino mineral são os *carvões fósseis*.

7.2.1 Lenha

Perdeu no início deste século praticamente toda a importância como combustível industrial. Isto se deveu a dois fatores: primeiro, à sua baixa "rentabilidade térmica" e, em segundo lugar, ao desenvolvimento dos derivados celulósicos (inclusive o papel), tornando-a mais importante como fonte de celulose do que como combustível.

A sua composição aproximada é:

Material orgânico	28,5%	(95% quando seca)
Material mineral	1,5%	(5% quando seca)
Água	70,0%	—

O material orgânico, a maior parte sendo celulose $(C_6H_{10}O_5)_n$, apresenta 50% de carbono, 40% de oxigênio, 6% de hidrogênio e 4% de nitrogênio. A parte mineral apresenta 10% a 15% de álcalis (Na_2O e K_2O), 30% a 60% de Ca e Mg, 1% a 10% de SiO_2, 25% a 35% de CO_2 (originário dos carbonatos), 5% a 10% de P_2O_5 (dos fosfatos) e 2% a 5% de SO_3 (dos sulfatos).

A elevada porcentagem de água, relacionada ainda com a presença de produtos destiláveis, conduz a uma rentabilidade térmica reduzida. Assim, o poder calorífico da lenha seca naturalmente, com 15% de umidade em média, atinge os seguintes valores:

poder calorífico inferior: de 3.200 a 3.500 kcal/kg

poder calorífico superior: de 3.800 a 4.500 kcal/kg

Por esse motivo, efetua-se, geralmente, a *carbonização* da lenha, e obtém-se como resíduo o *carvão de lenha* ou *carvão vegetal*, que apresenta poder calorífico mais elevado, de cerca de 7.200 kcl/kg, com poucas matérias voláteis e poucas cinzas. Os produtos destiláveis, que são o ácido pirolenhoso e o alcatrão, obtidos por condensação, são fonte de materiais importantes como ácido acético, álcool metílico, acetona, fenóis, guaiacol etc.

7.2.2 Carvões fósseis

São os combustíveis sólidos mais importantes e, dentre eles, está principalmente a hulha. Podem ser considerados como rochas orgânicas combustíveis. São sedimentares e as únicas rochas orgânicas em sua composição. O material inorgânico encontrado nos carvões fósseis está presente como ganga, isto é, misturado, e não em combinação química com o material orgânico. Originaram-se inegavelmente de vegetais submetidos a uma carbonização, existindo várias teorias sobre sua formação. Que tenha ocorrido uma carbonização de vegetais não há dúvida, pois os exames microscópicos do material revelam traços da estrutura vegetal de origem e, às vezes, podem ser identificadas partes da planta fossilizada. Essa carbonização, iniciada por ação bacteriana e facilitada por soterramentos de vegetais, ocorreu principalmente nos dois períodos geológicos seguintes:

I – períodos carbonífero e permeano – 350 a 225 milhões de anos atrás;

II – período cretáceo seguido pela era terciária – 135 a 2 milhões de anos atrás.

Conforme os vegetais de origem e a idade geológica, os carvões fósseis apresentam-se como turfa e linhito (combustíveis de formação mais recente) e como hulhas (betuminosas e sub-betuminosas) e antracito. Veremos adiante a diferença entre cada tipo.

Os carvões fósseis e a lenha apresentam uma espécie de escala de conteúdo de carbono na sua composição. Assim:

Material	Porcentagem de carbono
Lenha	49 a 50%
Turfa	50 a 64%
Linhito	65 a 75%
Hulha	82 a 92%
Antracito	92 a 96%

Esta escala crescente de teor de carbono mostra a evolução da carbonização.

7.3 GÊNESE DOS COMBUSTÍVEIS SÓLIDOS FÓSSEIS

As regiões carboníferas formaram-se pelo acúmulo e parcial decomposição de grandes quantidades de matéria vegetal, seguidos por súbitos movimentos geológicos e inundações, de modo que a matéria vegetal parcialmente decomposta foi coberta por água de lagos ou do mar, o que a preservou da completa decomposição. O acúmulo do material vegetal pode ser explicado de duas maneiras. A primeira explica-se pelo crescimento, morte e depósito de extensas florestas em terrenos pantanosos. É o chamado mecanismo *in situ*. A segunda supõe que a vegetação foi carregada por água em movimento, desde a área em que cresceu até um local distante e de pouca profundidade, onde se acumulou e ficou submersa. É o chamado mecanismo de *deslocamento*.

Os depósitos vegetais, submetidos à ação de microorganismos aeróbios (bactérias e fungos) sofreram hidrólise. A celulose $(C_6H_{10}O_5)_n$ produziu CO_2, H_2O e um produto coloidal. As proteínas vegetais foram hidrolisadas a aminoácidos. Teve-se, então, um agregado de materiais, do tipo turfa.

A cobertura desses agregados coloidais, pelo lodo ou em razão do soterramento, interrompeu a ação das bactérias que retiraram o oxigênio desses agregados. Essa ação bacteriana extinguiu-se definitivamente quando o acúmulo de lodo impediu a remoção dos produtos tóxicos para as bactérias. O peso gradualmente crescente da camada inorgânica ocasionou a saída da água do agregado, com sua conseqüente consolidação. Movimentos da crosta terrestre produziram uma pressão de sobrecarga (resultante do peso das camadas sobrepostas) e elevações de temperatura, provocando modificações na turfa soterrada. Formaram-se, então, no decurso do tempo geológico, as chamadas *séries* completas de carvão, representando cada membro da série uma extensão diferente de metamorfose do depósito original de vegetais.

Aquela conhecida como série da turfa ou antracito é a seguinte:

1º – Turfa

2º – Linhitos $\begin{cases} \text{carvão pardo} \\ \text{linhito propriamente dito} \end{cases}$ $\begin{cases} \text{carvões} \\ \text{moles} \end{cases}$

3º – Hulhas $\begin{cases} \text{carvão sub-betuminoso} \\ \text{carvão betuminoso} \\ \text{carvão semibetuminoso} \end{cases}$ $\begin{cases} \text{carvões} \\ \text{duros} \end{cases}$

4º – Antracito

7.4 ANÁLISE DOS CARVÕES

A composição dos carvões fósseis pode ser expressa de duas maneiras: mediante os resultados da análise imediata e por meio dos dados da análise elementar.

A análise imediata (ver aulas de laboratório) fornece as porcentagens de **umidade** (U), **matéria volátil propriamente dita** (MV), **carbono fixo** (CF) e **cinza** (Z). Na segunda, ou análise elementar, determinam-se os teores de carbono, hidrogênio, nitrogênio, enxofre, oxigênio, fósforo e demais elementos que podem constituir o carvão. Evidentemente, a realização desta segunda análise é mais complexa, necessitando de maior tempo e melhor técnica, motivo pelo qual a "análise imediata", que usa métodos simples e rápidos, é muito mais utilizada na indústria. Em razão da importância (negativa) que assume na combustão, costuma-se incluir entre os dados da análise imediata o teor de enxofre (S).

A sistemática da análise imediata será vista em aulas de laboratório, de modo que apenas serão dadas a seguir, sucintamente, as determinações da análise imediata.

U representa, porcentualmente, a perda de peso em estufa a 105-110 °C de uma amostra de carvão de 1,0 a 2,0 g pulverizado e peneirado em malha 60. Corresponde à água mecanicamente retida pelo carvão. A água que faz parte das moléculas de seus constituintes não se desprende e por isso não é incluída na umidade.

Aquecendo-se o carvão seco em ausência de ar, a cerca de 900 °C, a matéria volátil (hidrocarbonetos, hidrogênio, outros gases e líquidos) é eliminada e a perda de peso, expressa percentualmente, fornece a MV.

A cinza (Z) é determinada pela incineração de uma amostra de 1,0 a 2,0 g de carvão, malha 60, em forno mufla a 750 °C. O peso do resíduo, expresso percentualmente, nos dá Z. Como a pirita (FeS_2) tem o seu peso alterado durante a combustão (passa a Fe_2O_3), quando o teor de enxofre for superior a 2%, costuma-se dar a porcentagem de "cinza corrigida" (ou matéria inorgânica originalmente presente no carvão).

A porcentagem de "cinza corrigida" ($Z_{corrigida}$) é obtida somando-se ao valor da "cinza" (Z) o produto 0,625 × %S.

O fator 0,625 que multiplica o teor de enxofre na correção necessária pela presença de pirita (FeS_2) é obtido pela estequiometria da reação de oxidação (ustulação) da pirita:

$$2\ FeS_2 + 5,5\ O_2 \rightarrow Fe_2O_3 + 4\ So_2$$

Verifica-se que 4 átomos de S (ou 128 gramas considerando 4 átomos-grama) são substituídos por 3 átomos de oxigênio (ou 48 gramas considerando 1,5 mol de oxigênio molecular). Portanto, a passagem da pirita (FeS_2) para Fe_2O_3, durante a combustão do carvão, corresponde a uma perda em peso de 128 – 48 = 80 gramas. Essa perda corresponde ao desprendimento do gás SO_2. Se o carvão contiver %S de enxofre, a perda de peso corresponderá à proporção:

$$128 \text{ g} \longrightarrow 80 \text{ g}$$
$$S \text{ g} \longrightarrow x$$

Logo,

$$X = S \times \left(\frac{80}{128}\right) = S \times (0{,}625)$$

Portanto, a porcentagem de cinza (Z) contendo Fe_2O_3 como determinada na análise imediata corresponderá a uma porcentagem de cinza corrigida ($Z_{corrigida}$) ou de matéria inorgânica (FeS_2) de:

$$\%Z_{(corrigida)} = \%Z + 0{,}625 \times \%S$$

O "carbono fixo" é determinado pela diferença:

$$\%CF = 100 - (\%U + \%MV + \%Z)$$

No caso de o teor de S ser maior que 2%, deve-se utilizar a cinza corrigida, o que diminuirá proporcionalmente o valor de %CF. Portanto,

$$\%CF = 100 - (\%U + \%MV + \%Z + 0{,}625 \times \%S)$$

A análise elementar fornece as proporções de carbono, hidrogênio, nitrogênio e enxofre do carvão, empregando métodos clássicos de Química Analítica. O carbono e o hidrogênio são determinados pelo processo de combustão, obtendo-se H_2O e CO_2, que são determinados. O nitrogênio é oxidado com ácido sulfúrico concentrado, produzindo $(NH_4)_2SO_4$, o qual é decomposto produzindo NH_3, do qual se determina o nitrogênio. O enxofre é determinado pela fusão da amostra de carvão com carbonato de sódio, passando o enxofre a sulfato, o qual é precipitado como sulfato de bário e neste determinado o enxofre. O conteúdo do oxigênio, por não haver método analítico para sua determinação, é obtido como a diferença de 100, incluindo, portanto, os erros analíticos.

A análise elementar pode ser expressa nas bases *seca ao ar*, *como extraído* e *seca e sem cinza*.

Deve-se salientar que o hidrogênio no carvão se encontra distribuído da seguinte maneira:

Hidrogênio combinado com oxigênio

a) na água de umidade;
b) na água de combinação.

Hidrogênio livre (ou combustível)

a) que durante a combustão produzirá energia e consumirá oxigênio do ar (comburente).

7.4.1 Bases analíticas

Os resultados da análise podem ser expressos nas seguintes bases:

Base úmida – refere-se à amostra de carvão seco ao ar, ou seja, contendo apenas a umidade inerente. Essa umidade inerente depende essencialmente do tipo de carvão e é o resultado do equilíbrio estabelecido entre a umidade do carvão e o vapor de água do ar ambiente.

Base seca – neste caso, considera-se o carvão isento de umidade, isto é, como se a amostra tivesse sido previamente secada a 105-110 °C (ou seja, como se se determinasse apenas MV, CF e Z). A passagem da base úmida para a base seca é feita multiplicando-se os valores de porcentagem de MV, CF e Z, obtidos na análise imediata pelo fator $100/(100 - \%U)$. Evidentemente, obtêm-se valores maiores.

Base seca e sem cinza – neste caso, considera-se a amostra de carvão seco e isento de material inorgânico. Com o mesmo raciocínio anterior, a passagem da base úmida para esta é feita multiplicando-se os valores percentuais de MV e CF pelo fator $\dfrac{100}{[100 - (\%U + \%Z)]}$.

7.4.2 Influência dos constituintes

Os resultados das análises permitem prever o comportamento do carvão, durante a combustão, dando a opção entre vários tipos, dependendo da sua finalidade.

Teores elevados de CF e MV indicam um produto melhor, enquanto teores elevados de U e Z prejudicam o carvão, embora devam sempre existir, para proteção das grelhas de combustão. Os dados da análise elementar também indicam a qualidade do produto. Dos elementos constituintes (C, H, N, S, O e P), é claro que teores elevados de C e H (este quando livre) conduzem a um melhor rendimento térmico. N e O não contribuem para a combustão, sendo que O diminui o rendimento térmico por estar combinado com parte do H, S e P, embora entrem na combustão, produzindo pequenas quantidades de calor (pelas pequenas quantidades existentes no carvão), são prejudiciais no carvão pelo fato de produzirem compostos tóxicos e corrosivos pela combustão (SO_2 e P_2O_5).

A presença de elevados teores de enxofre, caso dos carvões brasileiros, pode até impedir a utilização do carvão como é extraído, obrigando a um refino. O enxofre apresenta-se, geralmente, como pirita de ferro – FeS_2 –, o que pode ainda acarretar uma diminuição do ponto de fusão das cinzas, com a possibilidade de formação de um aglomerado vítreo, que impede a combustão do carvão. O enxofre pode ainda ser encontrado no carvão, em pequenas quantidades, como compostos orgânicos, como gesso ($CaSO_4 \times 2H_2O$) e sulfato de ferro.

Quando se queima o carvão contendo enxofre pirítico, este se oxida a dióxido de enxofre (SO_2). Ainda em temperaturas elevadas, o $CaSO_4$ e qualquer outro sulfato presente, decompõe-se:

$$CaSO_4 \times 2H_2O \rightarrow CaO + SO_3 + 2\,H_2O$$

Pode também ocorrer a reação entre o sulfato de cálcio e a sílica:

$$CaSO_4 + SiO_2 \rightarrow SO_3 + CaSiO_3$$

O dióxido e o trióxido de enxofre são respectivamente o anidrido sulfuroso e o sulfúrico, de modo que reagem com a água da umidade, dando os ácidos sulfuroso e sulfúrico, que são agentes corrosivos ativos.

O mesmo mecanismo aplica-se ao fósforo, que forma anidridos que, pela reação com a água, produzem ácidos também corrosivos.

7.5 TIPOS DE CARVÕES

Como já foi dito, têm-se como tipos básicos de carvões fósseis a turfa, as hulhas e o antracito.

Na tabela a seguir, são dadas resumidamente as propriedades e a composição desses carvões.

Evidentemente, têm-se as seguintes tendências de mudanças na composição e propriedades dos carvões, com a alteração na classe:

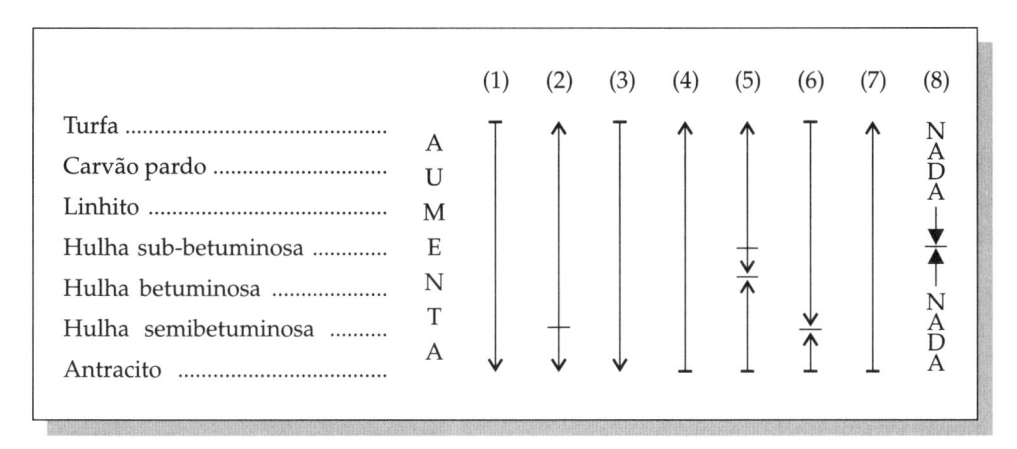

		(1)	(2)	(3)	(4)	(5)	(6)	(7)	(8)
Turfa	A	↕	↑	↕	↑	↑		↑	NADA
Carvão pardo	U								↕
Linhito	M					↕			
Hulha sub-betuminosa	E								
Hulha betuminosa	N						↕		NADA
Hulha semibetuminosa	T								
Antracito	A								

(1) Classe

(2) Umidade (base seca ao ar)

(3) Carbono (base seca e sem cinza)

(4) Oxigênio (base seca e sem cinza)

(5) Hidrogênio (base seca e sem cinza)

(6) Poder calorífico (base seca e sem cinza)

(7) Matéria volátil (base seca e sem cinza)

(8) Poder de coqueificação

MATERIAL	TURFA	LINHITO	HULHA	ANTRACITO
Período de formação	Quaternário	Terciário	Primário	Primário
Cor	Amarela a Parda	Parda a Negra	Negra	Negra
Aspecto	Terroso	Lenhoso	Rochoso	Rochoso
Estrutura	Musgosa e Fibrosa	Fibrosa	Compacta	Compacta
Umidade (ao natural)	90%	20-40%	10-20%	2-3,5%
Umidade (seco ao ar)	20-25%	15-25%	1,0-20%	2-3,5%
C (base seca, H e O sem cinza)	55-65% 5,5% 32%	65-73% 4,5% 21%	73-92% 5,3% 16-8%	92-96% 2,5% 4%
Cinza	8-15%	6-7,5%	3,5-9,1%	2-3%
Poder calorífico (Kcal/kg)	3.000 a 3.500	3.800 a 4.600	5.000 a 8.200	7.200 a 8.000
Aplicação	Restrita ao local da jazida	Pouca	Grande	Fabricação de produtos à base de C (grafite e eletrodos)

7.6 CLASSIFICAÇÃO DOS CARVÕES

Existem várias maneiras de classificação de carvões fósseis. As mais comumente empregadas são:

I – **Classificação de Gruener** – utiliza como base o teor de matéria volátil, que é decrescente à medida que o carvão é mais antigo.

II – **Classificação de Seyler** – utiliza a porcentagem do carbono e a do hidrogênio.

III – **Classificação do Departamento Nacional de Carvões da Inglaterra** (*British National Coal Board*) – utiliza o sistema de números códigos de classe do carvão (*coal rank code number system*), ou abreviadamente, *NCB code number*.

O sistema baseia-se na produção de matéria volátil (base seca e sem cinza) e no poder de coqueificação. Inicialmente, pela porcentagem MV têm-se quatro classes principais:

MATERIAL	%MV	NCB NÚMERO CÓDIGO
Antracito	9,1%	100
Carvões para vapor (baixo conteúdo volátil)	9,1-19,5%	200
Carvões de médio conteúdo volátil	19,6-32,0%	300
Carvões de alto conteúdo volátil	32,0%	400-900

Cada uma dessas classes principais está subdividida pelo poder de coqueificação (teste de Gray-King). Tem-se, então, cada classe com seis grupos, a saber:

(1) carvões não coqueificáveis;

(2) carvões muito fracamente coqueificáveis;

(3) carvões fracamente coqueificáveis;

(4) carvões medianamente coqueificáveis;

(5) carvões fortemente coqueificáveis;

(6) carvões muito fortemente coqueificáveis.

Os vários níveis principais de classes indicados pelos números códigos apresentam propriedades adequadas para certos fins industriais:

500, 800 e 700	Adequados para produção de vapor de água.
700, 600 e 500	Adequados para produção de vapor de água e para carbonização para produção de gás.
600 e 500	Adequados para produção de vapor de água; carbonização para produção de gás; carbonização em coquerias para produção de coque metalúrgico de segunda qualidade.
400	Adequados para carbonização em coquerias para produção de coque metalúrgico de primeira qualidade.

IV – **Classificação da ASTM** – utiliza o poder calorífico, a porcentagem de matéria volátil e a porcentagem de carbono fixo (na base úmida e sem cinza).

V – **Classificação prática das hulhas** – utiliza a porcentagem de matéria volátil e o chamado poder aglomerante (relacionado com a maior ou menor porosidade do coque). Têm-se os tipos:

a) Hulhas de chama longa (porcentagem MV maior que 25%) produzem grande quantidade de destilados oleosos e coque aglomerado.

b) Hulhas gordas de chama longa dão elevada porcentagem de gases combustíveis e o coque obtido é utilizável como combustível. São as preferidas para a fabricação de gás de hulha.

c) Hulhas gordas de chama curta (porcentagem MV menor que 25%) dão coque de alta resistência à compressão. Preferidas nas coquerias de siderúrgicas.

d) Hulhas magras de chama longa dão chama luminosa e fuliginosa. Utilizadas em fornos industriais, quando se necessita de aquecimento radiante (revérbero).

e) Hulhas magras de chama curta são as que possuem poder calorífico mais alto. Preferidas para fornos industriais e para produção de vapor de água.

7.7 CARBONIZAÇÃO E GASEIFICAÇÃO DO CARVÃO

Apesar de serem o principal item no uso industrial dos carvões fósseis, a utilização das hulhas como combustíveis primários, disponíveis com pouco ou nenhum tratamento prévio, são ainda fonte de importantes combustíveis secundários. Os combustíveis derivados dos carvões fósseis podem ser sólidos, líquidos ou gasosos e, apesar da diminuição na sua produção, em decorrência da volumosa disponibilidade do petróleo e de seus derivados, ainda são de elevado uso industrial.

Os principais tipos de processamento das hulhas são três:

a) carbonização

b) gaseificação

c) processos catalíticos.

a) A *carbonização* consiste no aquecimento do carvão *fora* do contato do ar, de modo que ele se decomponha pelo calor. Obtém-se então:
   1. combustível sólido – coque;
   2. combustível líquido – hidrocarbonetos líquidos e vários óleos combustíveis do alcatrão da hulha;
   3. combustível gasoso – gás de hulha, que é uma mistura de hidrocarbonetos parafínicos, com predominância de metano, hidrogênio e com pequenas quantidades de CO, CO_2 e hidrocarbonetos insaturados.

b) A *gaseificação*, ou *combustão parcial*, consiste na reação em alta temperatura do carvão com ar ou com vapor de água. No caso da reação com o ar, tem-se a equação:

$$C_{(s)} + \frac{1}{2}(O_2 + 3{,}76\ N_2)_{(g)} \rightarrow CO_{(g)} + \left(\frac{3{,}76}{2}\right) N_{2(g)}$$

A mistura de CO e N_2 chama-se gás de ar ou gás pobre, em vista de seu baixo poder calorífico.

No caso da reação com vapor de água tem-se:

$$C_{(s)} + H_2O_{(v)} \rightarrow CO_{(g)} + H_{2\,(g)}$$

A mistura de CO e H_2 denomina-se gás de água.

Na prática, os aparelhos geradores desses gases, ou gasogênios, produzem geralmente misturas de CO, H_2 e N_2, mistura essa denominada de gás misto.

c) Os *processos catalíticos* são de dois tipos principais e podem ser usados para produção de combustíveis líquidos e gasosos e de produtos químicos importantes, a partir do carvão. Tem-se:
   1. Hidrogenação, em que o carvão e o hidrogênio reagem em altas temperaturas e pressão, na presença de catalisador, produzindo hidrocarbonetos líquidos e gasosos e, inclusive, gasolina.
   2. Síntese de Fischer-Tropsch, na qual se utiliza o gás de água (CO + H_2) e a partir do qual, sem pressão e temperaturas elevadas e dependendo do catalisador, podem obter-se hidrocarbonetos (sólidos, líquidos e gasosos) ou uma grande variedade de substâncias oxigenadas, variando desde o álcool metílico até ácidos graxos.

7.8 COQUE E SEMICOQUE

O aquecimento das hulhas em ambiente fechado, fora do contato do ar, a que se denomina carbonização ou decomposição térmica do carvão, faz com que haja o desprendimento das matérias voláteis, deixando um resíduo fixo ou coque, constituído pela fração denominada carbono fixo e pelas matérias inorgânicas do carvão.

Essa transformação se efetua em estágios, tendo-se o amolecimento e o endurecimento sucessivos do carvão. Os principais estágios na produção do coque são:

Estágio 1 – inicialmente, o carvão bruto seca e expande-se pelo calor.

Estágio 2 – em uma temperatura crítica de *fusão* ou de "amolecimento", ao redor de 350 a 400 °C, as camadas mais externas fundem-se, criando uma zona de fusão.

Estágio 3 – com a continuação do aquecimento, a zona de fusão avança para o centro, deixando externamente uma camada de carvão amolecido, que é a camada plástica. Esta camada é impermeável a gases e como o carvão está em decomposição na zona de fusão, tem-se uma pressão interna de gases, que causa o fechamento da massa de carvão.

Estágio 4 – ao redor de 500 °C a camada plástica começa a ressolidificar, formando uma matéria carbonizada, brilhante e preta, conhecida como semicoque, a qual é bastante reativa com oxigênio.

Estágio 5 – acima de 550 °C, o semicoque se decompõe, ainda, desprendendo H_2 e CO, sofre transformações físicas, encolhe, trinca e torna-se muito mais duro e menos reativo do que o semicoque. Esse resíduo duro e poroso é o coque verdadeiro. A sua formação termina a cerca de 1.000 °C.

Conforme o produto desejado, a carbonização do carvão se processa com carvões diferentes e em temperaturas finais diferentes, apesar de o processo ser praticamente o mesmo. Assim, quando o produto principal a ser obtido é o *coque metalúrgico*, utilizado em siderúrgicas para redução do minério de ferro (óxidos) e que deve ser resistente mecanicamente à compressão e com elevada porosidade, parte-se de hulhas gordas de chama curta, e a carbonização é efetuada em temperaturas elevadas (1.100 a 1.300 °C). O gás produzido como subproduto serve para aquecer os fornos de coqueificação.

Quando o principal produto a ser obtido é o gás combustível da hulha, o carvão a ser carbonizado será a hulha gorda de chama longa. A carbonização será efetuada em temperaturas relativamente baixas (550 a 600 °C) e o semicoque sólido serve, como subproduto, para o aquecimento das retortas de produção de gás.

Como o coque dito metalúrgico será empregado nos altos-fornos para a fabricação do ferro gusa, funcionando como combustível e como redutor do minério do ferro, deve apresentar determinadas especificações. A alta resistência ao esmagamento é necessária para que o coque suporte as pesadas camadas de minério fundente e do próprio coque, colocadas nos altos-fornos. Além disso, ele deve queimar com relativa facilidade, apresentar alto poder calorífico e ter grande reatividade com o CO_2 para produzir CO, que é o principal responsável pela redução dos óxidos de ferro.

A facilidade de combustão e a reatividade com CO_2 são incentivadas pela alta porosidade, enquanto a resistência mecânica e o poder calorífico são diretamente proporcionais à densidade absoluta. Têm-se, então, duas propriedades antagônicas – porosidade e densidade – condicionando as propriedades do coque. Deve-se, portanto, obter um coque em que haja um ponto de equilíbrio entre as duas propriedades benéficas. Além dessas propriedades, o coque metalúrgico deve apresentar pouca umidade, pois sua presença reduz o poder calorífico, e poucas matérias minerais. O coque metalúrgico deve apresentar ainda muito baixo teor de enxofre e fósforo, pois esses elementos podem passar para o ferro gusa, o que ocasionará transtornos na produção de aços.

7.9 COMBUSTÃO DO CARVÃO EM GRELHAS

As grelhas industriais são conjuntos de barras de aço montadas paralelamente, de modo que uma estreita abertura separa umas das outras. Sobre essas barras é colocado o combustível e pelas aberturas passa uma corrente ascendente de ar.

No início da combustão, o carvão aquecido comporta-se como se estivesse sofrendo uma destilação seca, isto é, desprende matéria volátil e forma um resíduo sólido de coque (essencialmente carbono). A corrente ascendente de ar e o movimento ascendente das matérias voláteis vai ocasionando a decomposição do carvão de baixo para cima. Quando toda a matéria volátil queima no espaço acima dela, conhecido como *espaço de combustão*, têm-se, então, os seguintes mecanismos:

1º – decomposição do carvão (destilação, pirólise e *cracking* ou quebra das cadeias carbônicas dos hidrocarbonetos);

2º – combustão da camada de coque;

3º – combustão das matérias voláteis.

7.9.1 Ar primário e ar secundário

A corrente de ar ascendente que passa pela camada de carvão é denominada *ar primário*. O oxigênio desse ar primário vai provocar o aquecimento da camada, pela oxidação, de parte do carbono. É a chamada *zona de oxidação*. A certa altura da camada de carvão, o CO_2 formado na zona de oxidação irá reagir com mais carbono, dando CO:

$$CO_2 + C \rightarrow 2\ CO$$

É a *zona de redução*, na qual se processa também a formação do *gás de água* (da umidade contida no carvão), pela reação:

$$C + H_2O \rightarrow CO + H_2$$

Todo o CO formado, bem como o H_2 e os hidrocarbonetos volatilizados na destilação e no *cracking*, seriam lançados à atmosfera junto com o CO_2, se não fosse fornecido o *ar secundário*. Esse ar secundário é que irá efetuar a combustão desses gases combustíveis no *espaço de combustão* (ver figuras na próxima página).

Para que a *combustão secundária* sobre a camada de combustível seja completa, deve-se ter os seguintes requisitos:

a) suficiente ar secundário;
b) mistura íntima do ar secundário com os gases combustíveis;
c) manutenção de temperaturas de ignição da mistura gasosa combustível;
d) tempo suficiente de contato entre o ar secundário e os gases combustíveis a temperatura elevada;
e) impedimento de que a mistura seja resfriada pelo contato com superfícies frias.

7.10 COMBUSTÃO DE CARVÃO PULVERIZADO

Os problemas de manuseio com os combustíveis sólidos e a necessidade de aproveitamento dos refugos das minerações, das instalações de refino dos carvões fósseis e dos transportadores conduziram ao desenvolvimento de uma tecnologia do emprego do carvão em pó.

Esse processo permite a combustão completa de carvões contendo altas porcentagens de materiais minerais, independentemente da qualidade e fusibilidade das cinzas. A pulverização deve ser efetuada até que o material passe cerca de 80% através da peneira de 250 malhas por polegada linear. O carvão para ser moído deve ter no máximo 8% de umidade e teor de matéria volátil igual ou maior que 20%.

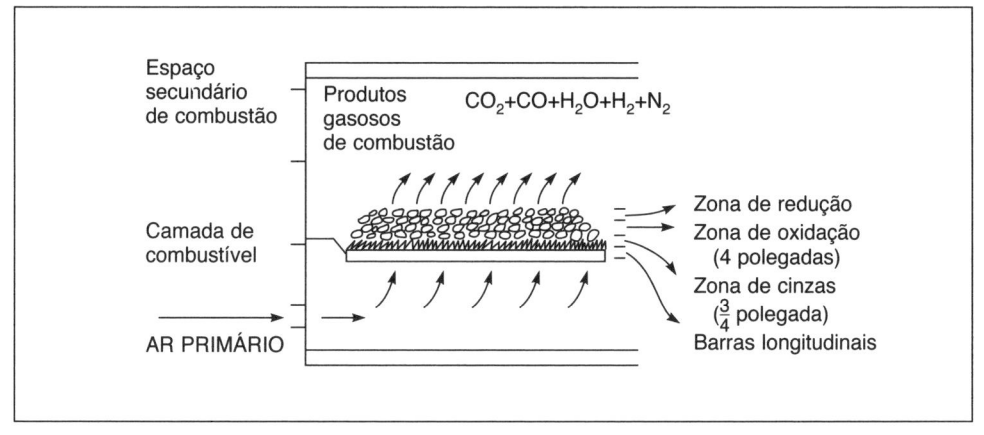

FIGURA 7.1 – *Camada de carvão antes de nova carga de combustível*

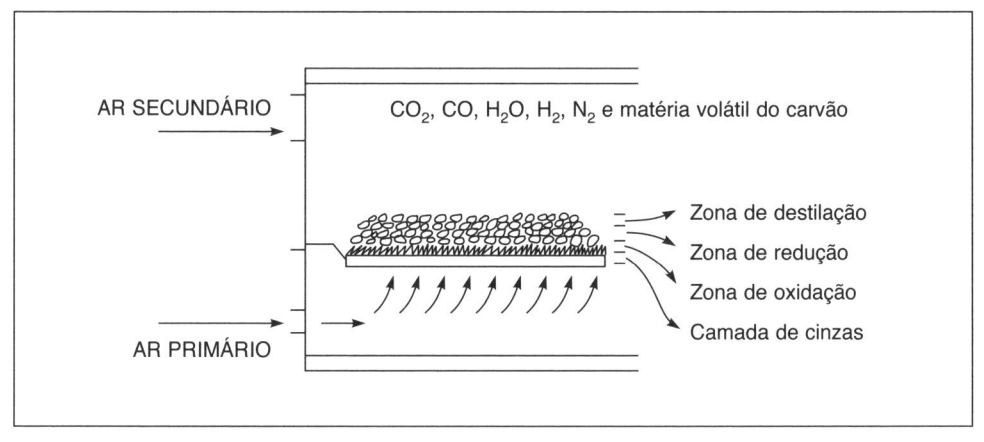

FIGURA 7.2 – *Camada de carvão após a adição da nova carga*

Evidentemente, esse processo apresenta ainda um encarecimento, com despesas de secagem, além do desgaste das paredes das câmaras de combustão, grande tamanho dessas e o lançamento de cinzas pulverulentas na atmosfera. A grande dificuldade consiste no aperfeiçoamento de queimadores especiais para carvão em pó.

Em compensação, esse processo apresenta as seguintes vantagens:

a) maior elasticidade de controle da combustão, pois o combustível pulverizado comporta-se como um combustível gasoso;

b) pequeno excesso de ar permite a combustão completa, propiciando alto rendimento e elevada temperatura de chama;

c) facilidade de limpeza e de consertos.

Capítulo 8

Combustíveis Líquidos

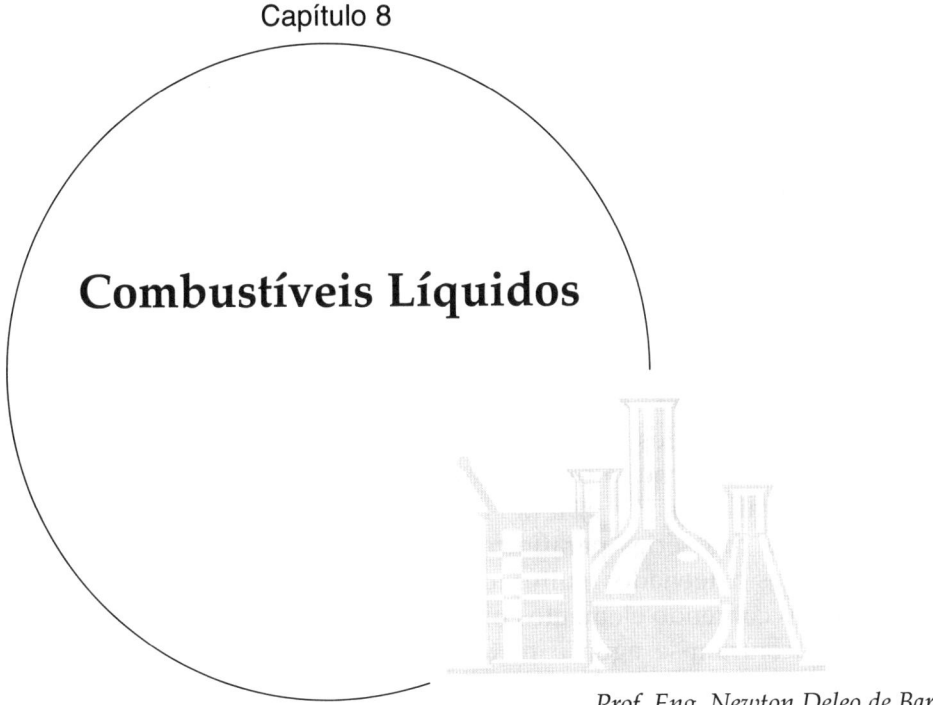

Prof. Eng. Newton Deleo de Barros

8.1 VISÃO GERAL

Os combustíveis líquidos são os mais importantes atualmente. O enorme volume empregado nos motores de combustão interna, nas indústrias e para produção de energia elétrica etc. mostra sua grande importância na vida moderna.

Os combustíveis líquidos podem ser classificados nos seguintes grupos:

a) petróleo e seus derivados;

b) derivados do alcatrão de hulha ou do linhito;

c) destilados dos xistos betuminosos;

d) hidrocarbonetos sintéticos; e

e) álcool etílico.

8.2 PETRÓLEO E SEUS DERIVADOS

Embora desde tempos remotos a humanidade se utilizasse de óleos de ocorrências naturais para obtenção de calor e de luz, somente no século passado é que se iniciou o desenvolvimento da indústria do petróleo.

O consumo *per capita* de petróleo aumenta cerca de 15% ao ano, o que, aliado ao aumento da população mundial, tem provocado temores quanto à capacidade das reservas mundiais.

8.2.1 Características dos petróleos

Os petróleos são líquidos naturais oleosos, de cor variável, desde amarelados até pretos. Têm cheiro pronunciado, viscosidade variável, com peso específico que vai de 0,77 a 0,98 kg/l. São constituídos essencialmente de hidrocarbonetos das séries parafínicas, aromáticos e naftênicos. Contêm, ainda, derivados oxigenados, sulfurados ou nitrogenados. Alguns apresentam compostos contendo elementos minerais como níquel e vanádio. Como impurezas encontram-se água e matérias inorgânicas. O poder calorífico varia de 9.700 a 11.700 kcal/kg. A composição elementar média apresenta:

$$C = 81 \text{ a } 87\%$$
$$H = 10 \text{ a } 14\%$$
$$S = 0 \text{ a } 6\%$$
$$O = 0 \text{ a } 7\%$$
$$N = 0 \text{ a } 1{,}2\%$$

8.2.2 Origem dos petróleos

A origem do petróleo ainda é controvertida. Predomina atualmente a chamada *teoria biológica*, segundo a qual os petróleos originaram-se de restos de plantas e animais marinhos inferiores, que se acumularam no fundo de antigos mares e foram soterrados por movimentos da crosta terrestre. As substâncias graxas componentes desses depósitos, em mistura com argila, sofreram processos de decomposição anaeróbia, pela ação de bactérias, originando-se os hidrocarbonetos. O material sofreu uma migração através de rochas porosas intercaladas entre rochas impermeáveis, provocada por pressão de correntes de águas subterrâneas, de gases, por adsorção etc. Essa migração levou o petróleo a alojar-se nas chamadas "rochas armazéns", quase sempre arenitos calcáreos porosos, juntamente com água e gases, separados pelas diferentes densidades.

Em geral, o lençol petrolífero encontra-se nos *anticlinais*. A perfuração da camada impermeável leva a atingi-lo e o petróleo pode jorrar à superfície ou deve ser bombeado, de acordo com a pressão a que estiver sujeito.

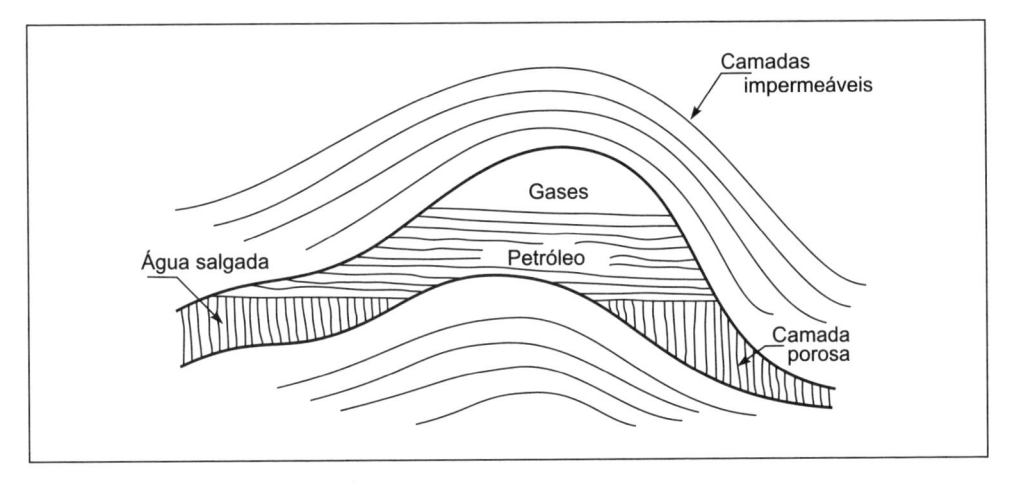

FIGURA 8.1 – *Esquema de jazida petrolífera*

8.2.3 Classificações do petróleo

As principais classificações do petróleo são:

a) classificação pela base;
b) classificação do *Bureau of Mines*.

a) A classificação pela base é a mais antiga e leva em conta o tipo predominante de hidrocarbonetos na mistura que é o petróleo bruto. Assim, têm-se:

• **Petróleos de base parafínica** – os hidrocarbonetos predominantes são os da série das alcanas ou das parafinas, ou seja, hidrocarbonetos saturados, desde o metano (CH_4) até a parafina ($C_{35}H_{72}$). Os petróleos da Pensilvânia, bem como os nacionais do Recôncavo Baiano, são deste tipo.

Apresentam coloração clara e, após a destilação à baixa pressão, deixam um resíduo viscoso que constitui, após tratamento para separação da parafina, um excelente óleo lubrificante.

• **Petróleos de base asfáltica** – neste caso, os hidrocarbonetos predominantes são os cicloparafínicos ou naftênicos. São escuros e após a destilação à baixa pressão, dão um resíduo semelhante ao asfalto. Não produzem óleos lubrificantes. Exemplo: petróleo do Cáucaso.

• **Petróleos de base mista** – nestes não há predominância de um tipo de hidrocarbonetos. Exemplo: os petróleos do Irã e da Romênia. Alguns apresentam compostos aromáticos como os petróleos japoneses. Outros apresentam teores apreciáveis de alcenos (etilênicos) e de alcinos (acetilênicos).

b) A classificação do *Bureau of Mines* baseia-se no peso específico (determinado a 15,6 °C) de duas frações chaves, representativas das gasolinas e dos óleos lubrificantes.

O petróleo a ser classificado é destilado em condições padronizadas. Inicialmente, recolhe-se a fração n° 1, que destila à pressão atmosférica entre 250 e 275 °C. A seguir, reduz-se a pressão para 40 mm Hg e recolhe-se a fração nº 2, que destila entre 275 e 300 °C. A primeira fração é considerada como representativa das gasolinas e a segunda representativa dos óleos lubrificantes. Pelos pesos específicos das frações estabelece-se a classificação.

Nos Estados Unidos, o peso específico é substituído pelo grau API (American Petroleum Institute), sendo:

$$\text{grau API} = \left(\frac{141,5}{d}\right) = 131,5$$

onde d é a densidade relativa à água, a 15,6 °C (60 °F), do óleo ou fração.

8.2.4 Refinação do petróleo

É o conjunto de processos que sofrem os petróleos para deles se obterem os produtos desejados. São tipos de processamento:

a) *separação*: destilação, adsorção, filtração, extração por solventes;

b) *conversão*: *cracking* e polimerização;

c) *químico*: remoção de constituintes indesejáveis, por meio de reações químicas.

O petróleo bruto apresenta água emulsionada. Para se retirar essa água, usam-se agentes que atuam sobre a tensão superficial da água, permitindo a união das microgotas em gotas maiores que sedimentam, ou então, após o aquecimento da emulsão para reduzir a viscosidade, ela é submetida a um campo elétrico alternado que permite a atração das microgotas, carregadas eletricamente, para o pólo de sinal contrário, onde ocorre a junção.

A seguir, o petróleo sofre uma destilação fracionada à pressão atmosférica; processo denominado *topping*. O petróleo é inicialmente aquecido a 350-400 °C, entrando a cerca de $\frac{1}{3}$ da altura da coluna de destilação. O fracionamento produz os seguintes derivados:

1. **Gases "incondensáveis"** – destilam até cerca de 50 °C. Constituídos principalmente por hidrogênio, metano, propano, propeno, butano e buteno. Desta fração obtém-se o *gás liquefeito de petróleo* (GLP), o butadieno (matéria-prima para a borracha sintética) e outros hidrocarbonetos importantes. O hidrogênio é, na realidade, o único incondensável e é utilizado para hidrogenações, inclusive na própria refinaria de petróleo.

2. **Gasolina direta ou de *topping*** – destila de 50 a 189 °C. Produz éter de petróleo, solventes diversos e gasolina.

3. **Querosene** – destila de 170 a 280 °C. Usado atualmente como combustível de motores a jato.

4. **Óleos combustíveis** – destila entre 230 e 280 °C. São óleos de densidade entre 0,80 a 0,85. Produz o "óleo para gás" (*gas oil*) e o óleo diesel. A maior parte desta fração é usada no *craqueamento* (quebra de cadeias carbônicas).

5. **Resíduo** – utilizável para combustão em caldeiras e fornos. Geralmente, é submetido a uma destilação a vácuo, fornecendo ainda "óleo para gás", óleos lubrificantes (se o petróleo cru for parafínico ou misto) e o resíduo final resulta, após tratamento, em parafina e vaselina.

Esquematicamente, o processo de destilação fracionada à pressão atmosférica é o seguinte:

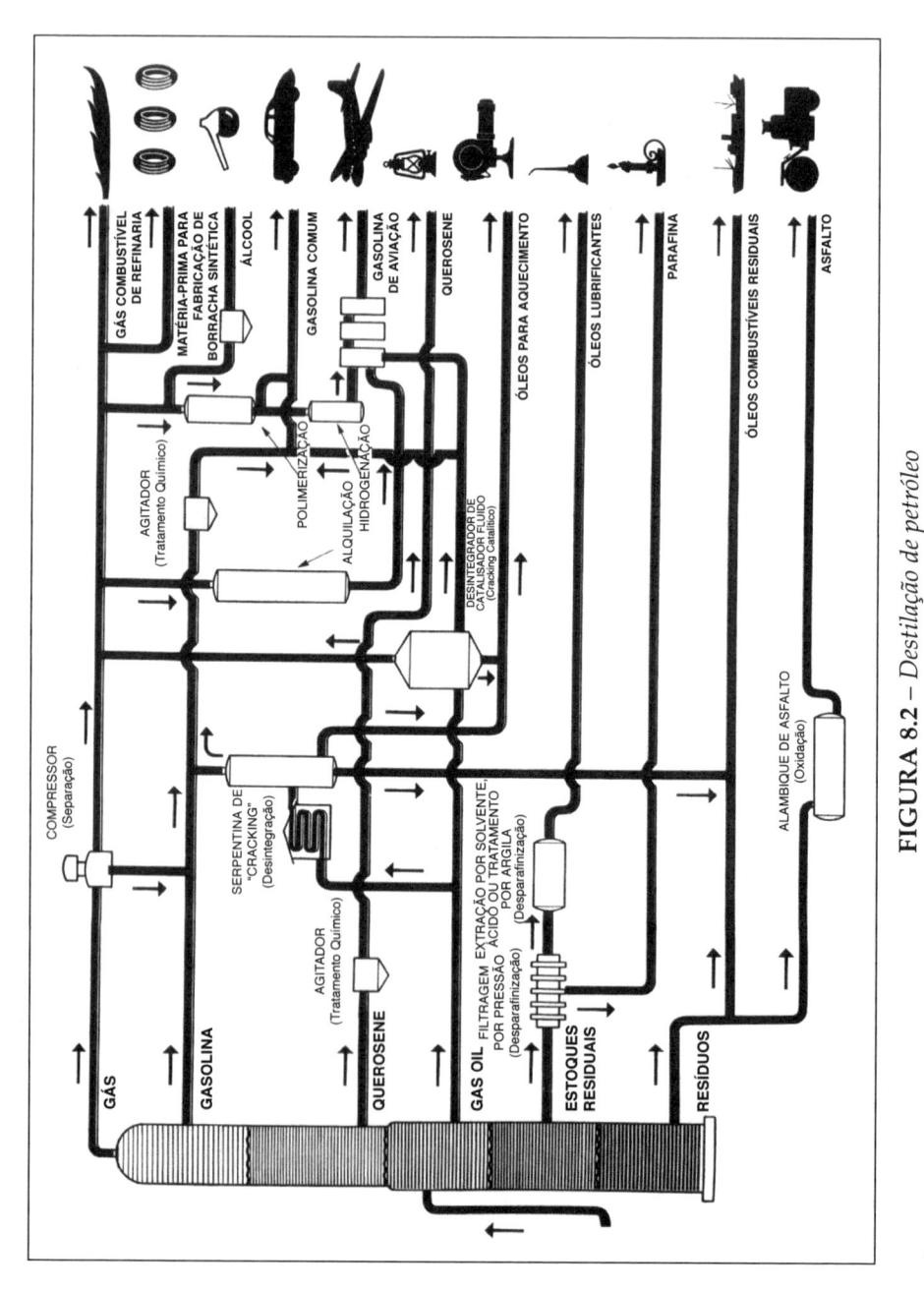

FIGURA 8.2 – *Destilação de petróleo*
Operações principais sofridas pelo petróleo bruto e principais refinações pelas quais passam os produtos intermediários até a obtenção dos produtos finais.

Com o processo de *topping*, o rendimento de gasolina é de apenas 10%. Por esse motivo, para se aumentar a fabricação do produto mais importante atualmente, faz-se o craqueamento (*cracking*) dos óleos pesados. Consiste na ruptura das cadeias de carbono dos hidrocarbonetos de grande peso molecular. Com isso, obtém-se um aumento dos hidrocarbonetos constituintes da mistura gasolina (geralmente de cadeias de 6 a 12 átomos de carbono).

O *cracking* pode ser **térmico** e **catalítico**. No primeiro caso, há apenas um aumento de temperatura dos óleos a 500-600 °C por tempo prolongado, e as macromoléculas dos óleos se fragmentam. Atualmente, é usado quase exclusivamente o *cracking* catalítico, que emprega um catalisador em atmosfera de hidrogênio para romper as duplas ligações e saturar as ligações livres. A gasolina obtida é chamada gasolina de *cracking*.

8.2.5 Gasolina, querosene e óleo diesel

A gasolina, mistura de hidrocarbonetos de 6 até 12 átomos de carbono na molécula, apresenta, hoje em dia, composição e propriedades bastante variadas, além da própria origem. Há gasolinas de fontes naturais, que se obtêm por recuperação dos vapores de hidrocarbonetos com 4 a 7 átomos de carbono, que acompanham os gases naturais de poços petrolíferos. Do petróleo tem-se a gasolina de *topping* e a de *cracking*. De maneira geral, as gasolinas apresentam as seguintes propriedades médias:

a) peso específico – 0,70 a 0,85 g/cm^3 (a 20 °C)

b) intervalo de ebulição – 40 a 60 °C

c) conteúdo de carbono – 83,5 a 85% em peso

d) conteúdo de hidrogênio – 15,0 a 15,8% em peso

e) conteúdo de enxofre – menor que 1% em peso

f) calor de vaporização – 85 a 110 kcal/kg

g) calor específico (a 15 °C) ~ 0,5 kcal/kg . °C

h) poder calorífico – cerca de 11.000 kcal/kg

i) ponto de fulgor – 20 °C

O querosene é uma mistura de hidrocarbonetos de 14 até 19 átomos de carbono na molécula. É incolor e menos volátil que a gasolina.

Tem importância no uso nas turbinas de aviões a jato e em motores de combustão interna de tratores.

A análise elementar média é a seguinte: 84% de C e 16% de H (em peso). O ponto de fulgor é superior a 80 °C e o poder calorífico é de cerca de 11.500 kcal/kg.

O óleo diesel tem fração mais pesada que o querosene. É empregado em motores de compressão chamados motores diesel. Apresenta as seguintes propriedades: peso específico de 0,85 g/cm^3 ; análise elementar revelando 85,9 a 86,7% de C, 12,7 a 13,4% de H, menos que 0,8% de ($O_2 + N_2$) e 0,1 a 0,7% de S (em peso); poder calorífico de cerca de 10.100 kcal/kg; ponto de inflamação de 110 °C em média.

8.2.6 Especificações para combustíveis derivados do petróleo

As principais especificações e testes efetuados em combustíveis líquidos derivados do petróleo são:

a) Densidade – em g/cm^3 ou grau API.

b) Viscosidade – medida em *poises* (g/cm . seg) ou *centipoises*. Para sua determinação, usam-se os viscosímetros de Saybolt ou de Engler, tendo-se a viscosidade em "segundos Saybolt" ou "graus Engler".

c) Resíduo carbonoso ou carvão de Conradson – indica a massa de resíduos após a evaporação fora do contato do ar, do derivado de petróleo.

d) Poder antioxidante – indica a resistência à oxidação pelo oxigênio do ar atmosférico. É determinado fazendo-se o material sofrer um processo padronizado e acelerado de oxidação (excesso de ar ou de oxigênio e temperatura elevada) e medindo-se os produtos oxidados formados ou a variação da pressão da fase vapor.

e) Pontos de fulgor e de inflamação (*Flash* e *Fire Points*) – são as temperaturas mínimas em que, sob a ação de chama escorvadora, os vapores do combustível emitem um lampejo, cessando após a combustão (ponto de fulgor) ou entram em combustão contínua (ponto de inflamação).

f) Resinas (gomas) – indicam a tendência à polimerização dos hidrocarbonetos insaturados existentes.

g) Curvas de destilação – indicam a volatilidade dos combustíveis.

Destila-se o produto em condições padronizadas, na quantidade de 100 cm^3, anotando-se as temperaturas em que se recolhe, após a condensação, a primeira gota e as frações de 10, 20 até 90 cm^3. Com esses dados constroem-se as curvas mostradas na Figura 8.3.

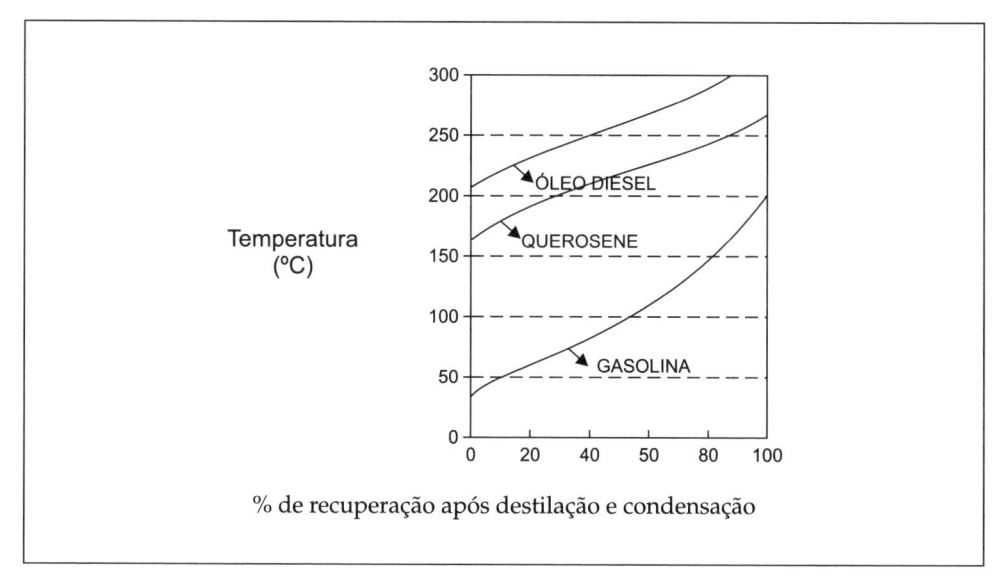

FIGURA 8.3 – *Curvas de destilação de derivados de petróleo*

Essa volatilidade apresenta importância quanto ao armazenamento, transporte e quanto à "partida" dos motores.

h) Poder calorífico indica a rentabilidade térmica do combustível. É determinado por meio de bombas calorimétricas mergulhadas em calorímetros (de Berthelot ou de Parr).

i) Poder antidetonante será assunto do parágrafo seguinte.

8.2.7 Poder antidetonante: "octanagem" e "cetanagem"

Na termodinâmica demonstra-se que o rendimento térmico e a eficiência mecânica de um motor são diretamente proporcionais à sua relação de compressão. Isto é, à relação entre os volumes máximo e mínimo que o gás carburado ocupa no cilindro do motor (C/R). Se exprimirmos a potência do motor em razão da pressão efetiva média indicada, medida durante a explosão da mistura carburada, colocando-a em ordenadas e em abscissas à relação de compressão, obtêm-se as curvas representadas na Figura 8.4, trabalhando-se com vários tipos de materiais.

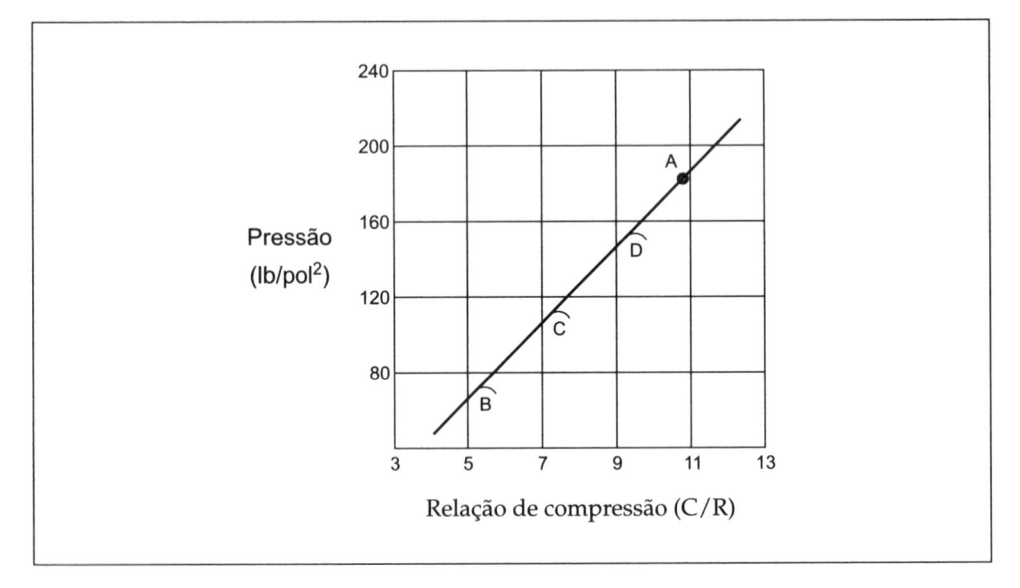

FIGURA 8.4

A curva "A" foi obtida com o uso de "triptano" (combustível sintético); a curva "B", com uma gasolina similar à disponível em 1928; a curva "C", com uma gasolina usual em 1948; e a curva "D", com uma gasolina de 1960. Como se verifica pelas curvas, tem-se uma perda de potência nas relações de compressão de cerca de 6 para a gasolina de 1928; de cerca de 7 para a gasolina de 1948 e de 8,5 para a gasolina de 1960.

Essas perdas de potência correspondem ao aparecimento de um golpe característico no cilindro do motor, com a produção de um ruído metálico, ou seja, a "batida de pinos" ou em inglês, o *knock*, em decorrência de ondas de choque criadas pela explosão prematura da mistura de vapor de gasolina e ar, quanto ao curso do pistão dentro do cilindro.

A tendência à "batida" é função das dimensões, da forma do motor, da velocidade, ao momento da faísca etc., mas, principalmente, depende da natureza do combustível.

Como se verifica no gráfico, a detonação prematura foi gradualmente levada, com o desenvolvimento dos combustíveis líquidos, para relações de compressão maiores. O valor médio de C/R praticamente foi duplicado nos últimos 20 anos. Isso equivale a um aumento de 25% no rendimento do motor. Dois fatores foram preponderantes para esse progresso; melhores projetos de motores e conhecimento perfeito das características químicas dos combustíveis líquidos.

Assim, provou-se que os hidrocarbonetos parafínicos apresentam uma resistência à detonação prematura, isto é, um poder antidetonante maior quanto menos longa for a sua cadeia carbônica, quanto maior o número de ramificações que tiver e quanto mais afastadas estas ramificações estiverem das extremidades da cadeia. Os hidrocarbonetos olefínicos, aromáticos e naftênicos detonam menos que os parafínicos; daí o fato de as gasolinas de *cracking* e as naturais detonarem menos que as gasolinas de *topping*. A seguir, provou-se que certos compostos, como o chumbo tetraetila, quando adicionados à gasolina, aumentavam a sua resistência à detonação prematura. Em vista da possibilidade de o chumbo tetraetila, por ocasião da combustão, depositar chumbo metálico, adiciona-se juntamente o brometo de etila, o qual produzirá o brometo de chumbo, que é volátil em temperatura elevada e que será então expelido pelo escapamento do motor.

O sistema habitual para graduar a gasolina quanto ao poder antidetonante, empregado desde 1928, é o denominado índice de *octano* ou também, *octanagem* da gasolina. Estabeleceu-se que, em um motor de combustão interna padrão, de relação de compressão variável, o hidrocarboneto líquido que apresentava melhor comportamento era o 2,2,4-trimetil pentano ou "isooctano".

$$CH_3 - \underset{\underset{CH_3}{|}}{\overset{\overset{CH_3}{|}}{C}} - CH_2 - \underset{\underset{CH_3}{|}}{CH} - CH_3$$

Ao contrário, o heptano normal ($CH_3 - CH_2 - CH_2 - CH_2 - CH_2 - CH_2 - CH_3$), com praticamente o mesmo ponto de ebulição do isooctano, era um combustível de comportamento muito ruim quanto à resistência à detonação prematura. Convencionou-se, então, que o isooctano teria o poder antidetonante igual a 100 e o heptano igual a 0. Misturando-se os dois hidrocarbonetos em diversas proporções, obtiveram-se combustíveis com octanagens variáveis de 0 a 100, valor esse equivalente à porcentagem em volume do isooctano na mistura.

Quando se deseja determinar o índice de octanagem de uma gasolina, coloca-se ela no motor-padrão e, variando a relação de compressão, determina-se a relação na qual a gasolina em teste começa a apresentar a batida de pinos. Fixando-se essa relação de compressão no motor padrão, verifica-se qual a mistura de isooctano e n-heptano que também detona prematuramente nessa relação de compressão.

Seja essa mistura constituída, por exemplo, de 82% de isooctano e 18% de n-heptano, determina-se, então, que o índice de octanagem da gasolina é 82.

No Brasil, o Conselho Nacional de Petróleo fixou os índices de octano mínimos de 73 para a gasolina comum e 82 para a gasolina *premium* ou azul.

O poder antidetonante pode ser aumentado pela adição de combustíveis miscíveis com a gasolina e de maior índice de octanagem, como gasolinas naturais, o benzol, o álcool etílico, o éter etílico etc. ou, então, pela adição de produtos aditivos especiais como o chumbo tetraetila, cuja fórmula química é $Pb(C_2H_5)_4$.

Com esses aditivos, obtêm-se gasolinas com comportamento melhor ainda do que o próprio isooctano puro, ou seja, índice de octano maior que 100.

Foi necessário, então, extrapolar-se o conceito inicial de índice de octano para além de 100. Por esse motivo, tem-se atualmente gasolinas especiais de aviação, por exemplo, com índice de octano de 140 ou 160.

No caso do motor diesel, produz-se um fenômeno semelhante, sendo a batida ou o golpe devido, porém, a um atraso na combustão, a qual é obtida por compressão da mistura de vapor de óleo diesel e ar.

De maneira análoga à gasolina, as características antidetonantes de um óleo diesel são indicadas pelo *índice de cetano* ou *cetanagem*. No caso do óleo diesel, o padrão 100 é o hidrocarboneto cetano normal ($C_{16}H_{34}$) e o padrão é dado pelo *alfametil naftaleno*. Os motores diesel de alta velocidade requerem óleos com índice de cetano superior a 50, os de velocidade média de 45 e os de velocidade baixa aceitam óleos com índice 25.

8.3 COMBUSTÍVEIS DERIVADOS DO ALCATRÃO DE HULHA

O principal é o benzeno (C_6H_6). Tem poder calorífico de 10.500 kcal/kg, ponto de fulgor de 15 °C e índice de octano igual a 88.

É usado principalmente como aditivo da gasolina. Além deste, existem óleos combustíveis utilizados no aquecimento de caldeiras.

8.4 DESTILADOS DE XISTOS BETUMINOSOS

Os xistos betuminosos são rochas do tipo *folhelhos* escuros, mais ou menos laminados, de alto teor de matérias argilosas e que por destilação seca fornecem gases, óleos betuminosos e resíduo argiloso (de 60 a 70%).

No Brasil, há ocorrências desse tipo de material no Maranhão, Sergipe e São Paulo (no Vale do Paraíba), em Tremembé (próximo a Taubaté) e no grupo de Irati, desde o Rio Grande do Sul até Porto Ferreira em São Paulo.

Os xistos de Tremembé fornecem por destilação seca até 12% de produtos condensáveis. Destes, cerca de 20% são do tipo gasolina e 50% do tipo óleo diesel.

A destilação processa-se em retortas verticais, que podem receber de 5 a 7 toneladas de xisto por carga. As pesquisas neste setor prosseguem no sentido de obter catalisadores de *cracking*, o que aumentaria o teor de gasolina.

8.5 HIDROCARBONETOS SINTÉTICOS

São obtidos principalmente pelos métodos alemães de Bergius e de Fischer-Tropsch.

No processo Bergius, linhitos e hulhas com pouca cinza e umidade são moídos e misturados com Fe_2O_3 (para absorção do enxofre) e óleo, formando uma pasta. Essa pasta é introduzida em um reator tubular e recebe hidrogênio a 450 °C e 200 atm. O catalisador utilizado é o molibdênio. Ocorrem então destilações, *cracking* e hidrogenações dos hidrocarbonetos constituintes do alcatrão, formando-se, em média, 150 kg de gasolina e 200 kg de óleo diesel por tonelada de carvão, além de óleos combustíveis, lubrificantes, gases e compostos amoniacais. O processo de Firscher-Tropsch parte do gás de água constituído de CO e H_2. Trabalhando-se com esse gás e catalisadores à base de Fe, Co e Ni, sob pressão de 1 atm e a 190 °C, pode-se obter óleos com cerca de 60% de constituintes destiláveis a menos de 200 °C.

A reação que se processa produz, principalmente, hidrocarbonetos parafínicos e de baixo poder antidetonante, necessitando de aditivos.

8.6 ÁLCOOL ETÍLICO

O álcool etílico (C_2H_5OH) apresenta um poder calorífico de 6.500 kcal/kg em média. Exige menor quantidade de ar para a combustão.

O seu alto poder antidetonante (índice de octano igual a 90) permite relação de compressão de 7 para 1. No Brasil, para equilíbrio econômico da indústria do álcool e açúcar, utiliza-se até 30% de álcool etílico anidro em mistura com a gasolina. Deve-se adicionar também um pouco de benzeno para evitar a formação de aldeído e ácido acético durante a combustão, que são corrosivos.

8.7 COMBUSTÃO DE COMBUSTÍVEIS LÍQUIDOS

As reações de combustão dos combustíveis líquidos, na realidade, se processam em fase gasosa, sendo oxidado a combustível na forma de vapor. Sabe-se que sobre a superfície de um líquido sempre existe, em equilíbrio, uma fase de vapor, com maior ou menor concentração, dependendo da volatilidade do líquido e da temperatura. Se o líquido for um combustível, as suas partículas, no estado de vapor, entram em combustão com o oxigênio do ar, liberando calor. Uma quantidade desse calor será aproveitada para aumentar a temperatura do próprio líquido, conseqüentemente aumentando sua pressão de vapor, e, portanto, um maior número de partículas passarão da fase líquida para a fase vapor, com possibilidade de sofrerem combustão, e assim prossegue a combustão.

Se o líquido estiver em gotículas, é claro que isso facilitará a sua vaporização e conseqüentemente a combustão. Por esse motivo é que os combustíveis líquidos são, em geral, injetados no espaço de combustão na forma de uma névoa fina ou por pulverização. A mistura íntima entre o combustível e o ar pode ser obtida após a injeção do combustível ou uma parte do ar pode ser introduzida em mistura com o combustível.

A introdução do combustível líquido no espaço de combustão, que já está aquecido, vai provocar também um *cracking* térmico das moléculas do combustível, conduzindo a compostos mais voláteis. Eventualmente, até carbono e hidrogênio livre podem surgir em fragmentos moleculares muito pequenos, favorecendo a oxidação. Além disso, o brusco aquecimento provoca um aumento da energia cinética das moléculas, elevando a sua atividade e conseqüentemente a sua reatividade com o oxigênio.

Tem-se, portanto, na combustão de líquidos, uma prévia vaporização e eventualmente fenômenos de decomposição e reformação das moléculas do combustível.

Capítulo 9

Combustíveis Gasosos

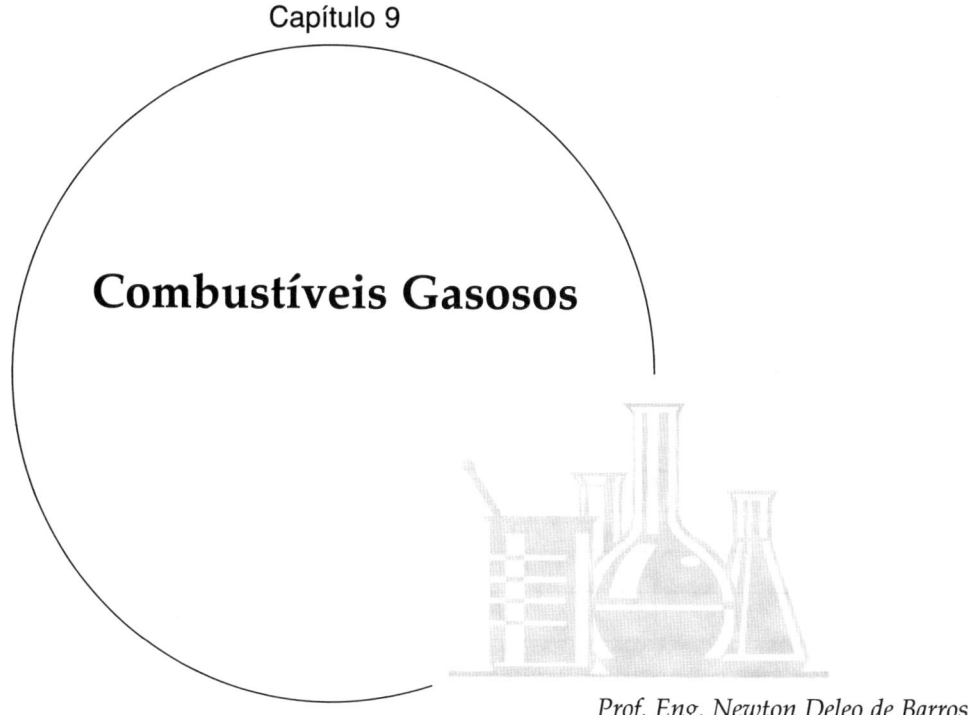

Prof. Eng. Newton Deleo de Barros

9.1 VISÃO GERAL

Os combustíveis gasosos, na temperatura ambiente e na pressão atmosférica, apresentam numerosas vantagens sobre os demais combustíveis:

a) maior facilidade na reação de combustão, que sempre se processa em fase gasosa;
b) maior facilidade de regular a entrada de ar;
c) maior extensão da chama, alcançando maiores porções no forno;
d) maior facilidade de transporte do combustível;
e) maior facilidade de pré-aquecimento do combustível;
f) ausência de cinzas.

São sempre misturas gasosas, cuja composição varia com a forma de produção (no caso de combustíveis preparados) ou com a fonte de obtenção (no caso de combustíveis naturais). Os constituintes mais comuns são os da tabela seguinte:

TABELA 9.1

GÁS	FÓRMULA	PODER CALORÍFICO SUPERIOR (Kcal/m³ a 20 °C e 700 mm Hg)
Acetileno	C_2H_2	13.200
Benzeno	C_6H_6	35.000
Butano-n	C_4H_{10}	30.200
Etano	C_2H_6	15.900
Etileno	C_2H_4	14.400
Dióxido de carbono	CO_2	0
Hidrogênio	H_2	2.890
Metano	CH_4	8.900
Nitrogênio	N_2	0
Oxigênio	O_2	0
Propano-n	C_3H_8	22.900
Propeno	C_3H_6	21.200

9.2 CLASSIFICAÇÃO

Como já foi visto em capítulo anterior, os combustíveis gasosos classificam-se em naturais ou preparados e em primários ou secundários. Os gases naturais são os que emanam naturalmente de fendas do solo ou da perfuração petrolífera e são chamados genericamente de gases naturais. Os preparados são, principalmente, gás de hulha, gás de ar, gás de água, gás misto, gás de alto-forno, gases da refinação do petróleo.

9.3 GÁS NATURAL

Geralmente, ocorre nas formações geológicas petrolíferas. É constituído principalmente de *metano*, misturado com hidrocarbonetos parafínicos (principalmente etano, propano e outros mais pesados). Distingue-se o gás natural úmido, que contém hidrocarbonetos condensáveis, e o gás natural seco, que não os possui. A remoção dos hidrocarbonetos condensáveis do gás natural úmido é efetuada por absorção em óleo ou por compressão e resfriamento, obtendo-se, então, o gás natural seco. Podem apresentar até 10% de constituintes não combustíveis, como N_2, O_2 e CO_2. Apresentam um poder calorífico da ordem de 8.500 a 9.000 kcal/m³. São usados nas localidades próximas às jazidas, conduzidos em tubulações (gasodutos), como combustível industrial e doméstico. Podem também servir de matéria-prima para uma série de sínteses químicas (metanol, formaldeído e outros) ou como fonte de H_2 e de enxofre.

9.4 GASES DA REFINAÇÃO DO PETRÓLEO

O propano (C_3H_8) e o butano (C_4H_{10}) são gases combustíveis obtidos na refinação do petróleo. Apresentam poder calorífico de 24.400 kcal/m³ para o propano e 30.200 kcal/m³ para o butano.

No gás úmido apresentam-se ainda o metano, o isobutano e o pentano. Quando provenientes do "craqueamento" (*cracking*) apresentam também hidrocarbonetos insaturados.

O gás engarrafado ou gás liquefeito de petróleo (GLP) é constituído essencialmente de propano e butano. É usado como combustível doméstico e industrial e para motores de combustão interna, pois apresenta as propriedades antidetonantes em decorrência da alta relação de compressão que suporta, ou seja, de 10:1, e não apresenta o inconveniente de diluir o lubrificante do motor.

O butano e o propano são mais densos do que o ar e, em caso de vazamentos, tendem a se depositar, havendo o perigo de explosão.

Em vista da grande quantidade de ar exigida pela combustão do propano e do butano, como pode ser notado pelas reações

$$C_3H_8 + 5\ O_2 \rightarrow 3\ CO_2 + 4\ H_2O$$
$$C_4H_{10} + 6{,}5\ O_2 \rightarrow 4\ CO_2 + 5\ H_2O$$

o GLP apresenta uma aparente inferioridade em relação ao gás de rua (ou gás canalizado), cuja composição principalmente contém CH_4, H_2, e CO. A quantidade de calor obtida por unidade de tempo será menor no caso do GLP, pois a vazão deste deve ser menor para que possa ter a quantidade necessária de ar.

9.5 GÁS DE HULHA

É obtido pela destilação seca da hulha, em ausência de ar, resultando um resíduo ainda combustível, que é o *coque*.

Os produtos gasosos purificados vão constituir o *gás de hulha* (antigamente chamado de gás de iluminação). Os condensáveis resultam nos alcatroados, bastante importantes; o coque é usado como combustível ou em siderurgia e as *águas de condensação* são fonte de amônia.

Para a produção de gás, prefere-se destilar a "hulha gorda de chama longa" a uma temperatura relativamente baixa, de cerca de 600 °C.

Uma tonelada de hulha dá em média de 300 a 350 m^3 de gás, com poder calorífico de 4.000 a 5.000 kcal/m^3, 50 kg de alcatrão, 700 a 750 kg de coque e 80 kg de águas amoniacais.

A destilação é efetuada geralmente em retortas metálicas horizontais, de comprimento de 5 a 6 metros, secção oval e com 300 a 400 litros de capacidade. O funcionamento é intermitente. A destilação processa-se em 5 a 6 horas, dando, portanto, 3 a 4 cargas por dia. Após a saída da retorta, o gás sofre vários tipos de purificação. De maneira geral, são os seguintes: inicialmente, o gás passa pelos chamados "barriletes", que são coletores com vedação hidráulica, nos quais há resfriamento e uma primeira absorção da amônia e condensação inicial do alcatrão. A seguir, vai para os condensadores com refrigeração a água, ou a ar, nos quais se condensa a maior parte do alcatrão. Como gotículas de alcatrão ainda são arrastadas, há os separadores mecânicos por choque e perda de velocidade, constituídos por placas e tubos perfurados, que vão retendo as gotículas. Em seguida, ocorre uma segunda lavagem com água para reter todo o NH_3 e compostos amoniacais porventura ainda existentes. Tem-se a seguir a coluna de retirada de naftalina e a de retirada do benzol, ambas funcionando por lavagem do gás em óleos de alcatrão de densidades convenientes. Para a retirada do gás sulfídrico (H_2S) e do ácido cianídrico, efetua-se a passagem do gás pela chamada *massa de Laming*, constituída de uma mistura de Fe_2O_3, serragem de madeira, cal e água. Temos então as reações:

$$Fe_2O_3 + 3\ H_2O + 3\ H_2S \rightarrow 2\ FeS + S + 6\ H_2O$$
$$FeS + 2\ HCN \rightarrow Fe(CN)_2 + H_2S$$

O H_2S produzido na segunda etapa reage como na primeira novamente. A massa de Laming esgota-se após certo tempo de uso e pode ser regenerada pelas reações:

$$2\ FeS + \frac{3}{2}\ O_2 + 3\ H_2O \rightarrow Fe_2O_3 \times 3H_2O + 2\ S$$
$$9\ Fe(CN)_2 + \frac{3}{2}\ O_2 + 3\ H_2O \rightarrow Fe_2O_3 \times 3\ H_2O + [Fe(CN)_6]_3 Fe_4$$

Quando o teor de enxofre atinge cerca de 50%, a massa deixa de ser ativa e é então usada para fabricação de ácido sulfúrico e de corantes, em razão do ferrocianeto férrico (azul da Prússia).

Como pode ter havido arrastamento de partículas sólidas, o gás passa por um separador tipo "Contrell", sendo a seguir armazenado em gasômetros.

As chamadas águas amoniacais vão ser fonte de NH_3, que é separada da água por aquecimento e evaporação, indo borbulhar em ácido sulfúrico. Produz-se, então, o sulfato de amônia, usado como fertilizante. O alcatrão, líquido escuro, viscoso, com forte cheiro aromático, após separação da água emulsionada por centrifugação, sofre um fracionamento, fornecendo, até 170 °C, os "óleos leves" que contêm benzeno, tolueno, xileno etc. De 170 a 230 °C, os "óleos médios", que contêm fenóis e naftalina. De 230 a 270 °C, os "óleos pesados", que contêm hidrocarbonetos de cadeias longas. De 270 a 320 °C, os "óleos verdes", ricos em antraceno, acridina e carbasol, que constituem matéria-prima para a indústria de corantes. O resíduo de destilação do alcatrão é o "pixe" (semelhante ao asfalto, que apresenta somente carbono livre).

9.6 GÁS DE AR

Também chamado *gás pobre* em razão de seu baixo poder calorífico de 1.200 a 1.600 kcal/m³.

É obtido pela oxidação parcial do carbono a partir de coque ou de carvões minerais ou vegetais, que se dá quando se insufla ar através de uma camada espessa de combustível sólido aquecido. O fluxo de ar é regulado de modo que a combustão se limita à reação

$$C_{(s)} + \frac{1}{2}(O_2 + 3{,}76 \times N_2)_{(g)} \to CO_{(g)} + 1{,}88 \times N_{2(g)} + 27{,}12 \text{ kcal}$$

Logo, o gás de ar é fundamentalmente constituído por monóxido de carbono e nitrogênio. Na combustão desse gás, tem-se:

$$CO_{(g)} + 1{,}88 \times N_{2(g)} + \frac{1}{2}(O_2 + 3{,}76 \times N_2)_{(g)} \to CO_2 + 3{,}76\, N_2 + 69{,}9 \text{ kcal}$$

A existência do N_2, evidentemente, implica uma carga inerte, que deve ser aquecida por parte dessa quantidade de calor libertada, o que faz baixar o poder calorífico.

Na realidade, a reação de preparação do gás de ar se faz em duas etapas; inicialmente, o C da parte inferior do leito de carvão oxida-se totalmente a

CO_2. Posteriormente, sendo a camada de carvão espessa, esse dióxido de carbono reage com o C da parte superior do leito, dando o CO:

(1) $C_{(s)} + (O_2 + 3{,}76 \times N_2)_{(g)} \rightarrow CO_{2(g)} + 3{,}76 \times N_2 + 94{,}03$ kcal

(2) $CO_{2(g)} + C_{(s)} \rightarrow 2\,CO_{(g)} - 40{,}79$ kcal

A reação soma das duas anteriores será:

$$2\,C_{(s)} + (O_2 + 3{,}76 \times N_2)_{(g)} \rightarrow 2\,CO_{(g)} + 3{,}76 \times N_2 + 54{,}24 \text{ kcal}$$

A segunda reação é, na realidade, uma reação de equilíbrio químico e, como é endotérmica, a baixa temperatura diminuirá o teor de CO na mistura, como se verifica na tabela a seguir, em que se dá a porcentagem dos gases em equilíbrio a três temperaturas diferentes:

Temperatura	% CO	% CO_2
450	2,0	98,0
750	76,0	24,0
1.050	99,6	0,4

Naturalmente, um gerador de gás de ar deverá ter a sua temperatura mantida em torno de 1.050 °C. Os gasogênios, ou geradores de gás, constam esquematicamente do seguinte:

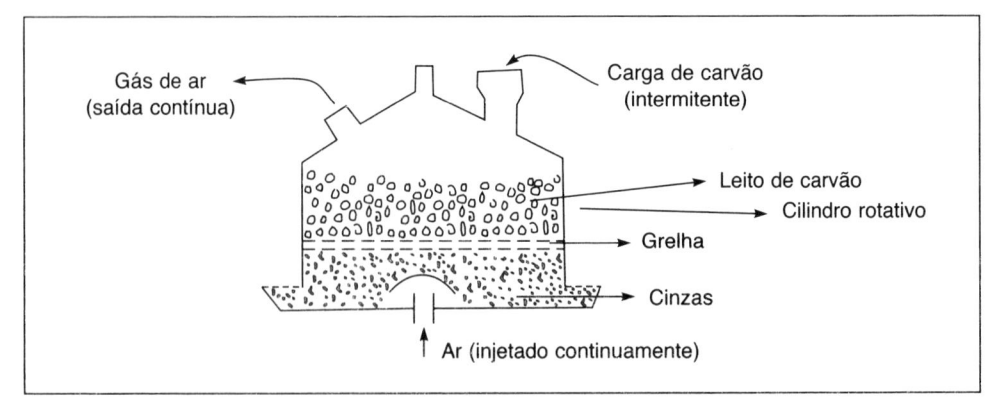

FIGURA 9.1 – *Gasogênio para produção de gás de ar*

O ar, ao passar através das cinzas quentes, se pré-aquece. Acima das cinzas, ele reage com o C do combustível sólido, dando CO e libertando 94,03 kcal/mol. Esse CO_2, ao subir pela camada de combustível, vai ser reduzido a CO, cedendo 40,79 kcal/mol na reação. Há, portanto, um saldo positivo de calor (94,03 − 40,79) = 50,24 kcal/mol, que mantém o leito de carvão a uma temperatura elevada.

A composição (CO + 1,88 × N_2) é teórica. Na prática, um bom gás de ar apresenta cerca de 33% de CO, 64% de N_2, 1% de CO_2 e 2% de H_2 e hidrocarbonetos (pois há sempre uma pequena destilação do carvão).

O gás de ar já foi utilizado como carburante de motores de combustão interna durante a segunda guerra mundial, pela falta de gasolina.

9.7 GÁS DE ÁGUA

A reação principal na produção desse gás é a que se dá entre o carbono do carvão incandescente e o vapor de água:

$$900\ °C$$
$$(1)\ C_{(s)} + H_2O_{(v)} \rightarrow CO_{(g)} + H_{2(g)} - 31,4\ kcal$$

A reação é, portanto, endotérmica. Neste gás, ambos os constituintes são combustíveis:

$$CO_{(g)} + H_{2(g)} + (O_2 + 3,76 \times N_2)_{(g)} \rightarrow CO_{2(g)} + H_2O_{(v)} + 3,76\ N_{2(g)} + 127,71\ kcal$$

Portanto, o processo total daria 127,71 − 31,4 = 96,31 kcal/mol.

Como a reação (1) é endotérmica, a temperatura do leito de carvão vai baixando. A 600 °C tem-se a reação:

$$600\ °C$$
$$C_{(s)} + 2\ H_2O_{(v)} \rightarrow CO_{2(g)} + 2\ H_{2(g)} - 21,6\ kcal$$

e também o próprio CO pode reagir com o vapor de água:

$$CO_{(g)} + H_2O_{(v)} \rightarrow CO_{2(g)} + H_{2(g)} + 9,8 \text{ kcal}$$

Logo, o leito de carvão deve ser mantido sempre em temperatura acima de 600 °C, o que é impraticável economicamente, por aquecimento externo.

Daí por que a produção de gás de água tem de ser intermitente. Inicialmente, injeta-se ar, há produção de gás de ar, até a incandescência do carvão. Em seguida, injeta-se vapor de água, obtendo-se o gás de água que pode ser recolhido separadamente ou misturado com o gás de ar. A temperatura do leito vai baixando. Ao se atingir 600 °C, cessa-se a injeção de vapor de água e volta-se a injetar ar.

O gasogênio de Dellwik-Fleischer apresenta uma grelha rotativa com movimento regulado de tal forma que em cada semicírculo dá-se uma das fases, ou seja, no primeiro há a produção de gás de ar e no segundo a de gás de água (veja Figura 9.2).

O gás de água apresenta em média a seguinte composição: 5,1% de CO_2, 40,2% de CO, 50,0% de H_2, 0,7% de CH_4, 4,0% de N_2. Apresenta poder calorífico de 2.500 a 2.700 kcal/m^3.

9.8 GÁS MISTO

Dawson idealizou a injeção simultânea de ar e vapor de água, produzindo-se, pois, uma mistura de gás de ar e gás de água, denominada gás misto ou gás de Dawson.

Comumente, injeta-se ar saturado de umidade no leito de carvão. O ar vai queimar o carvão, de modo análogo ao visto para o gás de ar, e o vapor de água vai reagir com o carvão aquecido como para o gás de água. Tem-se, então, no final, uma mistura de CO, H_2 e N_2, com poder calorífico de 2.000 a 2.200 kcal/m^3.

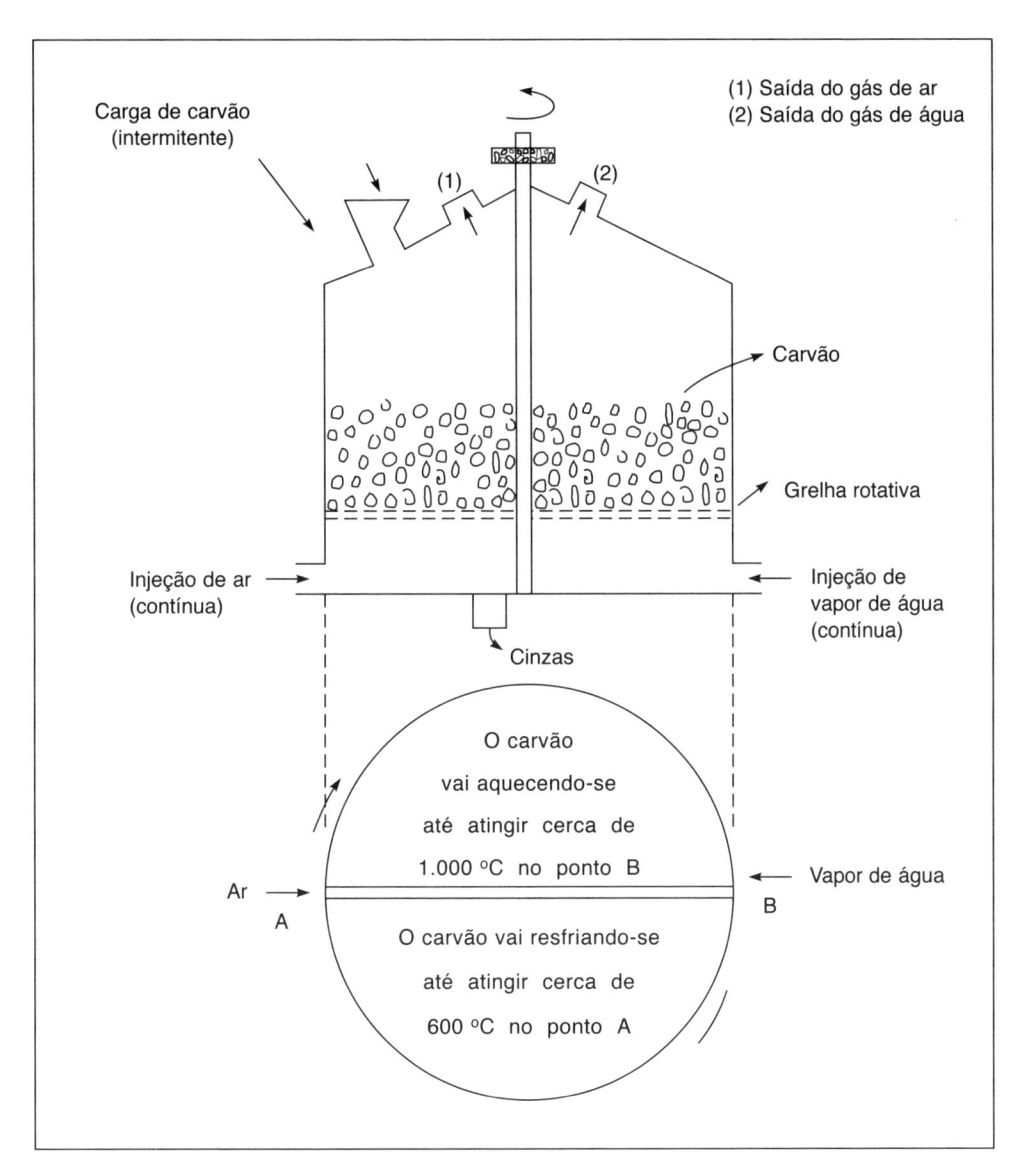

FIGURA 9.2 – *Gasogênio de Dellwik-Fleischer*

9.9 GASES CARBURADOS

Com a finalidade de aumentar o poder calorífico do gás de água ou do gás misto, costuma-se efetuar a sua *carburação*. Este processo consiste em se fazer passar o gás de água ou gás misto através de uma colméia de tijolos refratários aquecidos e sobre os quais é pulverizado um óleo combustível pesado. Este óleo sofre o *cracking* pela temperatura elevada e os vapores de hidrocarbonetos misturam-se com o gás de água ou gás misto. Com isso, pode-se elevar o poder calorífico para uma faixa de 4.200 a 5.400 kcal/m^3, dependendo do óleo utilizado e do gás a ser carburado.

9.10 GÁS DE ALTO-FORNO

A obtenção de ferro gusa no alto-forno se dá à custa de redução do óxido de ferro a ferro metálico. O agente redutor é o CO produzido pela oxidação parcial do coque. Na realidade, tem-se as reações já vistas para a produção de gás de ar:

$$C + O_2 \rightarrow CO_2$$

$$C + CO_2 \rightarrow 2\,CO$$

O CO vai reduzir o ferro do óxido da seguinte maneira:

$$3\,CO + Fe_2O_3 \rightarrow 3\,CO_2 + 2\,Fe$$

A utilização do CO produzido não é total, de modo que na chaminé do alto-forno tem-se um gás que contém, aproximadamente, 30% de CO, com uma pequena porcentagem de hidrogênio. Estes dois componentes dão a esse gás de alto-forno um poder calorífico da ordem de 900 kcal/m^3, o que permite o seu aproveitamento na própria siderúrgica, geralmente misturado ao gás de coqueria.

9.11 GÁS DE TRATAMENTOS DE ESGOTOS

Este gás se produz durante a digestão anaeróbia dos esgotos municipais. Contém de 65 a 80% de metano (CH_4) e apresenta um poder calorífico de 5.800 a 6.500 kcal/m^3.

9.12 COMBUSTÃO GASOSA

9.12.1 Chama – quando um combustível reage com o oxigênio do ar, durante a combustão, o caráter exotérmico da reação é suficiente para aquecer os gases, de modo que eles possam emitir energia luminosa. A esses gases tornados luminosos pela libertação de energia química denomina-se *chama*.

Os combustíveis gasosos, líquidos e sólidos queimam com a chama, que pode apresentar vários aspectos. Assim, quando se queima um combustível sólido, que fornece pouca ou nenhuma matéria volátil, a chama é azul pálida e de pouca luminosidade. Nesse caso, costuma-se dizer que se tem *chama não luminosa*. Isso ocorre também com combustíveis gasosos ou líquidos, quando queimados com excesso de ar.

Quando o combustível sólido, líquido ou gasoso queima com o carbono sendo oxidado em das etapas, tem-se:

$$C + \frac{1}{2} O_2 \rightarrow CO \text{ (combustão sem chama)}$$

$$CO + \frac{1}{2} O_2 \rightarrow CO_2 \text{ (combustão com chama)}$$

Também as partículas sólidas de carbono em suspenso no ar, provenientes do *cracking* de hidrocarbonetos, ou do próprio combustível sólido, tornam-se incandescentes e a chama emite considerável quantidade de luz. Esses tipos de chama são denominados *chama luminosa*.

As partículas de carbono não queimadas totalmente e, ao se resfriarem, depositam-se nas paredes do forno ou da chaminé, sob forma de *negro de fumo*. É a chamada *fuligem* e a chama é denominada "fuliginosa". A região entre a zona luminosa e a zona não luminosa dos gases ainda não queimados denomina-se *frente de chama*. Nas chamas estacionárias ela é bem determinada, o que não acontece nas chamas não estacionárias (labaredas), embora sempre existente.

Considerando-se uma mistura íntima de combustível e ar, por exemplo, gás combustível + ar, ou combustível líquido pulverizado + ar ou combustível sólido pulverizado + ar, a combustão produz uma chama de forma regular e com dimensões reguláveis. Em qualquer dos casos, a mistura será obrigada a atravessar um tubo, no qual a ignição irá ocorrer na extremidade de saída. Haverá a formação de uma chama alongada, afunilando-se à medida que se afasta do tubo, adquirindo uma forma cônica conforme a Figura 9.3.

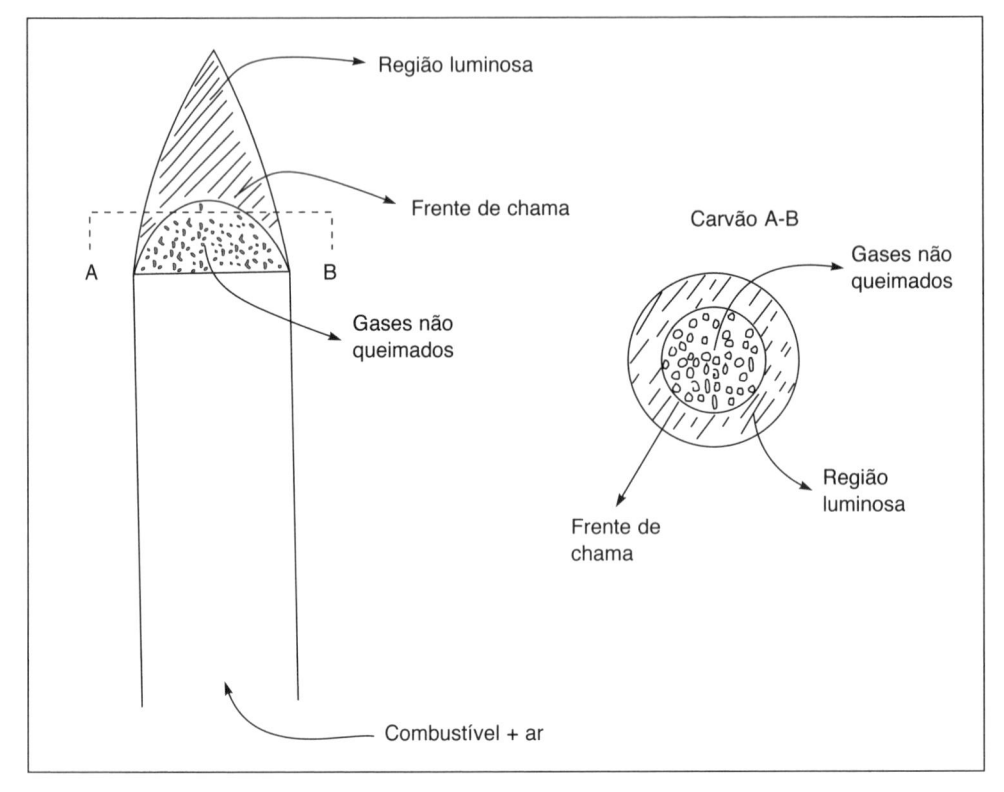

FIGURA 9.3 – *Formação de chama alongada*

9.12.2 Limites de inflamabilidade

— tomando-se um determinado combustível gasoso ou vaporizado A e efetuando-se misturas de A com ar atmosférico, de modo que o teor de A na mistura aumente, e colocando uma chama escorvadora em contato com a mistura combustível + ar, verifica-se que haverá a combustão somente a partir de um determinando teor mínimo de A. Aumentando-se gradativamente a quantidade de A na mistura, verifica-se ainda que haverá um teor máximo de A, a partir do qual a combustão não mais se propagará.

Esses dois teores de combustível, entre os quais a chama da escorva efetua a ignição da mistura e esta se propaga até extinguir todo o combustível, são denominados *limites de inflamabilidade* ou *limites de explosão*, sendo o teor mínimo de A o limite "inferior" e o teor máximo de A o limite "superior".

É uma observação comum que, se uma mistura de gasolina e ar for demasiado "rica" (excesso de vapor de gasolina em relação ao ar), o motor se "afoga", mesmo em presença da faísca escorvadora. Isto significa que o teor de gasolina está acima do limite superior de inflamabilidade da mistura. O mesmo acontece se a mistura contiver gasolina com teor abaixo do limite inferior. Há, portanto, limites definidos de concentração, fora dos quais não haverá uma combustão rápida, ou que se propaga para o restante da mistura além do ponto em que se coloca a chama escorvadora.

Os limites de inflamabilidade são distintos para cada combustível, que variam com a temperatura, a pressão da mistura, a forma e as dimensões do recipiente que contém a mistura e as condições de propagação da chama (horizontal, para cima e para baixo).

Na tabela a seguir são dados os limites de inflamabilidade para o gás metano em mistura com o ar sob diversas condições de propagação da chama.

TABELA 9.2

Mistura (metano + ar) nas condições de propagação de chama	% em volume de metano	
	Limite inferior	Limite superior
1 atm, 17 °C, 7,5 cm de diâmetro do tubo – propagação para cima – propagação para baixo	5,35 5,95	14,85 13,35
1 atm, 17 °C, 2,5 cm de diâmetro do tubo – propagação para cima – propagação para baixo	5,80 6,30	13,20 12,80
1 atm, 400 °C, 2,5 cm de diâmetro do tubo	4,80	16,60
10 atm, 17 °C	6,00	17,10
125 atm, 17 °C	5,70	45,50

Com o aumento da temperatura ou com o aumento da pressão, o intervalo entre o limite inferior e o limite superior de inflamabilidade também aumenta. Para o caso do metano, esse fato pode ser representado pelos gráficos da Figura 9.4, a seguir.

Na Tabela 9.3, também a seguir, são dados os limites de inflamabilidade para alguns combustíveis, determinados em tubos de 7,5 cm de diâmetro, com propagação da chama para cima, na pressão ambiente.

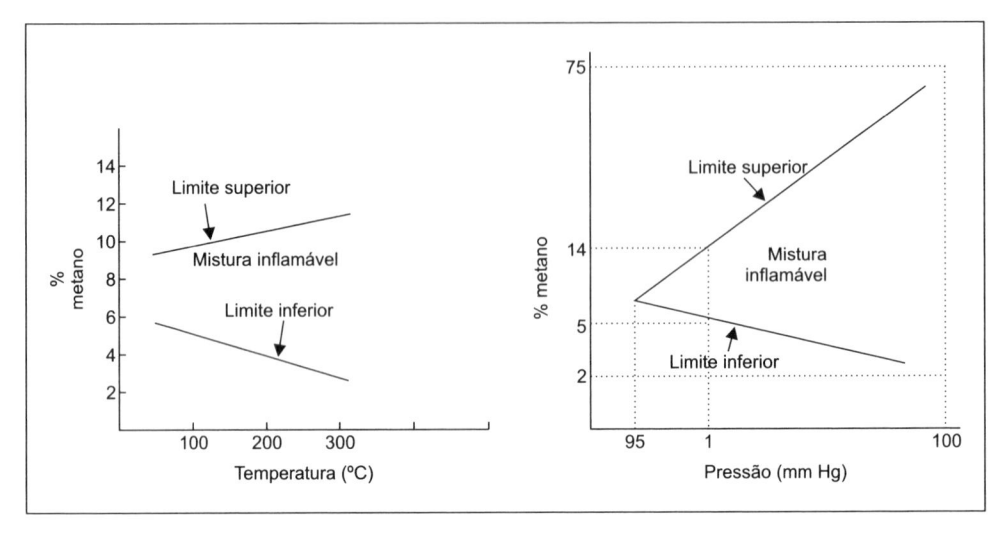

FIGURA 9.4 – *Variação dos limites de inflamabilidade da mistura metano + ar com alteração de temperatura e de pressão*

TABELA 9.3

COMBUSTÍVEL	% em volume do combustível na mistura com ar	
	Limite inferior	Limite superior
Gás de rua	7,0	21,0
Gás de alto-forno	36,0	65,0
Hidrogênio	4,1	75,0
Monóxido de carbono	12,8	72,0
Gás de água	12,5	66,8
Metano	5,3	14,9
Benzeno	1,4	7,5
Etileno	3,0	34,0
Acetileno	2,6	80,0
Álcool etílico	3,6	18,0
Gasolina	1,4	7,6
Querosene	0,7	5,0
Carvão pulverizado	5,3	32,0

O conhecimento desses limites de inflamabilidade tem grande importância para a segurança e a prevenção de incêndios, pela possibilidade, com a introdução de gases inertes na atmosfera local, de sair do intervalo que dá a mistura inflamável.

9.12.3 Propagação da chama

Coward e Hartwell estabeleceram um método de verificação dos movimentos de uma chama. Instalaram em um tubo de vidro, suficientemente longo e fechado em uma das extremidades, colocado horizontalmente de início, uma máquina fotográfica. No tubo foi colocada uma mistura combustível gasoso + ar. Na extremidade aberta foi provocada a combustão, de modo que os gases quentes e queimados pudessem escapar livremente por essa abertura. A sucessão de fotografias mostrou que:

a) a chama se movimentou em sentido contrário ao do escapamento dos gases queimados;
b) esse movimento se verifica com velocidade uniforme e reprodutível se utilizar-se a mesma mistura e o mesmo tubo;
c) essa velocidade é, na realidade, uma velocidade "aparente".

Ao movimento da chama dentro do tubo denomina-se *propagação da chama* e ao espaço por ela percorrido, na unidade de tempo, de *velocidade de propagação da chama*.

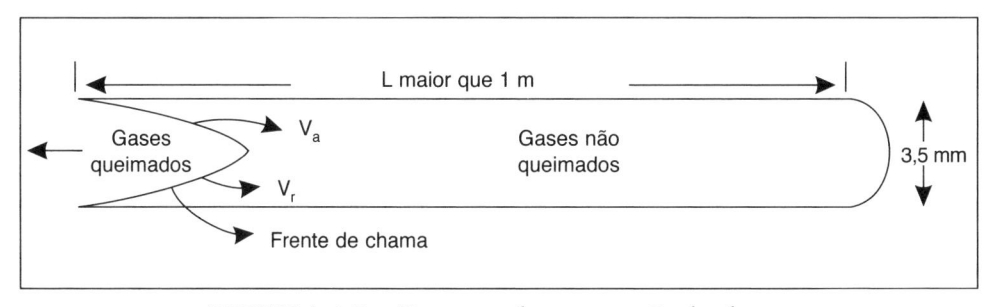

FIGURA 9.5 – *Esquema de propagação da chama*

A velocidade de propagação da chama é, na realidade, uma velocidade "aparente" (V_a) e representa somente a velocidade com que a chama se move no espaço, daí ser chamada também de velocidade "espacial".

A velocidade "verdadeira" ou velocidade "fundamental" (V_r) é aquela normal à superfície da frente da chama. Representa a velocidade de transformação da mistura combustível. A relação entre V_a e V_r é dada por:

$$V_r = V_a = \frac{\text{Área da secção do tubo}}{\text{Área da frente da chama}}$$

Portanto, V_r é maior que V_a.

Coward e Hartwell demonstraram também que embora haja variação de V_a com o diâmetro do tubo e direção do movimento (horizontal ou vertical e, neste caso, para cima ou para baixo), a velocidade real mantém-se constante para a mesma mistura gasosa e nas mesmas condições de pressão e de temperatura.

Considerando-se um tubo horizontal de 2,5 cm de diâmetro interno e as porcentagens usadas de combustível na mistura combustível + ar, foram determinadas as velocidades máximas de propagação da chama para vários combustíveis (veja a Tabela 9.4).

A tendência de um gás para dar uma explosão depende de sua temperatura de ignição, de sua velocidade de chama e dos limites de inflamabilidade. O desenho do queimador para um combustível gasoso depende dos fatores antes mencionados. A chama permanece na parte superior do tubo do queimador quando a velocidade de combustão ou velocidade de propagação de chama for igual à velocidade linear de fluxo de gás no tubo. A altura da chama dependerá da relação dessas velocidades. Se o fluxo do gás diminuiu, de modo que sua velocidade seja menor que a velocidade de chama, o queimador "emudece", ou seja, a chama desce pelo tubo do queimador até o fundo. Além disso, pelo fato de a abertura de entrada do gás ser pequena, este tem uma velocidade muito maior e a chama permanece naquele ponto.

TABELA 9.4 – *Velocidades máximas de propagação da chama*

COMBUSTÍVEL	Velocidade máxima m/s	% de combustível	
		Na mistura que deu a velocidade máxima	Teórica
Hidrogênio	4,90	38,0	29,6
Monóxido de C	0,63	48,0	29,6
Metano (CH_4)	0,64	9,5	9,5
Etano (C_2H_6)	0,85	6,5	5,7
Etileno (C_2H_4)	1,43	7,2	6,5
Acetileno (C_2H_2)	2,85	8,9	7,7

Por causa de sua relativamente baixa velocidade de combustão, uma chama de propano "escapa" mais facilmente do queimador do que uma chama de gás de água ou de hulha. Como conseqüência também de seus estreitos limites de combustão, a chama de propano extingue-se facilmente por ajuste inadequado do queimador. Ao mudar-se de "gás de rua" para o propano ou gás natural, devem fazer-se ajustes nos orifícios de entrada do gás e do ar do queimador.

Bibliografia

MUNRO, Lloyd A. *Química em Ingenieria*. Tradução A. Martin. Bilbao: Ediciones Urmo.

MACRAE, J. C. *An Introduction to the Study of Fuel*. Londres: Elsevier Publishing Company.

MINISTRY OF POWER – Her Magesty's Stationery Office. *The Efficient Use of Fuel*. Londres.

FRANCIS, Wilfrid. *Los Combustibles y su Tecnología*. Tradução Julian Domínguez Sanz. Bilbao: Ediciones Urmo.

Parte II

Lubrificação e Lubrificantes

A lubrificação pode ser definida como a utilização de substâncias especiais entre duas superfícies em contato, com a finalidade de reduzir o atrito *entre elas.*

Para melhor compreender a lubrificação e a finalidade dos lubrificantes é necessária a noção de atrito.

Capítulo 10

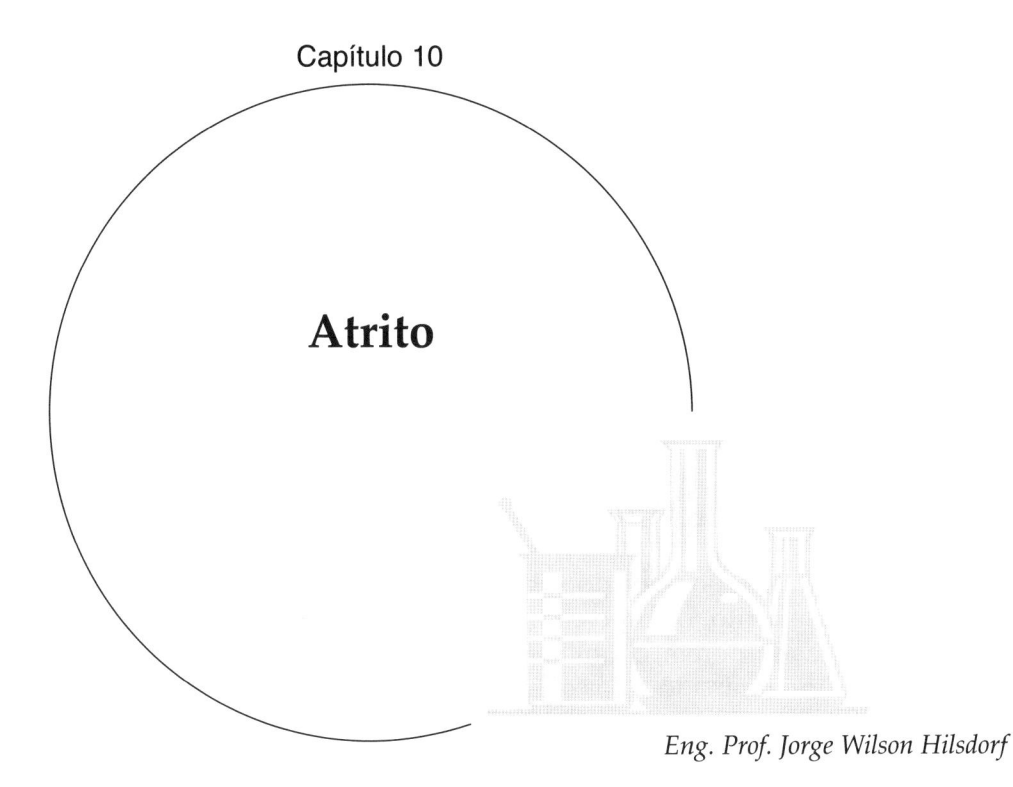

Atrito

Eng. Prof. Jorge Wilson Hilsdorf

Para se fazer deslizar um corpo sobre outro, deve-se vencer uma força de resistência ao movimento. A essa força, que tende a se opor ao movimento, denominamos *força de atrito, resistência de atrito* ou, simplesmente *atrito*.

Se os corpos são rígidos, sem que haja elemento algum entre eles, o atrito é chamado *atrito sólido*. Se houver um fluido entre as superfícies, o atrito é denominado *atrito fluido*.

O atrito reduz a energia utilizada (quase 20% em um automóvel) e contribui essencialmente para o desgaste das partes em contato.

Consideremos um bloco em repouso sobre um plano horizontal. Verifica-se que o bloco não se moverá com a aplicação de uma pequena força. Essa força aplicada está sendo equilibrada por outra força de atrito oposta, exercida pelo plano sobre o bloco, e agindo na superfície de contato.

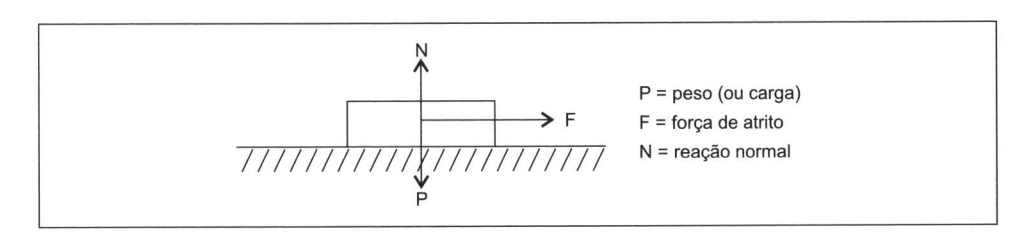

P = peso (ou carga)
F = força de atrito
N = reação normal

Se aumentarmos gradativamente a força aplicada, chega-se a um valor definido para o qual o bloco começa a mover-se. Uma vez iniciado o movimento, ele será acelerado sob a ação dessa força. Reduzindo a força, após o início do movimento, verifica-se que é possível fazer o bloco deslizar com movimento uniforme. Este segundo valor pode ser pequeno, porém nunca nulo.

As forças de atrito que atuam entre *superfícies em repouso* são chamadas de *forças de atrito estático*. A força máxima de atrito estático será a menor força necessária para se iniciar o movimento. Com o início do movimento, a força de atrito entre as superfícies normalmente diminui, de modo que será necessária uma força menor para manter o movimento uniforme. A força atuante entre superfícies em *movimento relativo* é chamada de *força de atrito dinâmico*.

10.1 COEFICIENTE DE ATRITO

Consideremos um corpo apoiado sobre um plano inicialmente horizontal. Se **não houvesse atrito**, o corpo escorregaria sobre o plano à menor inclinação. Na realidade, porém, o movimento só se inicia quando o plano forma um ângulo de determinado valor α (alfa).

As forças atuantes sobre o bloco, suposto um ponto material, são mostradas na figura a seguir:

Seja P o peso do bloco, N a força normal exercida sobre ele pela superfície inclinada e F a força tangencial de atrito exercida pelo plano sobre o bloco. Se o bloco estiver em repouso, tem-se: N + F + P = 0. Se a inclinação do plano atingir o valor α, de modo que o bloco inicie o movimento, tem-se:

$$F = P \times \operatorname{sen} \alpha$$

$$N = P \times \cos \alpha$$

Define-se como *coeficiente de atrito estático*, para duas superfícies em contato, a relação entre a força de atrito estático máxima e a força normal que tende a juntar as duas superfícies (ou reação normal da superfície sobre o corpo). Portanto, no caso, o coeficiente de atrito estático será:

$$\mu_e = \frac{F}{N}$$

ou

$$\mu_e = \frac{(P \times \operatorname{sen} \alpha)}{P \times \cos \alpha}$$

ou

$$\mu_e = \operatorname{tang} \alpha$$

A medida do ângulo de inclinação sob o qual o deslizamento tem início dá um método experimental simples para a determinação do "coeficiente de atrito estático" entre duas superfícies. Verifica-se que o coeficiente de atrito diminui depois que o movimento se inicia, o que era de se esperar em virtude da necessidade de vencer a força de inércia.

Se considerarmos a força de atrito "dinâmico" na relação anterior, obtém-se o valor do "coeficiente de atrito dinâmico", representado por "μ_d". Tanto μ_e como μ_d são constantes, sem dimensão, cada um deles sendo a relação de duas forças. Geralmente, para um dado par de superfícies, tem-se $\mu_e > \mu_d$. Os valores efetivos de μ_e e de μ_d dependem da natureza de ambas as superfícies em contato, sendo maiores quando são ásperas e menores quando polidas.

As leis descritivas de atrito afirmam que, quando um corpo sólido desliza sobre outro, a *força de atrito* (F) é:

a) proporcional à força normal (ou carga); e

b) independente da área de contato entre as superfícies.

Considerando a relação $\frac{F}{N}$, a que se denomina "coeficiente de atrito", pode-se afirmar que:

a) o valor de μ independe da carga ou força exercida pelo corpo sobre a superfície, o que corresponde à afirmação anterior de que a força de atrito é diretamente proporcional à carga:

$$F = \mu \times N$$

b) o coeficiente de atrito é independente da área aparente de contato entre as superfícies em movimento; e

c) o coeficiente de atrito dinâmico (μ_d) é menor que o coeficiente de atrito estático (μ_e).

Afirmava-se, no início do estudo do atrito, que "o atrito é independente das velocidades relativas dos corpos em contato". Verificou-se que essa lei não é válida. Por exemplo, a Tabela 10.1 mostra os valores do coeficiente de atrito dinâmico de aço sobre aço, não lubrificados, para várias velocidade relativas.

TABELA 10.1 – *Coeficiente de atrito dinâmico, aço sobre aço, não lubrificados*

Velocidade (cm/s)	0,00025	0,0025	0,025	0,25	2,5	25	250
Coeficiente de atrito dinâmico	0,53	0,48	0,39	0,31	0,23	0,19	0,18

Observa-se que o coeficiente de atrito diminui à medida que a velocidade entre as superfícies aumenta. Em muitos problemas práticos, contudo, a velocidade não varia entre limites tão grandes. Os resultados são normalmente apresentados tomando-se um coeficiente de atrito médio entre aqueles limites. Entretanto, as duas leis do atrito anteriormente enunciadas são consideradas verdadeiras. As leis do atrito são empíricas e se baseiam não em uma teoria que explique as suas causas, mas somente na observação dos efeitos. Considerando a natureza complexa do atrito, elas funcionam surpreendentemente bem, sendo comum organizarem-se tabelas de valores de "coeficientes de atrito".

Coeficientes médios de atrito estático	
Metal sobre metal	0,15 a 0,30
Metal sobre madeira	0,28 a 0,60
Madeira sobre madeira	0,25 a 0,50
Metal sobre couro	0,30 a 0,60
Pedra sobre pedra	0,40 a 0,65
Terra sobre terra	0,25 a 1,00

Em todo local onde houver atrito sólido, também haverá *desgaste*, que é uma perda de material devida ao mútuo cisalhamento das rugosidades e deslocamento de partículas, quando são rompidas as soldas infinitesimais. Em casos mais extremos, essa solda pode vir a causar o travamento das partes móveis. São evidentes os efeitos desse atrito nos anéis de êmbolos, nas engrenagens ou em mancais. Uma das tarefas do engenheiro consiste em controlar o atrito e reduzi-lo onde se torna inconveniente.

Sabe-se, há muito tempo, que o atrito entre dois corpos deslizantes diminui bastante se os mesmos forem separados por um fluido ou por uma película semelhante a um fluido. Pelo emprego de *lubrificantes*, as ações de "adesão" e "escorregamento" são substituídas, em maior ou menor extensão, pelo cisalhamento da película de lubrificante, reduzindo-se dessa forma a força de atrito (diminuindo o coeficiente de atrito) e reduzindo-se o desgaste.

Na Tabela 10.2, verifica-se que um bom lubrificante reduz, mas não elimina completamente o atrito.

TABELA 10.2 – *Coeficientes de atrito de cobre com cobre (carga de 2 kgf)*

Condição	Coeficiente de atrito
Não lubrificado	1,2
Com óleo parafínico	0,2 a 0,3
Com parafina refinada	0,1 a 0,3
Com ácido graxo	0,1
Com sabão de cobre	0,05

As superfícies metálicas, perfeitamente limpas, mostram maior atrito e desgaste que as superfícies metálicas contaminadas. Na prática, todas as superfícies metálicas estão recobertas com uma camada molecular de óxido, a qual apresenta um coeficiente de atrito menor que o mesmo metal puro no vácuo.

10.2 EFEITOS DO ATRITO

Em certos casos, o atrito pode apresentar aspectos favoráveis, como, por exemplo, no freio de um automóvel ou no trabalho de um esmeril. Por outro lado, quase todos os mecanismos possuem peças que deslizam entre si.

Neste caso, o atrito é totalmente indesejável e há mesmo um trabalho adicional para vencê-lo. A energia assim consumida resulta em perda de potência e de rendimento.

A maioria dos pesquisadores concorda que o atrito provém da coesão das moléculas situadas em uma e outra superfície que se encontram em contato.

As superfícies em movimento estão realmente em contato somente em pontos salientes das superfícies aparentemente planas (visíveis ao microscópio), e que constituem uma diminuta porção da área aparente em contato (veja a figura a seguir).

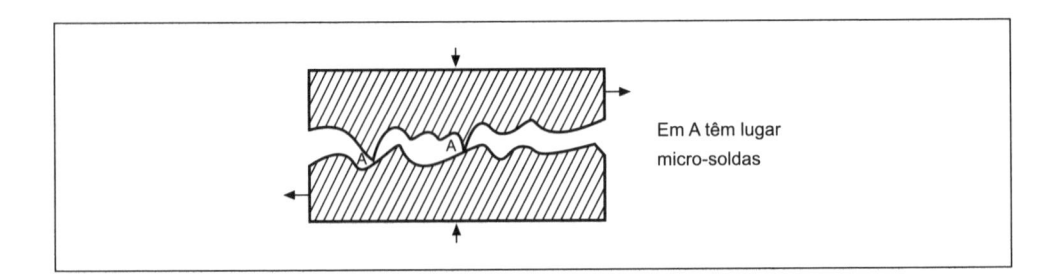

Em A têm lugar micro-soldas

Com o deslizamento relativo de uma superfície sobre a outra, a força de resistência ou de atrito que se opõe ao movimento faz com que uma parte do trabalho de deslocamento se transforme em calor, e que nos diminutos pontos de contato possa elevar-se a temperatura. Verifica-se, na prática, que à medida que a velocidade relativa aumenta, a temperatura aumenta até um máximo, que não é ultrapassado. Este máximo corresponde numericamente à temperatura de fusão de um dos metais.

10.3 TIPOS DE ATRITO

Conforme exposto anteriormente e em relação ao movimento das superfícies, o atrito pode ser *estático* ou *dinâmico*.

O atrito dinâmico aparece quando há movimento relativo entre as superfícies em contato. No caso do atrito dinâmico, devem ser considerados dois tipos de movimentos:

a) atrito de deslizamento (ou atrito de escorregamento); e

b) atrito de rolamento.

10.3.1 Atrito de deslizamento

Observa-se o atrito de deslizamento quando a superfície de um corpo *desliza* ou *escorrega* em contato com a superfície de outro corpo. Para haver o escorregamento não é necessário que as superfícies em contato sejam planas. Tem-se como exemplos de atrito de deslizamento: o atrito de um anel de pistão trabalhando dentro do cilindro de um motor a explosão e o eixo girando dentro de um mancal.

10.3.2 Atrito de rolamento

Observa-se o atrito de rolamento quando a superfície de um corpo *rola* sobre a superfície de outro, sem escorregar.
Tem-se como exemplo: esferas ou roletes rolando sobre a pista de um mancal de rolamento e uma esfera rolando no chão.
O atrito de rolamento é sempre menor que o atrito de deslizamento para superfícies de mesmo material e sob as mesmas condições; portanto, é mais fácil vencer o atrito de rolamento. O atrito de rolamento é proveniente da deformação das áreas de contato entre os dois corpos.
Os valores anteriormente citados de coeficientes de atrito correspondem a atritos de deslizamento, sendo os valores para atritos de rolamentos sensivelmente menores.

10.3.3 Atrito fluido

Quando se utiliza um fluido separando as duas superfícies em contato, pode-se considerar o *atrito fluido*. Haverá um deslizamento entre as moléculas do fluido, umas sobre as outras, e a resistência a esse deslizamento é denominada atrito fluido.
Esse é o princípio da *lubrificação*. A substância da qual se compõe a película é o lubrificante, a sua aplicação chama-se "lubrificar". Embora ainda seja considerado o princípio básico de se "evitar o contato de metal com metal, por intermédio de uma camada de material fluido, ou semelhante a um fluido", a lubrificação moderna tornou-se um estudo complexo.
Veremos adiante que a *viscosidade*, propriedade inerente em maior ou menor grau a todos os fluidos, representa um papel essencial na lubrificação. Entretanto, em contradição, a viscosidade também é uma fonte

de atrito, o atrito fluido. Normalmente, o atrito fluido não passa de uma porcentagem mínima do atrito sólido, encontrado na ausência de lubrificação, e não causa desgaste.

Quando duas superfícies *deslizantes* são separadas por uma película fluida lubrificante, esta se movimenta. As condições são quase sempre tais, que esse movimento é denominado *laminar*, isto é, sem turbulência. A película do fluido pode ser considerada como composta de camadas extremamente finas, cada uma movendo-se na mesma direção, porém com velocidades diferentes, como se demonstra na figura que segue:

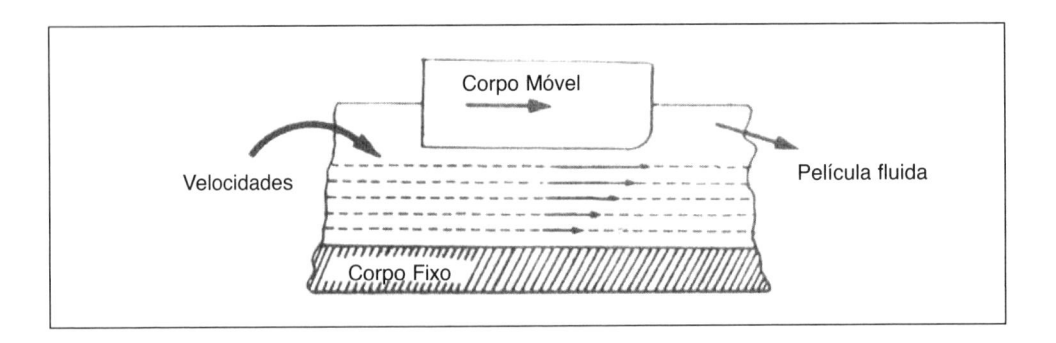

Sob tais condições, a camada em contato com o corpo fixo também é imóvel. Do mesmo modo, a camada adjacente ao corpo móvel se desloca na mesma velocidade deste. As camadas intermediárias deslocam-se em velocidades proporcionais a sua distância do corpo fixo e a camada do centro da película move-se com a metade da velocidade do corpo em movimento. Esta é, aproximadamente, a velocidade média de película.

Como as camadas se movem em velocidades diferentes, cada uma deverá deslizar sobre a outra e uma certa força é necessária para que isto aconteça. A resistência a essa força é conhecida como resistência ao cisalhamento do fluido, e a soma de tais resistências é o atrito fluido.

Capítulo 11

Tipos de Lubrificação

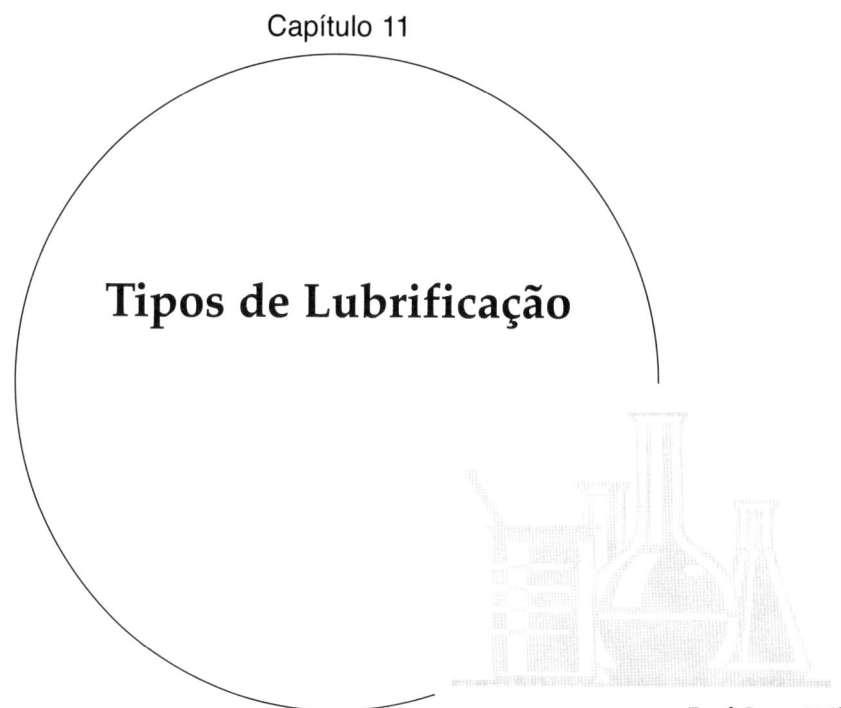

Prof. Jorge Wilson Hilsdorf

De certo modo, todos os fluidos são lubrificantes, alguns melhores que os outros. A escolha adequada de um lubrificante é freqüentemente responsável pelo funcionamento eficiente ou não de uma máquina. Os produtos derivados de petróleo mostram ser excelentes como lubrificantes em quase todas as situações. Possuem elevada capacidade de adesão e boas propriedades físicas para a formação de uma eficiente película lubrificante.

Exceto nos casos particulares de mancais de rolamento e alguns mecanismos especiais, o tipo de lubrificação recai sempre em um dos dois grupos seguintes:

a) Lubrificação limite ou lubrificação restrita

A lubrificação é denominada *limite* quando a película lubrificante apresenta espessura mínima do ponto de vista prático, podendo chegar à espessura "monomolecular". É o caso intermediário entre o *atrito seco* e a lubrificação *hidrodinâmica*.

Destruindo-se essa camada, recai-se no atrito seco, com conseqüente desgaste metálico. A ordem de grandeza da película lubrificante, neste caso, é de 10 mícrons.

b) Lubrificação hidrodinâmica ou lubrificação plena

A lubrificação é denominada *hidrodinâmica* ou *plena* quando as superfícies em movimento relativo são separadas por uma camada de fluido de espessura apreciável, e em condições ideais não deverá apresentar desgaste metálico entre as superfícies.

A lubrificação hidrodinâmica é a mais comum, sendo aplicável a quase todos os tipos de ação contínua de deslizamento que não envolvem pressões externas. A película contínua de lubrificante apresenta espessura variável entre 0,025 e 0,25 mm, e os valores do coeficiente de atrito são bastante baixos, da ordem de 0,001 a 0,03.

11.1 PRINCÍPIOS DE LUBRIFICAÇÃO

No caso da lubrificação hidrodinâmica, o princípio é o mesmo, quer o deslizamento ocorra sobre superfícies planas (caso de mancais de escora), quer as superfícies sejam cilíndricas (caso de mancais simples).

A lubrificação de mancais é a mais importante aplicação da lubrificação hidrodinâmica. Os mancais são sempre executados com diâmetro um pouco maior que o do munhão (prolongamento do eixo), denominando-se o espaço entre eles de *folga* ou *luz*, sendo suas dimensões proporcionais ao diâmetro do eixo. Essa folga é uma tolerância prevista para a dilatação e distorção dessas peças, quando estão sujeitas ao esforço e ao calor e, ainda, para neutralizar possíveis diferenças mínimas de alinhamento, permitindo a rotação livre do eixo. Essa folga também é necessária para a introdução de lubrificante e para permitir a formação da película de óleo.

As rugosidades das superfícies metálicas oferecem resistência à rotação do eixo no mancal, causando o aquecimento e o desgaste, se não houvesse a lubrificação. Os lubrificantes mantêm separadas essas superfícies, evitando o desgaste e a perda de potência.

Vejamos as posições relativas ocupadas pelo munhão e o mancal, desde o início do movimento até o eixo atingir a rotação normal de trabalho.

A   B   C   D

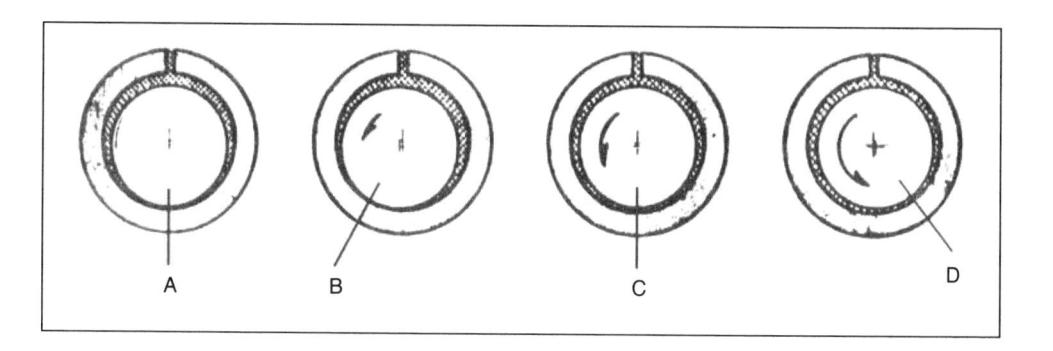

Com o eixo em repouso (A) haverá contato metálico com interpenetração das rugosidades. O óleo introduzido na folga adere às superfícies do munhão e na calha do mancal, cobrindo-o com uma camada ou película lubrificante. Essa aderência facilita a distribuição uniforme do óleo, que vai ocupar o espaço em forma de *cunha*, constituindo um depósito de óleo.

Com o começo do movimento de rotação do óleo (B) inicia-se o arrastamento de pequenas quantidades de óleo, graças às propriedades de aderência deste, desde o depósito na parte superior para a superfície que suporta a pressão da carga sobre o eixo. Há, no caso, uma *lubrificação limite*. O eixo sobe ligeiramente em direção contrária à da rotação, até que começa a deslizar, por encontrar as superfícies cada vez mais umedecidas pelo óleo. Há ainda considerável atrito conhecido como *resistência de arranque*.

Se o óleo não revestir rapidamente as superfícies, o atrito e o esforço de arranque são grandes. Entretanto, com um óleo de viscosidade adequada essa resistência não acontece.

À medida que a velocidade de rotação aumenta (C), maior será a quantidade de óleo arrastada para a parte onde a folga é mais estreita. Origina-se gradualmente uma pressão hidráulica da cunha de óleo, produzida pelo efeito de bombeamento, resultante da rotação do eixo. Durante esse bombeamento, o eixo arrasta o óleo da região de pressão mínima (parte superior no caso) para a região de pressão mais elevada no mancal (parte inferior).

Havendo óleo em quantidade suficiente no mancal, essa pressão hidráulica inicial levanta o eixo (D), eliminando assim o contato metálico. Passa-se da lubrificação limite para a lubrificação hidrodinâmica, e o eixo gira sobre uma película de óleo, que rapidamente reduz o esforço necessário para mantê-lo em movimento.

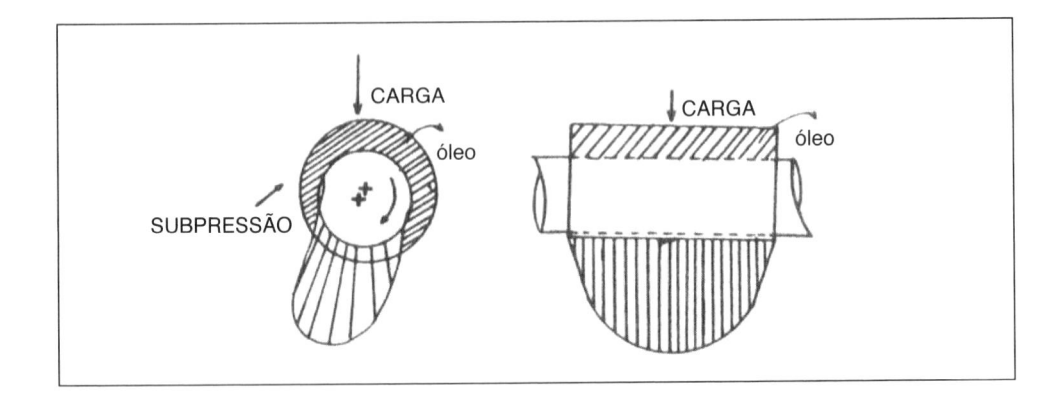

As figuras anteriores representam o corte longitudinal e o corte transversal de um mancal sem ranhuras, trabalhando sob condições de lubrificação hidrodinâmica. Nesse caso, a pressão hidrodinâmica sobre a película do óleo varia de ponto a ponto de acordo com a distribuição mostrada nos dois cortes.

A pressão máxima na película de óleo atinge valores que excedem consideravelmente a pressão média que, neste caso, é dada pela relação entre a carga sobre o munhão e a área da projeção do munhão. Dois detalhes devem ser ressaltados no corte transversal:

a) a região de espessura máxima de película de óleo não corresponde à região de pressão máxima;

b) a pressão mínima é uma subpressão, ou seja, uma pressão inferior à pressão atmosférica.

Aumentando ainda mais a rotação do eixo, a pressão hidrodinâmica na cunha de óleo aumenta, empurrando o eixo para o outro lado do mancal. O deslocamento do eixo é ainda facilitado pela rápida queda da pressão fluida neste lado, quando o óleo começa a sair do mancal. Esses deslocamentos do eixo continuam até que se estabeleça o equilíbrio entre as pressões hidrodinâmicas em ambos os lados.

A pressão hidrodinâmica provocada pela rotação do munhão, combinada com um grande suprimento de óleo, é tão considerável que, mesmo em mancais que suportam cargas da ordem de 150 kg/cm^2 ou mais, o óleo é bombeado e forçado sob o eixo com a máxima segurança.

óleo — ALTA ROTAÇÃO   óleo — ROTAÇÃO INFINITA

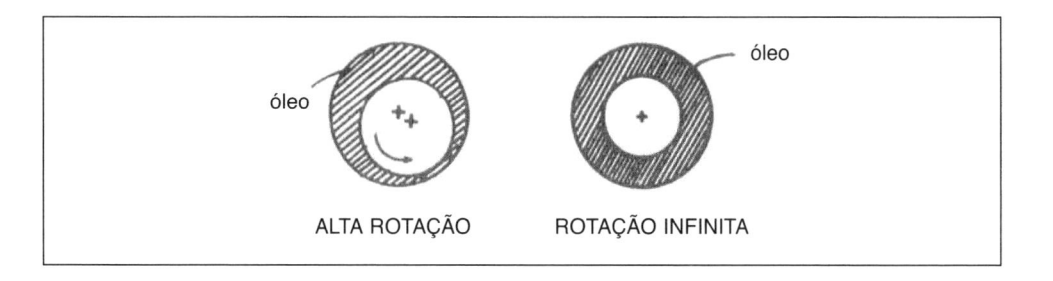

No caso limite, ou seja, quando a rotação do eixo for infinita, o munhão e o mancal serão concêntricos.

O mesmo fenômeno acontece quando a peça deslizante apresenta uma *superfície plana*. Com o movimento da superfície plana e o suprimento de óleo de viscosidade adequada, há a formação de uma película em forma de cunha. Portanto, pode-se afirmar que a lubrificação por película fluida requer que uma carga deslizante "flutue" sobre uma camada de óleo, a qual é criada pela ação de bombeamento motivada pelo movimento relativo das duas superfícies.

11.1.1 Caso da lubrificação limite

Muitas vezes, nem todos os fatores necessários para se ter lubrificação *hidrodinâmica* estão presentes. Pode acontecer de a velocidade de uma superfície em relação a outra ser muito baixa ou de a pressão entre as superfícies ser muito alta. Pode, ainda, o óleo não ter viscosidade suficiente para evitar o atrito sólido. Pode-se, por exemplo, ter-se de lubrificar certas engrenagens submetidas a altas pressões (devidas a uma pequena área de contato dos dentes) e, ainda, com combinação de movimentos de deslizamentos e rotação. Chega-se, nestes casos, ao fenômeno da lubrificação limite, pois não é possível manter uma película contínua de espessura adequada entre as superfícies.

Os problemas da lubrificação *limite* são solucionados por lubrificantes especiais, com propriedades adequadas, as quais são conseguidas, principalmente, pelo acréscimo de um *aditivo*, cuja finalidade básica é aumentar a capacidade de suportar cargas elevadas.

Para cargas não muito elevadas, o aditivo é do tipo dos "agentes de oleosidade" ou também chamados "reforçadores de película".

Para trabalhos com peças lubrificadas submetidas a altas pressões, torna-se necessário o uso de aditivos mais fortes, denominados "agentes de extrema pressão".

Os aditivos de oleosidade, chamados aditivos reforçadores de película, aumentam a resistência da película à ruptura.

Geralmente são óleos de origem animal ou vegetal, que apresentam características polares. Um óleo mineral puro tem pouca tendência de espalhar-se sobre um metal. Com a aditivação por um óleo vegetal ou animal (ácido graxo, tal como ácido oléico, ácido esteárico etc.), a mistura molhará facilmente o metal. Uma molécula polar, do tipo ácido graxo, possui grande afinidade tanto pelo óleo mineral como pela superfície metálica, com a qual entra em contato. Tal molécula não é deslocada facilmente da superfície metálica, mesmo por cargas pesadas.

Quando em ação, as extremidades dessas moléculas parecem aderir firmemente às superfícies deslizantes. Uma extremidade da molécula polar adere à superfície metálica e a outra extremidade adere ao óleo mineral. Ficam, portanto, dispostas verticalmente em relação às superfícies metálicas (como os pêlos de um tapete), ligando uma finíssima camada de óleo ao metal e evitando que as superfícies móveis, mesmo muito próximas uma da outra (da ordem de mícrons), venham a tocar-se, o que evita danos.

A oleosidade ou poder de lubrificação limite não apresenta nenhum efeito nas condições da lubrificação hidrodinâmica

Nos casos dos *agentes de extrema pressão*, utilizados na lubrificação limite, a característica de funcionamento é diferente. Para os agentes de oleosidade a ação é unicamente *física*, enquanto a do agente de extrema pressão é quase sempre de natureza *química*. O aditivo de extrema pressão é geralmente composto de produtos químicos ativos, tais como derivados de enxofre, fósforo, cloro ou chumbo.

O aditivo de extrema pressão evita, principalmente, a soldagem dos pontos elevados das superfícies em movimento relativo. Sob condições de temperaturas elevadas, encontradas no caso da lubrificação limite, o produto químico ativo reage com a superfície metálica. O novo composto metálico assim formado é resistente à soldagem, evitando dessa forma a destruição da superfície do metal. Este processo somente se dá sob condições locais de alta temperatura, sendo, portanto, um aditivo de extrema pressão e, essencialmente, um aditivo de extrema temperatura.

Os lubrificantes limites mais utilizados são: fosfato tricresílico (ou tricresilfosfato), óleo de baleia sulfurado, naftenato de chumbo, ceras cloradas, tetracloreto de carbono e mesmo certos produtos sólidos como grafite, sulfato de tungstênio e dissulfeto de molibdênio.

11.1.2 Lubrificação por graxas

Em muitos casos de lubrificação, é vantajoso o uso de graxa no lugar de óleos. A maioria das graxas lubrificantes consiste de óleos minerais, tornados pastosos pela adição de sabões especiais, podendo dessa forma fixar-se nas superfícies. As propriedades adesivas da graxa, assim como sua resistência ao calor, a cargas elevadas e outras características, dependem unicamente do tipo e da quantidade do sabão incorporado, porém, as características de lubrificação e redução do atrito são inteiramente relacionadas com o tipo e teor de óleo mineral.

Por exemplo, a viscosidade do óleo é fator básico na capacidade de a graxa proporcionar uma película lubrificante adequada.

Capítulo 12

Substâncias Lubrificantes

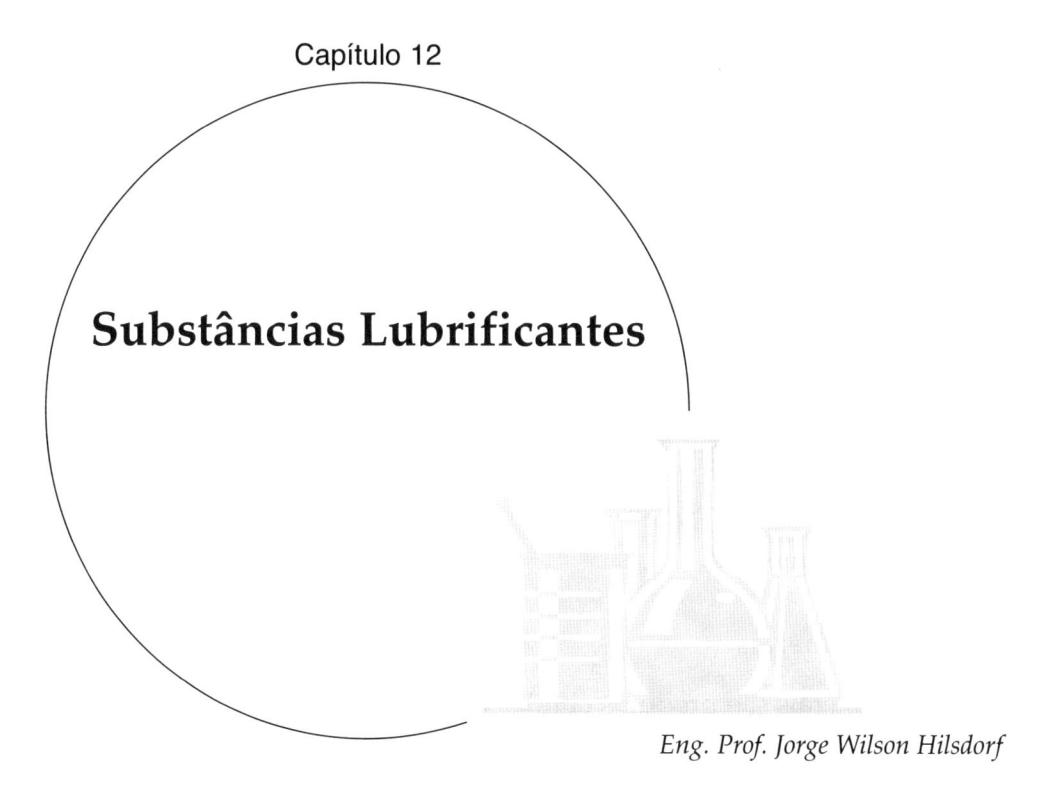

Eng. Prof. Jorge Wilson Hilsdorf

Lubrificante é uma substância simples ou composta, ou mesmo uma mistura de substâncias, capaz de satisfazer aos requisitos da lubrificação industrial.

Os lubrificantes podem ser divididos de várias maneiras:

a) quanto ao estado físico
   1. gasosos,
   2. líquidos,
   3. semi-sólidos (pastosos),
   4. sólidos;
b) quanto à origem
   1. naturais,
   2. sintéticos.

12.1 LUBRIFICANTES GASOSOS

Em casos especiais, e em lugares onde não seja possível a aplicação dos lubrificantes líquidos convencionais, pode-se usar lubrificação com gases.

Alguns dos lubrificantes gasosos utilizados são ar seco, argônio seco, nitrogênio e alguns gases halogenados.

12.2 LUBRIFICANTES LÍQUIDOS

As substâncias líquidas são preferidas como lubrificantes, porque podem penetrar facilmente nas partes móveis pela ação hidráulica, mantendo-as separadas e agindo ainda como fluidos resfriadores. Os lubrificantes líquidos podem ser enquadrados em:

a) óleos minerais;

b) óleos graxos (vegetais ou animais);

c) óleos sintéticos.

A) Óleos minerais

Os óleos minerais são produtos obtidos da refinação do petróleo. Apresentam propriedades relacionadas com o tipo de petróleo de onde provêm.

Os óleos lubrificantes minerais são obtidos pela destilação à pressão reduzida (devido ao alto ponto de ebulição desses compostos), obtendo-se três frações lubrificantes principais: leve, média e pesada. Segundo a origem do óleo e a qualidade desejada, sofre, ainda, processos de refinação.

Os óleos minerais são misturas de hidrocarbonetos que dependem do tipo de petróleo de onde são extraídos.

O petróleo é uma mistura de hidrocarbonetos:

a) parafínicos – hidrocarbonetos saturados de cadeia aberta ou alcanos;

b) cicloparafínicos – hidrocarbonetos de cadeia fechada ou naftênicos;

c) aromáticos – ou de cadeia benzênica.

Conforme a predominância do tipo de hidrocarbonetos existente no resíduo da destilação, os petróleos foram classificados em:

a) **Petróleos de base parafínica** – constituídos principalmente por hidrocarbonetos parafínicos. Contêm grande teor de parafinas e muito pouco ou mesmo nenhum asfalto.

b) **Petróleos de base asfáltica** – constituídos principalmente de hidrocarbonetos naftênicos e aromáticos. Contêm pouca parafina, mas os produtos asfálticos estão presentes em alta proporção.

c) **Petróleo de base mista** – contém tanto hidrocarbonetos parafínicos como hidrocarbonetos naftênicos, ou seja, contém parafina e asfalto, além de certa proporção de aromáticos.

Segundo a origem, portanto, os óleos lubrificantes são classificados em:

a) óleos naftênicos;
b) óleos parafínicos.

Apresentam propriedades características, resumidas no quadro a seguir:

ÓLEOS PARAFÍNICOS	ÓLEOS NAFTÊNICOS
Alto ponto de fluidez	Baixo ponto de fluidez
Alto índice de viscosidade	Baixo índice de viscosidade
Boa resistência à oxidação	Menor resistência à oxidação
Menor oleosidade	Maior oleosidade
Menor resíduo de carbono	Maior resíduo de carbono

Os óleos lubrificantes são produzidos com alguns tipos de óleos básicos, que constituem a matéria-prima para a fabricação de grande variedade de óleos lubrificantes existentes no mercado.

B) Óleos graxos

Foram os primeiros lubrificantes a ser utilizados. Foram substituídos pelo aperfeiçoamento industrial. Atualmente, os óleos graxos são principalmente utilizados em misturas com óleos minerais para a obtenção de óleos compostos. Podem ser misturados até 30% nos óleos minerais e conferem ao composto maior oleosidade e maior facilidade de emulsão com água. Apresentam pequena resistência à oxidação (tornam-se rançosos facilmente), formando gomas. Dependendo da origem, os óleos graxos podem ser:

a) **Óleos vegetais** – óleo de rícino (extraído da semente da mamona), óleo de coco, óleo de oliva, óleo de dendê.

b) **Óleos animais** – óleo de baleia, óleo de mocotó, óleo de peixe e outros. São pouco usados, pois oxidam facilmente.

C) **Óleos sintéticos**

São utilizados para fins específicos de lubrificação. Os mais conhecidos são os "glicóis polialcânicos" (ou polialquilenoglicóis). São líquidos sintéticos que podem ser solúveis em água ou insolúveis, dependendo do tipo, e apresentam ampla variedade de viscosidade, podendo-se ter até os tipos sólidos. Podem ser usados em temperaturas de até 400 °C e em temperaturas abaixo de 0 °C. Não formam resinas e não afetam compostos de borracha natural ou sintética. São produtos relativamente caros para uso geral.

Os *silicones* são substâncias derivadas do silício, com estrutura química equivalente à dos hidrocarbonetos e são estáveis ao calor, têm viscosidades variadas conforme o tipo, alta resistência à oxidação, e alguns tipos podem ser usados em altas temperaturas.

12.3 CARACTERÍSTICAS FÍSICAS DOS LUBRIFICANTES

Para que se possa avaliar a qualidade de óleos lubrificantes, existem provas físicas que, em conjunto, podem informar sobre sua aplicação adequada. Os ensaios físicos são realizados para fins de controle na produção e para aplicação do produto certo no lugar certo. Além da viscosidade, característica básica de um lubrificante, existem outras muito conhecidas e utilizadas nos ensaios, que serão a seguir definidas, descritas e comentadas.

12.3.1 Densidade

Densidade absoluta ou massa específica de uma substância é o quociente de sua massa pelo seu volume, ou seja, é a massa da unidade de volume dessa substância. Como o volume varia com a temperatura, é necessário especificar a temperatura da medida da densidade.

A *densidade relativa* é a relação entre a massa de um determinado volume da substância a uma temperatura t, pela massa de igual volume de água destilada a uma determinada temperatura.

Para óleos lubrificantes, normalmente utiliza-se a densidade relativa, denominando-se, simplesmente, densidade. A densidade não tem significação quanto à qualidade do lubrificante, tendo apenas utilidade prática para cálculos de conversão de volume (litros) para massa (quilogramas) ou vice-versa, ou para fins de controle. No sistema métrico, a temperatura t de referência do produto lubrificante normalmente é de 15 °C ou 20 °C, e a massa específica da água é medida a 4 °C, pois a esta temperatura, 1 cm³ de água destilada pesa exatamente 1.000 gramas. Portanto, a relação ou densidade relativa será numericamente igual à massa específica na temperatura t de referência.

No Brasil, o Instituto Brasileiro de Petróleo padronizou a temperatura t em 20 °C. Portanto, define-se densidade pela relação:

$$\text{Densidade } \frac{20\,°C}{4\,°C} = \frac{\text{Massa de um volume do produto a 20 °C}}{\text{Massa de igual volume de água destilada a 4 °C}}$$

Na indústria do petróleo, entretanto, utiliza-se mais a escala API (American Petroleum Institute), que é uma escala arbitrária calibrada em graus e relacionada com a densidade por meio da expressão:

$$\text{Graus API} = \frac{141,5}{\text{Densidade a } \frac{60}{60}\,°F} - 131,5$$

Verifica-se pela expressão acima que, quanto maior for a densidade de um produto, menor será o grau API, e que a água, que tem densidade 1.000, tem 10 °API.

Em laboratório, determina-se a densidade por meio de densímetros, verificando-se o valor em que a superfície do líquido intercepta a escala do densímetro, efetuando-se a correção para a temperatura da amostra na ocasião do teste.

12.3.2 Ponto de fulgor e ponto de inflamação

Ponto de fulgor é a menor temperatura em que o óleo lubrificante deve ser aquecido, sob condições padrões, para produzir suficiente vapor, para formar com o ar uma mistura capaz de se inflamar momentaneamente (lampejo) pela presença de uma chama piloto.

Ponto de inflamação é a mínima temperatura em que o produto deve ser aquecido, nas mesmas condições padrões, para se inflamar de maneira contínua (pelo menos durante 5 segundos).

Os óleos lubrificantes são testados no aparelho *Cleveland Open Cup* (Cleveland de Vaso Aberto); é indicado para todos os produtos de petróleo com ponto de fulgor acima de 70 °C.

Sob o ponto de vista de segurança, o ponto de fulgor é de grande importância na previsão da temperatura máxima a que o produto pode ser submetido quando estocado, transportado ou manuseado. Os produtos com ponto de fulgor abaixo de 70 °C são, por lei, considerados como de manuseio perigoso.

O ponto de fulgor é utilizado no controle de uso de lubrificantes, para verificação da presença de contaminantes mais voláteis (gasolina, óleo diesel etc.).

12.3.3 Ponto de névoa e ponto de fluidez

Ponto de névoa de um óleo é a temperatura em que a parafina ou outras substâncias semelhantes, normalmente dissolvidas no óleo, começam a separar-se formando minúsculos cristais, tornando o óleo turvo.

Ponto de fluidez é a menor temperatura na qual o óleo ainda pode escoar nas condições do teste. O ponto de fluidez de um óleo está ligado à facilidade de iniciar a lubrificação quando uma máquina fria é posta em funcionamento. O óleo deve fluir livremente, principalmente durante a partida em baixas temperaturas.

12.3.4 Resíduo de carbono

Os óleos lubrificantes são misturas de hidrocarbonetos que podem apresentar propriedades físicas e químicas muito variadas. Alguns óleos, quando aquecidos em ambientes fechados, podem deixar um *resíduo de carbono* não volátil, cuja quantidade pode ser determinada por métodos e aparelhos padronizados, como o Método de Conradson. Este método dá a tendência de óleos lubrificantes, quando submetidos à evaporação por altas temperaturas, de depositar carbono em motores de combustão interna.

De modo geral, quanto maior é a viscosidade, maior a quantidade de carbono, e os óleos naftênicos produzem maior quantidade de resíduo de carbono que os óleos parafínicos.

Os valores do resíduo de carbono não devem ser considerados isoladamente, mas junto com outras propriedades, pois as condições de ensaio não reproduzem as condições existentes no motor de combustão interna. Deve-se ressaltar ainda que este ensaio deve ser utilizado apenas para óleos minerais puros, pois óleos contendo aditivos, principalmente se forem aditivos de base metálica, darão resultados maiores.

12.3.5 Número de desemulsão

Chama-se *desemulsibilidade* ou *número de desemulsão* a capacidade que possuem os óleos de se separarem da água. Em certas aplicações, como em turbinas, quando o óleo deve permanecer muito tempo nos sistemas de circulação e também estar sujeito a contatos com água e vapor condensado, torna-se necessário que o óleo se separe da água ou que não forme emulsão.

A maioria dos óleos, quando novos e não contendo ácidos graxos, apresenta alto número de desemulsão; porém, somente alguns tipos podem conservar essa propriedade após certo tempo de uso.

12.3.6 Perdas por evaporação

Quando os óleos são submetidos a altas temperaturas, as perdas por evaporação tornam-se fator importante, e se as perdas forem grandes, eles podem tornar-se muito viscosos.

12.3.7 Extrema pressão

Quando o óleo possui a propriedade de evitar que as superfícies em movimento entrem em contato, mesmo quando as pressões são muito elevadas a tal ponto que possam provocar o rompimento da película de óleo, diz-se que o óleo lubrificante apresenta características de *extrema pressão*.

Para isso, deve-se agregar aditivos especiais. Existem vários testes, que submetem à pressão elevada a película de óleo que separa duas superfícies, estando uma delas pelo menos em movimento. O mais severo e, portanto, o que dá resultados mais significativos, é o teste de "quatro esferas". Uma esfera de aço é posta a girar sobre outras três esferas estacionárias. O desgaste e o coeficiente de atrito podem ser medidos e o teste continua com aumento da pressão até que o calor gerado pelo atrito solde as esferas. Em engrenagens hipóides, entretanto, podem acontecer condições mais severas do que no teste.

12.3.8 Viscosidade

É a característica mais importante de um óleo lubrificante. De modo geral, a viscosidade pode ser definida como a resistência oposta ao escoamento de óleo. Quanto mais espesso o óleo, maior a sua viscosidade e maior a sua resistência para escoar.

Newton estudou o comportamento dos líquidos em movimento realizando uma experiência que colocou em evidência a viscosidade como característica fundamental dos lubrificantes líquidos. Suponhamos duas placas planas e paralelas, havendo entre elas uma película de um líquido qualquer de espessura "h" ou um óleo.

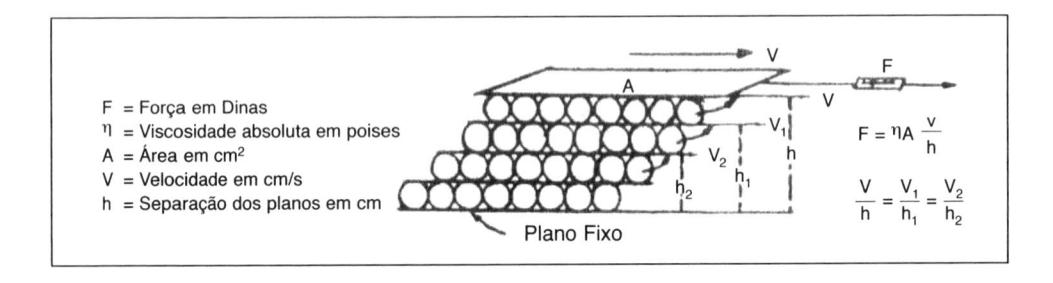

F = Força em Dinas
η = Viscosidade absoluta em poises
A = Área em cm^2
V = Velocidade em cm/s
h = Separação dos planos em cm

$$F = \eta A \frac{V}{h}$$

$$\frac{V}{h} = \frac{V_1}{h_1} = \frac{V_2}{h_2}$$

Plano Fixo

Vamos considerar que não haja fluxo de óleo na direção normal ao plano e que a película de óleo não esteja submetida a pressão externa. Seja a placa inferior fixa e a placa superior, de área "S", com movimento a uma velocidade constante "V", por meio de uma força "F". A experiência mostra que o óleo intimamente em contato com as placas adere a elas de tal modo que a película em contato com a placa fixa fica imóvel, enquanto a película que adere à placa móvel se desloca com a mesma velocidade "V".

Não sendo a velocidade "V" muito grande, o óleo se move entre as duas placas como se fosse formado de infinitas camadas, que deslizam umas sobre as outras sem se misturar e a velocidade de cada camada é proporcional à sua distância da placa fixa.

Esse tipo de movimento ordenado em camadas paralelas é conhecido como *escoamento laminar ou viscoso*.

Ao realizar a experiência, Newton verificou que a força "F" necessária para produzir o movimento das camadas de óleo umas sobre as outras, e a uma velocidade constante "V" da placa superior, era:

a) proporcional à área "S";

b) proporcional ao gradiente de velocidade ou grau de cisalhamento. O grau de cisalhamento de uma determinada camada, algumas vezes denominado gradiente de velocidade, é definido como a proporção da sua velocidade em relação à sua distância perpendicular da superfície fixa, sendo constante para cada camada:

$$\frac{V}{h} = \frac{V_1}{h_1} = \frac{V_2}{h_2} = ... \text{ etc.}$$

Em forma de equação, a conclusão de Newton foi:

$$F = \eta \cdot S \cdot \left(\frac{V}{h}\right)$$

onde η (eta) é a constante de proporcionalidade ou o coeficiente de viscosidade, ou, simplesmente, viscosidade do tipo absoluto ou dinâmico.

Dessa equação, obtém-se a relação de viscosidade, assim definida:

$$\eta = \frac{\frac{F}{S}}{\frac{V}{h}} = \frac{\text{tensão de cisalhamento}}{\text{grau de cisalhamento}}$$

onde:

F = força em dinas (g . cm/s²)
S = área em cm²
V = velocidade em cm/s
H = distância entre as placas, em cm

Pode-se determinar a unidade de viscosidade absoluta:

$$\eta = \frac{\frac{F}{S}}{\frac{V}{h}}$$

Portanto,

$$\frac{F}{S} = \frac{g \cdot cm \cdot s^2}{cm^2} = \frac{c}{cm \cdot s^2}$$

$$\frac{V}{h} = \frac{\frac{cm}{s}}{cm} = \frac{1}{s}$$

$$\eta = \frac{\frac{g}{cm \cdot s^2}}{\frac{1}{s}}$$

$$\eta = \frac{g}{s \cdot cm} \quad ou \quad \frac{dina \cdot segundo}{cm^2}$$

A essa unidade foi dada a denominação de "poise". Como o "poise" é uma unidade grande para o uso prático, é comumente usado o "centipoise" (um centésimo do "poise"). A água pura a uma temperatura de 20,2 °C tem uma viscosidade absoluta de 1,0 centipoise.

12.4 ESCALAS DE VISCOSIDADE E ENSAIOS DE DETERMINAÇÃO

Para a viscosidade existem as escalas físicas e as escalas empíricas, também chamadas convencionais.

A *viscosidade absoluta* é definida como a força tangencial atuando sobre a unidade de superfície de qualquer dos dois planos paralelos separados pela distância unitária, quando o espaço entre eles está cheio com um líquido, sendo que um dos planos se move em relação ao outro, com velocidade unitária. Pode-se dizer também que a viscosidade absoluta ou dinâmica é expressa numericamente pela força aplicada a uma superfície unitária que pode provocar cisalhamento em uma película do fluido de espessura unitária a uma velocidade relativa também unitária.

a) No sistema CGS, a unidade é dada em $\frac{dina \cdot s}{cm^2}$ e, como já foi dito, é denominada "poise" (p ou P) e a unidade normalmente utilizada é o "centipoise" (cp ou CP).
b) No sistema MK*S a unidade de viscosidade absoluta é dada em $\frac{kg^* \cdot s}{m^2}$.

Para a medida de viscosidade de óleos lubrificantes, utilizam-se geralmente as escalas de viscosidade seguintes:

a) cinemática;
b) Saybolt;
c) Engler; e
d) Redwood.

A viscosidade cinemática é física e as demais empíricas. A *viscosidade cinemática* é obtida pela divisão da viscosidade absoluta (ou dinâmica) pela massa específica do óleo considerado:

$$\text{Visc. cinemática} = \frac{\text{Visc. absoluta}}{\text{Massa específica}} = \frac{\frac{g}{s \cdot cm}}{\frac{g}{cm^3}} = cm^2/s$$

No sistema CGS, a unidade da viscosidade cinemática é cm²/segundo e é denominada stoke (s ou S) e a unidade normalmente empregada é o "centistoke" (cs ou CS), que é a centésima parte do stoke.

A viscosidade cinemática e as viscosidades empíricas (Saybolt, Engler, Redwood) são determinadas em laboratório, em aparelhos denominados "viscosímetros". O viscosímetro cinemático funciona pelo escoamento do óleo através de um tubo capilar, sob o peso de uma coluna do mesmo óleo. Nos demais viscosímetros, a viscosidade é medida pelo tempo de escoamento, em segundos, através de orifícios padronizados. Os viscosímetros mais utilizados para medir viscosidade de óleos lubrificantes são:

a) Saybolt (América do Norte);
b) Redwood (Inglaterra);
c) Engler (Europa Continental); e
d) cinemático.

Os viscosímetros Saybolt, Engler e Redwood compõem-se, basicamente, de um tubo de seção cilíndrica com um orifício padrão na parte inferior. Uma determinada quantidade de óleo é posta no tubo, o qual fica mergulhado em banho de água ou de óleo, em temperatura constante e controlada. Quando se atinge a temperatura escolhida para a determinação, deixa-se escoar o óleo através do orifício inferior e inicia-se, ao mesmo tempo, a contagem de tempo em segundos. Recolhe-se o óleo em um frasco padrão e no momento em que o nível atingir o traço de referência do gargalo, pára-se o cronômetro.

O viscosímetro cinemático é constituído, basicamente, de um tubo capilar de vidro, pelo qual escoa o óleo. O diâmetro do tubo deve ser escolhido de acordo com a viscosidade, e para cada tubo é fixado um fator constante "k" para determinar a viscosidade cinemática em centistoke (cs). O tempo de escoamento (T) em segundos é anotado quando da passagem do nível do óleo por dois traços de referência no tubo de vidro e calcula-se:

Viscosidade Cinemática = k . T (centistokes)

Há tendência para padronizar a medida da viscosidade pelo viscosímetro cinemático, pois tem-se uniformidade de medida, maior precisão, maior simplicidade de operação e maior rapidez.

12.5 ÍNDICE DE VISCOSIDADE

A viscosidade é a propriedade mais importante de um óleo e a temperatura é o fator mais importante que afeta a viscosidade.

A viscosidade decresce com o aumento da temperatura, mas essa diminuição depende da natureza química do óleo e da variação da temperatura. Muitas vezes, um óleo lubrificante deve trabalhar em uma larga faixa de temperatura e deve atender às características de viscosidade-temperatura.

O método mais comum para se determinar ou avaliar o desempenho de viscosidade-temperatura de um óleo é o sistema de *índice de viscosidade* (IV). O índice de viscosidade é um número empírico e apresenta o significado de que quanto maior o valor do IV de um óleo, menor será a tendência de esse óleo ter a viscosidade modificada com a variação da temperatura.

Verifica-se, de maneira geral, que os óleos de base parafínica apresentam menor variação de viscosidade com a temperatura do que os óleos de base naftênica.

Em 1929 foi estabelecido o conceito de índice de viscosidade pelo estudo do comportamento dos lubrificantes existentes na época. Verificou-se que:

a) os óleos naftênicos, provenientes de petróleo do Golfo do México, apresentavam grande variação de viscosidade com a temperatura. A esse óleo naftênico foi, arbitrariamente, dado um índice de viscosidade igual a 0 (zero);

b) os óleos parafínicos, oriundos do petróleo da Pensilvânia, apresentavam pequena variação de viscosidade com a temperatura. A essa série de óleos foi, arbitrariamente, dado um índice de viscosidade igual a 100 (cem).

Com dados corretos da viscosidade dessas duas séries de óleos, o IV de qualquer óleo poderia ser expresso como uma porcentagem em relação às viscosidades a 100 °F (ou 37,8 °C) do óleo sob teste, do óleo de IV igual a 0 (zero) e do óleo de IV igual a 100 (cem); todos eles tendo a mesma viscosidade a 210 °F (ou 98,9 °C). A figura a seguir ilustra essa variação, e a determinação do índice de viscosidade é efetuada pela expressão:

$$I.V. = \frac{L - U}{L - H} \times 100$$

onde

L é o valor da viscosidade a 37,8 °C (100 °F) do óleo de IV igual a 0 (zero), tendo a mesma viscosidade a 98,9 °C que a amostra de IV a calcular.

H é o valor da viscosidade a 37,8 °C (100 °F) do óleo de IV igual a 100 (cem), tendo a mesma viscosidade a 98,9 °C que a amostra de IV a calcular.

U é o valor da viscosidade a 37,8 °C (100 °F) do óleo cujo IV se procura determinar.

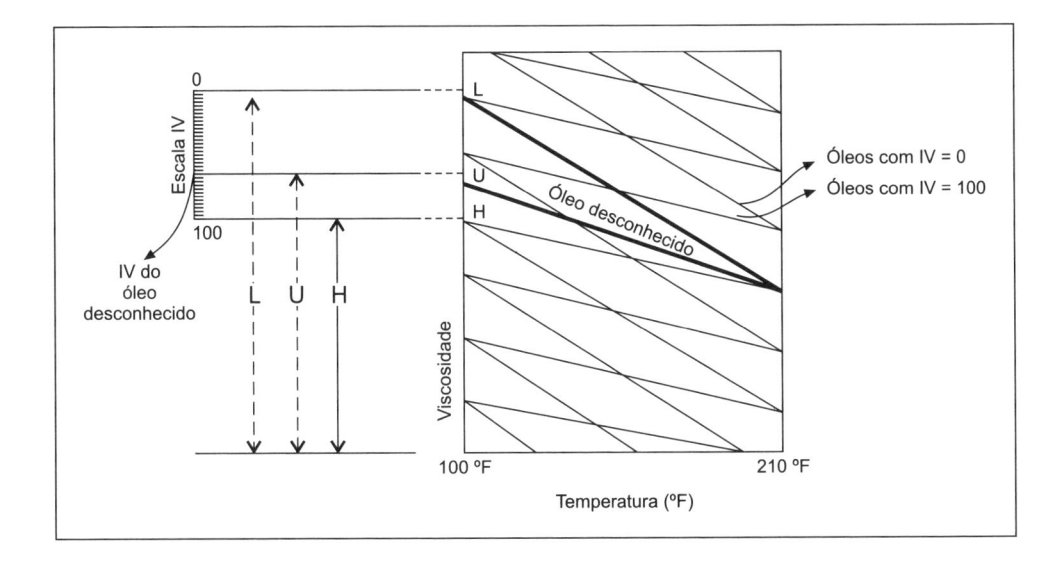

Os valores de L e de (L − H) = D são tabelados em função da viscosidade cinemática a 98,9 °C (210 °F) ou da viscosidade Saybolt Universal a 98,9 °C (210 °F). Como referência apenas, damos, abaixo, alguns valores dessas tabelas, que constam do *Método para o Cálculo do Índice de Viscosidade*, da Associação Brasileira de Normas Técnicas (ABNT) − NB−147.

Os óleos lubrificantes estão sujeitos a largas faixas de temperaturas quando em serviço. Em temperaturas altas, a viscosidade de um óleo pode diminuir a tal ponto que a película lubrificante pode ser rompida, resultando em contato de metal com metal e ocasionando o desgaste. No caso de baixas temperaturas, o óleo pode tornar-se demasiadamente espesso ou viscoso, dificultando a circulação ou escoamento, ou mesmo impedindo que o mecanismo funcione. Portanto, em certas aplicações de lubrificações, é necessário um óleo com alto índice de viscosidade.

12.5.1 Valores básicos de L e D para viscosidade cinemática

Viscosidade cinemática a 98,9 °C (210 °F) cs	L	D (L − H)	Viscosidade cinemática a 98,9 °C (210 °F) cs	L	D (L − H)
2,00	8,376	1,745	30,00	1.159,2	697,5
2,50	12,053	2,617	35,00	1.539,3	955,9
5,00	42,74	12,63	40,00	1.972,7	1.256,9
10,00	162,89	73,59	50,00	2.999,3	1.987,1
15,00	330,34	168,14	60,00	4.233,2	2.884,8
20,00	552,4	302,7	65,00	4.926,3	3.395,3
25,00	829,3	479,2	70,00	5.670,5	3.947,4
			75,00	6.464,7	4.539,7

Em um motor de automóvel, por exemplo, o óleo do cárter não deve ser tão viscoso a ponto de, na partida em tempo frio, impor carga excessiva para a movimentação do motor. Por outro lado, em tempo quente, o óleo deve fluir livremente para lubrificar as partes do motor.

Atingindo a temperatura adequada durante o funcionamento do motor, o óleo também não deve afinar (diminuir a viscosidade) a ponto de resultar em grande consumo ou mesmo enfraquecer a película que não terá condições de lubrificar perfeitamente.

O sistema de índice de viscosidade, como idealizado originalmente, apresenta certo número de limitações:

1. O sistema é falho para óleos muito finos, tendo viscosidade abaixo de cerca de 8 centistokes a 210 °F (98,9 °C).

2. O sistema de IV é baseado em padrões arbitrários não mais adequados atualmente.

3. Na faixa acima do IV 125, são possíveis resultados anômalos, pois dois óleos com a mesma viscosidade a 100 °F, mas com diferentes viscosidades a 210 °F, podem ter o mesmo IV, o que evidentemente não se dá.

12.5.2 Classificação SAE de óleos para cárter de motores

Os números de viscosidade SAE (ver tabela a seguir) constituem uma classificação de óleos lubrificantes de cárter, somente com base na viscosidade. As demais características de um óleo não são consideradas. Os óleos mais finos são classificados a 0 °F (–17,7 °C), pois são específicos para climas frios, sendo o grau SAE acompanhado da letra W (*winter* = do inglês, inverno). Os de maior viscosidade são classificados a 210 °F (98,9 °C).

Um óleo designado como SAE 10W-30 tem multiviscosidade, isto é, apresenta um IV suficientemente alto para se enquadrar em uma especificação SAE para temperaturas baixas de partida e também se enquadra em um grau SAE em altas temperaturas de trabalho.

O óleo SAE 10W-30 é um óleo SAE 10W a 0 °F, porém é um SAE 30 a 210 °F. Da mesma forma, um óleo SAE 10W-40 é um óleo SAE 10W a 0 °F, porém possui a viscosidade de um óleo SAE 40 a 210 °F.

O sistema foi desenvolvido pela *Society of Automotive Engineers* (S.A.E.), dos EUA.

TABELA 12.1 – *Número de viscosidade SAE para óleos de cárter*

NÚMERO DE VISCOSIDADE	UNIDADE DE VISCOSIDADE (d)	FAIXA DE VISCOSIDADE			
		a 0 °F		a 210 °F	
		MÍN.	MÁX.	MÍN.	MÁX
SAE 5 W	CENTIPOISES		1.200		
	CENTISTOKES		1.300		
	S.S.U.		6.000		
SAE 10 W	CENTIPOISES	1.200(a)	2.400		
	CENTISTOKES	1.300	2.600		
	S.S.U.	6.000	12.000		
SAE 20 W	CENTIPOISES	2.400(b)	9.600		
	CENTISTOKES	2.600	10.500		
	S.S.U.	12.000	40.000		
SAE 20	CENTISTOKES			5,7	9,6
	S.S.U.			45,0	58,0
SAE 30	CENTISTOKES			9,6	12,9
	S.S.U.			58,0	70,0
SAE 40	CENTISTOKES			12,9	16,8
	S.S.U.			70,0	85,0
SAE 50	CENTISTOKES			16,8	22,7

a) A viscosidade mínima a 0 °F poderá ser desprezada desde que a viscosidade a 210 °F não seja menor que 4,2 cs (40 S.S.U.).

b) A viscosidade mínima a 0 °F poderá ser desprezada desde que a viscosidade a 210 °F não seja menor que 5,7 cs (45 S.S.U.).

c) A viscosidade de qualquer dos óleos incluídos nesta classificação não deverá ser menor que 3,9 cs a 210 °F (39 S.S.U.).

d) Os valores das viscosidades a 210 °F em centistokes constantes desta tabela deverão ser determinados pelo método ASTM D 445 e os valores a 0 °F, em centipoises pelo método ASTM D 2602.

12.5.3 Classificação SAE dos óleos para diferenciais e transmissões

Como na anterior, é baseada apenas na viscosidade. A viscosidade dos lubrificantes desta classificação não deve ser menor que 40 S.S.U. a 210 °F. O grau SAE 75 é dado para atender aos requisitos de engrenagens, trabalhando em condições muito baixas de temperatura, ou seja, as mesmas em que é recomendado o SAE 5W para cárter de motor e que não são encontradas no Brasil.

Para transmissões operadas manualmente, a experiência indica que a viscosidade do lubrificante não deve ser maior que 100.000 S.S.U. para que a mudança seja satisfatória. Para a lubrificação de diferenciais, as experiências indicaram que lubrificantes com viscosidades acima de 750.000 S.S.U., na temperatura de partida, podem causar resistência elevada à movimentação das engrenagens durante o intervalo entre a partida e o aquecimento. Este dado tem importância para os graus 90 e 140.

TABELA 12.2 – *Viscosidade em S.S.U. dos óleos para diferencial e transmissão*

NÚMERO DE VISCOSIDADE SAE	Viscosidade em Segundos Saybolt Universal (S.S.U.)			
	a 0 °F		a 210 °F	
	MÍN.	MÁX.	MÍN.	MÁX.
75	—	1.500	—	—
80	15.000	100.000	—	—
90	—	—	75	120 (C)
140	—	—	120	200
250	—	—	200	—

a) Os valores das viscosidades a 0 °F estão atualmente em revisão.

b) A viscosidade mínima a 0 °F será obrigatória, se a viscosidade a 210 °F for maior que 48 S.S.U.

c) A viscosidade máxima a 210 °F não será obrigatória, se a viscosidade extrapolada a 0 °F for menor que 750.000 S.S.U.

12.6 SISTEMAS DE CLASSIFICAÇÃO API PARA ÓLEOS DE MOTOR

O Instituto Americano de Petróleo – API, em conjunto com a Sociedade de Engenheiros Automotivos – SAE – e a Sociedade Americana para Testes e Materiais – ASTM, estabeleceu um sistema de classificação para os óleos de motor que é baseado na descrição dos níveis de desempenho de cada tipo de óleo. O sistema é complementado com testes de motores e limites de avaliação, sendo elaborado de tal forma que permite a adição de novos níveis de qualidade na medida em que se fizerem necessários. O API dividiu a classificação em uma série S para níveis de desempenho associados com óleos comercializados em postos de serviço, revendedores de carros e garagens; e uma série C, que é relacionada, principalmente, com veículos comerciais, agrícolas e "fora de estrada".

Embora não sendo regra rígida, a série S geralmente aplica-se aos motores a gasolina e a série C, aos motores diesel. Os óleos especificamente formulados para motores a gasolina nem sempre são adequados para os motores diesel e vice-versa.

O atual sistema de classificação é muito mais preciso na definição do nível de qualidade do que o sistema anterior. Entretanto, existem diferenças apreciáveis de desempenho entre as várias formulações de um mesmo nível de qualidade, conseqüentes da habilidade do formulador e dos objetivos de custo. Os níveis API de desempenho designam a qualidade mínima na qual um determinado óleo se enquadra.

Pode-se subentender que, quando se diz que um óleo atende à mais alta classificação API, este óleo preenche a maioria dos níveis de desempenho inferiores.

Serviço SA – É um óleo mineral puro para lubrificação geral. Esta classificação não possui especificação de desempenho, sendo que os óleos deste nível não são apropriados aos motores atuais.

Serviço SB – Os óleos classificados como atendendo ao serviço SB contêm somente uma pequena aditivação com o intuito de proporcionar resistência à oxidação e reforçar a propriedade antidesgaste. Nenhum fabricante recomenda este tipo de óleo para seus motores.

Serviço SC – Este foi o nível de desempenho requerido, no período de 1964 a 1967, para motores de carro de passeio. Os óleos formulados para este tipo de serviço fornecem um controle de desgaste, ferrugem e corrosão nos motores a gasolina.

Serviço SD – Um óleo formulado para serviço SD atende aos requisitos de lubrificação dos motores a gasolina de carros de passeio de 1968 a 1970. Além disso, o serviço SD pode ser aplicável a certos modelos de 1971 e posteriores, conforme indicado no manual desses veículos. Os óleos que atendem a este nível proporcionam maior proteção contra depósitos nas altas e baixas temperaturas, maior proteção contra desgaste, ferrugem e corrosão nos motores a gasolina do que aqueles classificados para serviço SC, podendo ser utilizados quando o serviço API-SC for recomendado.

Serviço SE – Os óleos classificados nesta categoria são formulados para os motores a gasolina em carros de passeio ou para alguns tipos de caminhões a partir de 1972. Os óleos SE fornecem uma proteção maior quanto à oxidação do óleo, depósitos do motor resultantes das operações em altas temperaturas, ferrugem e corrosão do que os óleos classificados como SD ou SC, podendo ser utilizados quando qualquer um desses dois tipos for recomendado.

Serviço SF – Lubrificantes para motores a gasolina, sob garantia de 1980 a 1988. Devem proporcionar maior estabilidade contra a oxidação e melhor desempenho antidesgaste que os SE. Também proporcionam proteção contra depósitos, ferrugem e corrosão. Podem substituir qualquer um dos anteriores.

Serviço SG – Lubrificantes para motores a gasolina, sob garantia a partir de 1989. Podem substituir qualquer um dos anteriores.

Serviço SH – Lubrificantes para motores a gasolina, sob a garantia a partir de julho de 1993. Podem substituir qualquer um dos anteriores.

Serviço SJ – Lubrificantes para motores a gasolina, sob garantia a partir de agosto de 1997. Recomendados para motores fabricados até 2001.

Serviço SL – É a classificação mais recente. Foi lançado em julho de 2001. Têm melhor controle de depósitos sob alta temperatura e proporcionam menor consumo.

Serviço CA – A classificação do serviço CA descreve um tipo de óleo adequado para motores diesel que operam em condições leves ou moderadas e com combustíveis de alta qualidade. Os óleos que atendem a este serviço proporcionam proteção contra a corrosão dos mancais e contra os depósitos provenientes de operações em altas temperaturas, em motores diesel de aspiração normal e que utilizam combustíveis cuja qualidade não exija requisitos especiais quanto ao desgaste e à formação de depósitos.

Serviço CB – Um óleo formulado para o serviço API-CB deve ser utilizado em motores diesel, operando em serviços leves ou moderados, porém com combustíveis de qualidade inferior. Os óleos CB fornecem a necessária proteção contra a corrosão dos mancais e a formação de depósitos originários de operações em altas temperaturas, nos motores diesel de aspiração normal e quando o combustível possuir alto teor de enxofre.

Nota – Deve ser observado que, em geral, os óleos de classificação API-CA e CB não são mais recomendados hoje em dia pelos fabricantes de motores diesel.

Serviço CC – Os motores diesel, levemente supercomprimidos, operando em condições moderadas e severas, e certos motores a gasolina para serviços pesados, necessitam de óleos que atendam ao serviço API-CC. Os óleos desta classificação proporcionam proteção contra os depósitos provenientes de operações a altas temperaturas nos motores diesel levemente supercomprimidos, e também contra a ferrugem, corrosão e depósitos formados a baixa temperatura nos motores a gasolina. Estes óleos foram introduzidos em 1961 e são utilizados em diversos caminhões, em equipamentos industriais e de construção e em tratores rurais.

Serviço CD – O óleo classificado para este nível de serviço é descrito como um óleo para emprego em motores diesel supercomprimidos que, operando a altas velocidades e com grande potência de saída, necessitam de um controle efetivo de desgaste e depósitos. Os óleos CD proporcionam proteção contra desgaste de mancais e formação de depósitos provenientes de altas temperaturas nos motores diesel supercomprimidos que utilizam combustíveis de diversas qualidades.

Serviço CE – Criado em 1963, para serviço típico de motores turbinados em condições de serviço pesado.

Serviço CF-4 – Criado em 1990, para serviço típico de veículos diesel ligeiro e caminhões em serviço extrapesado. Supera todos os anteriores.

Serviço CG-4 – Criado em 1994. Esta categoria de óleo é adequada para veículos diesel ligeiro em aplicações dentro e fora de estrada. Supera todos os níveis anteriores.

Serviço CH-4 – Criado em 1998. Esta categoria permite melhor controle de fuligem em motores aspirados ou turbinados, que utilizam diesel com alto teor de enxofre, em aplicações dentro e fora de estrada. Supera todos os níveis anteriores.

12.7 ADITIVOS PARA LUBRIFICANTES

O aperfeiçoamento das máquinas teve como conseqüência a necessidade da melhoria das qualidades naturais dos lubrificantes denominados óleos minerais puros. Aditivos são produtos que se adicionam ao lubrificante com a finalidade de melhorar certas propriedades específicas. Mesmo em pequenas quantidades, esses agentes podem modificar profundamente as propriedades de um óleo básico. Os principais aditivos estão incluídos nas seguintes classes:

1. detergentes/dispersantes;
2. antioxidantes;
3. anticorrosivos;
4. antiespumantes;
5. extrema pressão; e
6. aumentadores do índice de viscosidade.

12.7.1 Detergentes/dispersantes

São aditivos usados em óleos que se destinam à lubrificação de motores, nos quais o combustível pode deixar resíduos de carbono durante a combustão. O aditivo detergente/dispersante mantém em suspensão e finalmente disperso na massa de óleo o carbono formado, o qual é posteriormente eliminado pelo esvaziamento do cárter. Esses aditivos mantêm as paredes internas dos motores perfeitamente limpas, notando-se ausência de carbono e vernizes.

12.7.2 Antioxidantes

Os derivados de petróleo podem sofrer oxidação (pela presença de oxigênio) e formar produtos indesejáveis à lubrificação, tais como produtos ácidos (risco de corrosão), gomas, vernizes e borras (eliminam folgas, aumentam a viscosidade, prejudicam a dissipação do calor). Os aditivos antioxidantes ou inibidores da oxidação evitam as reações de oxidação, pois apresentam afinidade maior com o oxigênio. A presença de antioxidantes, em concentrações da ordem de 0,001% a 0,1%, pode prolongar muito o tempo de utilização de um óleo lubrificante, até que o antioxidante seja considerado gasto.

12.7.3 Anticorrosivos

Existem dois tipos de aditivos anticorrosivos:

a) para proteção de partes metálicas da corrosão por substâncias ácidas formadas no óleo durante o serviço;
b) para proteção contra corrosão atmosférica e contra a umidade durante o serviço e/ou armazenamento do óleo.

A função do aditivo anticorrosivo compreende duas fases: primeira, a de prevenir o contato entre o agente corrosivo e o metal, e a segunda, a ação de remover do óleo os agentes de corrosão. A primeira função é obtida quando o aditivo forma uma película impermeável sobre os metais, e a segunda pode ser conseguida por neutralização das substâncias ácidas.

12.7.4 Antiespumantes

Os óleos lubrificantes podem formar espuma quando agitados de maneira violenta com o ar, o que é indesejável em certos casos, como sistemas hidráulicos, caixas de engrenagens etc. Os aditivos antiespumantes impedem a formação de espuma, desmanchando as bolhas de ar assim que elas atingem a superfície livre do óleo.

12.7.5 Extrema pressão

Como já foi visto, a função de um lubrificante é separar superfícies metálicas em movimento relativo, diminuindo o atrito, o desgaste e a formação de calor. Em certos casos, porém, a pressão exercida sobre a película de óleo excede certos limites, resultando em contato metal com metal, que pode ocasionar microssoldas. Para lubrificantes de transmissões e diferenciais utiliza-se o aditivo de extrema pressão, que impede a soldagem e outros danos (arranhaduras e desgaste), sob condições de cargas suficientemente elevadas para ocasionar tais efeitos nocivos. A ação de extrema pressão é exercida somente nos pontos em que as pressões são tão altas que a viscosidade do óleo seja incapaz, por si, de impedir o contato entre as superfícies metálicas. As propriedades de um aditivo extrema pressão não têm ação quando existe a lubrificação hidrodinâmica ou fluida. Somente quando houver falha da película de óleo é que inicia a ação do aditivo extrema pressão. São geralmente compostos de enxofre, cloro e fósforo, ou combinações desses elementos, que reagem quimicamente com o metal, para formar películas finíssimas de sulfato, cloretos e fosfetos, aderentes ao metal, de baixa resistência ao cisalhamento e que evitam assim as soldagens e arranhaduras do metal.

12.7.6 Aumentadores do índice de viscosidade

Já vimos que dois óleos lubrificantes podem sofrer variações de viscosidade diferentes com as mudanças de temperatura. A variação que sofre a viscosidade de um óleo, ao passar da temperatura de 210 °F para 100 °F é o fundamento do conceito de índice de viscosidade (IV). Basicamente, o índice de viscosidade é relacionado com a natureza dos constituintes do óleo lubrificante, isto é, a composição química do óleo básico e com processos de refinação utilizados. Para se obter um lubrificante com IV mais elevado, empregam-se agentes aumentadores do IV, que, em geral, são polímeros de elevado peso molecular, longas cadeias moleculares e altas viscosidades. Esses aditivos aumentam a viscosidade de qualquer óleo básico pela dissolução e inchamento entre as moléculas dos hidrocarbonetos dos óleos lubrificantes. Quanto mais aumentar a temperatura, mais as moléculas do aditivo melhorador do IV se distendem, aumentando a sua viscosidade e, desta forma, compensando o afinamento do óleo básico.

12.8 RESUMO DAS FUNÇÕES DOS ADITIVOS

1. Os aditivos *detergentes/dispersantes* melhoram a limpeza das peças lubrificadas.

2. Os aditivos *antioxidantes* produzem o aumento de vida útil do óleo e reduzem depósitos.

3. Os aditivos *anticorrosivos* melhoram a proteção contra o ataque químico de corrosão.

4. Os aditivos *antiespumantes* melhoram a resistência à formação de espuma.

5. Os aditivos *extrema pressão* melhoram a lubrificação sob pressões extremas.
6. Os aditivos *aumentadores do IV* melhoram as características de temperatura *versus* viscosidade.

12.9 LUBRIFICANTES SEMI-SÓLIDOS OU GRAXAS

Cerca de 10% do total de lubrificantes consumidos corresponde às graxas lubrificantes, que são produtos semi-sólidos com base de óleo lubrificante. Com o aumento do uso e aperfeiçoamento de mancais de rolamentos, a procura por melhores graxas tornou-se cada vez maior, o que acarretou novos tipos e novos testes de desempenho. Graxas lubrificantes são dispersões estáveis de sabões (ésteres de ácidos graxos, como, por exemplo, estearato de sódio) em óleos minerais ou, menos usualmente, em óleos sintéticos. As graxas apresentam-se com determinadas textura e consistência, que dependem do tipo de sabão empregado. A textura poderá ser fibrosa, untuosa ou amanteigada.

Fabricam-se essas dispersões para se obter um produto semifluido ou pastoso, que possa ser aplicado como uma película lubrificante, em pontos em que seria impraticável utilizar um óleo lubrificante, o que, devido a sua fluidez, não ficaria retido.

As graxas possuem as seguintes vantagens na lubrificação:

a) apresentam melhores propriedades de retenção no local de lubrificação, pois têm alta afinidade com as superfícies metálicas;

b) é preferível o uso de graxa quando é impraticável um fornecimento contínuo de óleo, pois elas podem ser armazenadas nos pontos de aplicação para a lubrificação por longos períodos;

c) em presença de atmosferas corrosivas ou úmidas, as graxas agem como elemento de vedação, o que não é possível com os óleos.

A fabricação das graxas pode ser efetuada por um dos seguintes processos:

1. O sabão, já pronto, é dispersado a quente no óleo apropriado. Utiliza-se este processo na fabricação de graxas à base de sabão de alumínio ou de lítio.

2. O sabão é preparado a quente ou a frio, na presença do óleo lubrificante. Neste processo, as gorduras são previamente fundidas e misturadas com parte do óleo lubrificante e junta-se, em seguida, o álcali adequado para a neutralização do ácido graxo, obtendo-se a saponificação. Posteriormente, mistura-se o restante do óleo para se obter a consistência desejada. Emprega-se geralmente para as graxas a base de sabão de sódio ou de cálcio.

12.9.1 Componentes das graxas

Basicamente, as graxas compõem-se de um lubrificante líquido e de um agente espessante. O lubrificante líquido pode ser óleo mineral ou óleo sintético. O agente espessante pode ser sabão metálico ou outro tipo de não-sabão.

12.9.2 Lubrificante líquido

A escolha de óleo mineral depende da aplicação que deverá ser dada à graxa. Sua viscosidade está relacionada com as temperaturas de trabalho, velocidade e cargas suportadas pela graxa.

Os óleos sintéticos, principalmente silicones, poliglicóis e diésteres, podem substituir os óleos minerais para obtenção de produtos especiais, como, por exemplo, graxas para temperaturas muito baixas (–30 °C a –60 °C) ou temperaturas muito altas (120 °C a 150 °C).

12.9.3 Agente espessante

O agente espessante mais usado é o sabão. O sabão, que é um éster metálico de um ácido graxo, é também um lubrificante, e a formação da película lubrificante se dá por polaridade da molécula. Os sabões mais comuns que dão consistência aos óleos lubrificantes são os de sódio, cálcio, alumínio e lítio. Cada tipo de sabão influencia diferentemente as características da graxa obtida.

a) **Graxas à base de sabão de cálcio**

São as mais antigas e ainda utilizadas, sendo conhecidas como *graxas de copo*, por serem aplicadas por meio de copos graxeiros. Caracterizam-se pela aparência untuosa (amanteigada), resistência à água e aplicação em temperaturas até 70 °C. Não são indicadas para mancais antifricção (rolamentos), que trabalham com alta rotação. São utilizadas em mancais planos, lubrificação de chassis e bombas de água.

b) **Graxas à base de sabão de sódio**

Apresentam textura fibrosa com alto grau de coesão. Podem ser utilizadas em temperatura de até 180 °C. Não é aconselhável o uso em presença de água, pois o sabão de sódio é solúvel em água. São empregadas em mancais de rolamento de alta velocidade e elevada temperatura, engrenagens, rodas de veículos, juntas universais e caixas de direção.

c) **Graxas à base de sabão de alumínio**

As graxas de sabão de alumínio (normalmente estearato de alumínio) assemelham-se às graxas de cálcio, porém são mais transparentes, de aspecto brilhante e mais estáveis. Possuem grande aderência às partes metálicas, protegendo-as contra a ferrugem quando em presença de água. São usadas como lubrificante de chassis de veículos, mancais excêntricos oscilantes e outras aplicações em temperaturas moderadas, nas quais seja necessária grande adesividade e resistência ao choque.

d) **Graxas à base de sabão de lítio**

Foram desenvolvidas para fins especiais de aviação, durante a Segunda Guerra Mundial, e atualmente têm grande aplicação industrial e em veículos, graças às suas propriedades excepcionais. A aparência é similar à das graxas de alumínio, são bastante aderentes e insolúveis em água. Sua textura untuosa facilita a aplicação por meio de pistolas e em sistemas centralizados de lubrificação. Pela grande estabilidade, elevada resistência a altas temperaturas (180 °C a 200 °C), podem substituir com vantagens as graxas de cálcio e de sódio. As graxas de lítio reúnem todas as características dos outros sabões e são denominadas *graxas de aplicações múltiplas*.

Apesar de ter custo mais elevado, a sua utilização traz vantagens, pois simplifica o equipamento de lubrificação, evita possibilidades de erros da aplicação, simplifica o estoque e proporciona economia na aplicação.

12.10 ADITIVOS PARA GRAXAS

Para se obter determinadas características, a graxa pode receber também aditivos. Os mais usuais são inibidores de oxidação, inibidores de corrosão, agentes de oleosidade, lubrificantes sólidos (grafite, bissulfeto de molibdênio, mica e amianto pulverizado), agentes modificadores da estrutura, agentes de extrema pressão, agentes de adesividade.

12.11 ENSAIOS E CARACTERÍSTICAS DAS GRAXAS

Os ensaios a que são submetidas as graxas costumam ser divididos em três grupos:

a) ensaios de caráter geral;

b) ensaios especiais; e

c) ensaios de desempenho.

A seguir, são apresentados resumidamente os ensaios considerados suficientes para se ter uma opinião sobre a possibilidade de uso de uma graxa para determinado serviço.

12.11.1 Consistência

A consistência de uma graxa é avaliada em aparelho denominado "penetrômetro", que consiste de um cone, que, sob a ação de uma carga padronizada, penetra uma dada profundidade (medida) na graxa durante 5 segundos, a temperatura de 25 °C. A penetração é dada em décimos de milímetros. A maior ou menor penetração dá idéia da consistência da graxa. O ensaio pode ser com "penetração não trabalhada" (graxa ensaiada antes do uso) ou com "penetração trabalhada" (graxa ensaiada após ser submetida ao *trabalhador de graxa*, caso em que a consistência se modifica). Baseado nos valores de penetração trabalhada, o *National Lubricating Grease Institute* (NLGI), dos EUA, estabeleceu uma classificação das graxas lubrificantes, dividindo-as em nove tipos, conforme segue:

Grau NLGI	Penetração trabalhada (ASTM) a 77 °F
NLGI 000	445/475
NLGI 00	400/430
NLGI 0	355/385
NLGI 1	310/340
NLGI 2	265/295
NLGI 3	220/255
NLGI 4	175/205
NLGI 5	130/160
NLGI 6	85/115

As graxas com consistência NLGI 0, 00 e 000 são consideradas graxas semifluidas, e as de consistência NLGI 2 e 3 são as mais empregadas.

12.11.2 Ponto de gota (ou de derretimento)

Indica a temperatura em que uma graxa do estado sólido ou semi-sólido passa para o estado líquido. Determina-se a temperatura em aparelho especial, em que se dá a queda da primeira gota de graxa liquefeita. O ensaio permite relacionar o ponto de gota com a temperatura de trabalho, não sendo conveniente utilizar graxa cujo ponto de gota esteja próximo da temperatura de trabalho.

As graxas apresentam ponto de gota variável, dependendo, entre outros fatores, do tipo de agente espessante empregado, das matérias-primas usadas e do produto de fabricação. De modo geral, as graxas podem ser classificadas de acordo com o seu ponto de gota, conforme é especificado a seguir:

GRAXAS	PONTO DE GOTA (°F)	PONTO DE GOTA (°C)
De cálcio	150-220	66-104
De alumínio 180-230	82-110	82-110
De sódio e cálcio	250-380	121-193
De sódio	300-500	149-260
De lítio	350-425	177-218
De bário	350-475	177-246
Especiais de argila, sílica ou grafite	500 ou mais	260 ou mais

12.11.3 Estabilidade ao trabalho

A graxa, quando em trabalho, é continuamente "esmagada" entre as superfícies em movimento relativo. O ensaio é feito por meio do esmagamento da graxa no interior de um cilindro oco horizontal, dentro do qual gira um rolo de material pesado. Durante o ensaio, o cilindro gira produzindo o movimento do rolo pesado, que efetua um esmagamento contínuo da graxa. Após quatro horas, geralmente, verifica-se a variação de penetração sofrida pela graxa.

12.11.4 Viscosidade aparente

É realizado para verificar se uma graxa escoa bem em longos condutos existentes em sistemas de lubrificação centralizada. O ensaio é feito em um aparelho denominado *viscosímetro de pistão*, no qual, sob condições padronizadas, um pistão penetra na graxa existente em um cilindro oco. Pela relação entre o esforço do pistão e o recalque produzido, pode-se avaliar o comportamento da graxa em qualquer sistema sob pressão.

12.11.5 Separação do óleo

As graxas apresentam certa tendência à separação do óleo lubrificante quando armazenadas por longo tempo. Essa tendência é determinada por aparelho adequado, no qual se mede o óleo separado da graxa sob condições de ensaio. Os resultados apresentam apenas valor comparativo entre diferentes tipos de graxas.

12.11.6 Corrosão

As especificações exigem que a graxa não ataque uma lâmina de cobre sob condições padronizadas. Assegura-se, portanto, que a graxa não venha a corroer as peças metálicas com as quais fica em contato.

12.11.7 Oxidação

As graxas, como os óleos lubrificantes dos quais provêm, podem sofrer oxidação, principalmente sob altas temperaturas. Quando a temperatura de trabalho for elevada, é aconselhável trocar freqüentemente a graxa. A resistência à oxidação é efetuada em aparelho padrão, que consiste em verificar a quantidade de oxigênio absorvido por uma graxa sob determinadas condições.

12.11.8 Prova de carga

Um dos métodos mais empregados para determinar a pressão máxima que uma graxa pode suportar é o ensaio com a máquina *Timken*. É de especial importância para graxas extrema pressão. Normalmente, uma graxa lubrificante que suporta pressão de ordem de 7.000 libras/pol^2, quando recebe aditivo EP, pode suportar pressões de 12.000 e até 35.000 libras/pol^2, sem haver desgaste.

12.12 LUBRIFICANTES SÓLIDOS

Os lubrificantes sólidos mais utilizados são o grafite coloidal, o bissulfeto de molibdênio e o teflon.

12.12.1 Grafite

É um sólido que apresenta estrutura lamelar (lâminas minúsculas). A estrutura do carbono grafítico consiste de anéis hexagonais. Pode ser aplicado em forma de pó seco, como aerossol, mediante recipiente com pressão de freon, como uma pasta, ou como dispersão líquida ou em graxa. Os produtos comerciais típicos à base de grafite são conhecidos como "água dag" ou "oil dag", que são dispersões aquosas ou oleosas de grafite coloidal. Em forma de pó ou dispersão é particularmente valioso como lubrificante para extremas pressões (lubrificação limite). É um lubrificante eficiente a altas temperaturas. O gráfico a seguir mostra os coeficientes de atrito do cobre quando lubrificado com grafite. Nota-se que os coeficientes de atrito variam inversamente com a temperatura, cujos valores são aproximadamente 0,43 a 200 °C, 0,42 a 400 °C, 0,40 a 600 °C, 0,32 a 1.200 °C, 0,23 a 1.600 °C, 0,16 a 2.000 °C.

12.12.2 Bissulfeto de molibdênio

Apresenta também estrutura lamelar, na qual se encontra uma camada de átomos de molibdênio entre duas camadas de átomos de enxofre, com fórmula química MoS_2. É um pouco mais mole que o grafite e também pode ser aplicado em forma de pó seco, ou como dispersão em água ou óleo. É um lubrificante excepcional para a lubrificação limite e apresenta o nome comercial de *Molikote*. Apresenta coeficientes de atrito menores que os do grafite a temperaturas inferiores a 900 °C. Devido à decomposição do bissulfeto de molibdênio em temperaturas superiores a 900 °C, o atrito aumentará rapidamente acima dessa temperatura.

FIGURA 12.1 – *Comparação do grafite e bissulfeto de molibdênio como lubrificantes sólidos. (Coeficientes de atrito de cobre lubrificado com grafite e com MoS_2 em função da temperatura.)*

Pelo gráfico mostrado, verifica-se que o coeficiente de atrito em cobre lubrificado com bissulfeto de molibdênio é de 0,2 para temperaturas até 900 °C, subindo para cerca de 0,5 para temperatura de 1.000 °C. Pode-se obter uma superfície lubrificante em forma de película sólida, para naves espaciais, pela composição de 70% de bissulfeto de molibdênio e 7% de grafite, aglomerados por 23% de silicatos. Esta composição não se afeta por temperaturas extremas (mesmo negativas), pressões reduzidas ou radiação nuclear. Tanto o bissulfeto de molibdênio como o grafite podem constituir os mancais autolubrificantes (mancais sem óleo), nos quais o metal sinterizado tem seus poros preenchidos por esses lubrificantes sólidos. Atualmente, está sendo utilizado produto similar ao bissulfeto de molibdênio, ou seja, o sulfeto de tungstênio, que parece possuir qualidades superiores ao bissulfeto de molibdênio.

12.12.3 Teflon

O plástico *teflon* pode ser utilizado como lubrificante, apresentando baixo coeficiente de atrito. O teflon deslizando sobre aço apresenta coeficiente de atrito de 0,04 a 0,1. Começa a amolecer a cerca de 300 °C, resiste a quase todos os agentes químicos e apresenta excelente resistência à oxidação. Pode ser incorporado em forma de pó ao metal sinterizado para formar superfícies de mancais. Quimicamente, o teflon é o politetraflúor etileno.

Parte III

Corrosão e Proteção Contra Corrosão

Capítulo 13

Fundamentos de Corrosão

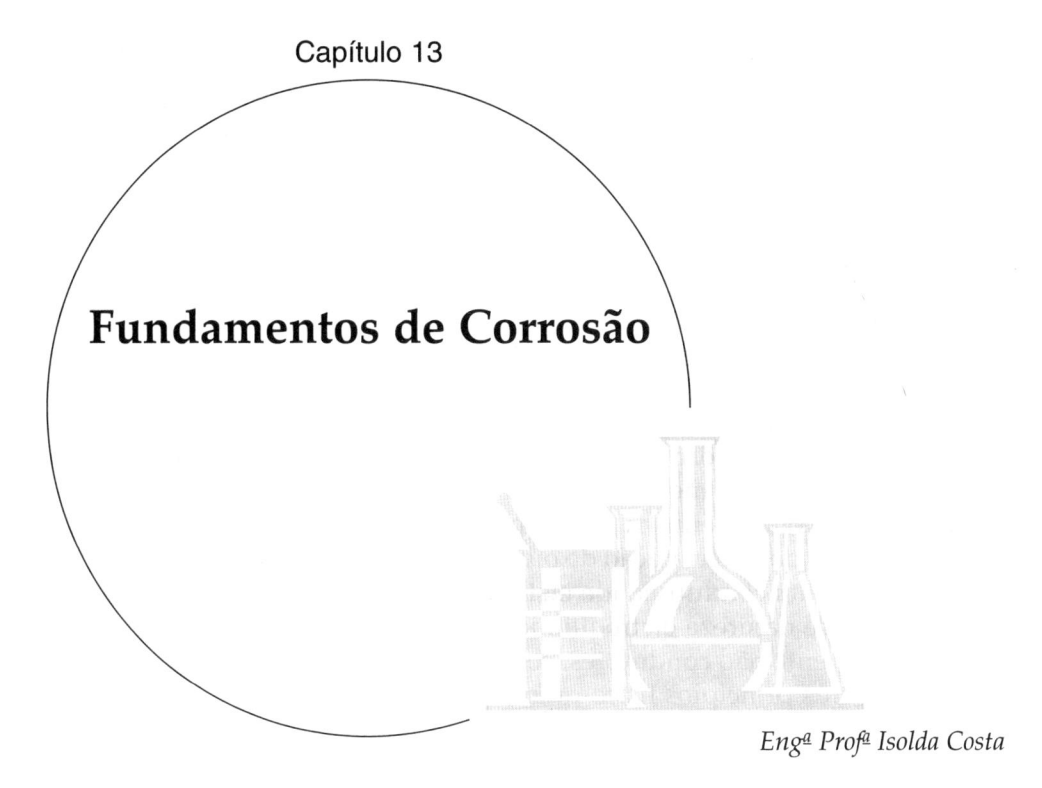

Engª Profª Isolda Costa

13.1 DEFINIÇÃO

Existem várias definições para corrosão. Segundo uma dessas definições, a corrosão é a deterioração de um material pela reação com o meio, seja o material metálico ou não[1]. A corrosão é também definida como a reação de um material metálico com seu meio[2,3], o metal sendo convertido a um não-metal[4], ou como o ataque da superfície metálica quando metais são expostos a meios reativos[5]. Segundo West[6], os compostos químicos que constituem os produtos de tais reações são parentes próximos das rochas minerais metalíferas encontradas na crosta terrestre, indicando que as reações de corrosão causam a reversão dos metais aos seus minérios de origem.

De forma geral e abrangente, a corrosão pode ser definida como a transformação de um metal ou liga pela sua interação química ou eletroquímica com o meio em que se encontra[7].

Uma vez que muitas vezes a corrosão causa a perda de propriedades, tais como resistência mecânica, ductilidade e elasticidade[8], a corrosão é relacionada com a deterioração de materiais pela reação com seu meio[9]. Todavia, é bom lembrar que nem toda a reação química/eletroquímica do metal com o meio tem efeito prejudicial ao metal. Gentil[10], embora admita que a corrosão possa ser definida como a deterioração de um material, geralmente metálico, por ação química ou eletroquímica do meio ambiente, aliada ou não a esforços mecânicos, faz separação entre a corrosão e a deterioração. Segundo Gentil[11], a deterioração representa alterações prejudiciais indesejáveis sofridas pelo material, tornando-o inadequado para uso, mas casos benéficos de corrosão são citados por aquele autor. Entre eles estão a oxidação de aços inoxidáveis produzindo uma camada protetora de óxido de cromo (Cr_2O_3), a anodização do alumínio com formação de óxido de alumínio protetor (Al_2O_3), e a proteção catódica com anodos de sacrifício.

Embora o termo corrosão seja algumas vezes empregado para a degradação de materiais não metálicos, como plásticos, concreto, mármores e madeira, segundo Wranglén[12] há razões para se tratar a corrosão de metais de forma separada da deterioração de outros materiais. A principal razão é que os metais têm alta condutividade elétrica, e portanto a corrosão dos metais é geralmente de natureza eletroquímica. Já a deterioração química de materiais eletricamente não condutores, como plásticos e cerâmicos, seria governada por outros princípios físico-químicos.

O processo de corrosão de metais sendo de natureza eletroquímica, envolve a transferência de elétrons no metal e de íons no meio (solução eletrolítica).

13.2 IMPORTÂNCIA DO ESTUDO E CONSEQÜÊNCIAS DA CORROSÃO

O estudo da corrosão metálica é de grande importância devido ao grande uso de materiais metálicos pela sociedade moderna. É importante lembrar também que novos materiais são continuamente desenvolvidos e, portanto, é necessário caracterizar o comportamento destes diante da corrosão. Além disso, as condições do meio ambiente são constantemente alteradas pela sociedade, por exemplo, com o aumento de poluição atmosférica ou de águas naturais, o que resulta em meios mais corrosivos, como a chuva ácida causada pela emissão de grandes quantidades de poluentes na atmosfera. A necessidade de preservação de metais raros e de alto custo que são utilizados em aplicações especiais é outro caso que aponta para a importância do estudo da corrosão.

As conseqüências da corrosão são muitas e variadas, e os efeitos da corrosão na operação segura e confiável de equipamentos ou estruturas são freqüentemente mais sérios que a simples perda de massa do metal. Falhas de vários tipos podem ocorrer, mesmo em casos nos quais a quantidade de metal perdido por corrosão é pequena. Exemplos de efeitos prejudiciais da corrosão são[13]:

a) perda de vidas humanas e acidentes causados pela falha de estruturas em pontes, aviões e automóveis;
b) perda de resistência mecânica e conseqüentes falhas causadas pela redução na espessura do metal devido à corrosão;
c) perfuração de tubulações e tanques, causando vazamento de material que pode ser prejudicial ao meio ambiente;
d) perda de eficiência e parada de operação de equipamentos que representam lucro;
e) deterioração e contaminação de produtos causando prejuízo, seja por perda ou redução no valor da mercadoria;
f) perda de propriedades importantes como condutividade elétrica em contatos, transferência de calor através da superfície e obstrução de tubulações por produtos de corrosão;
g) superdimensionamento de equipamentos ou peças que necessitam resistir aos efeitos da corrosão, ou substituição de componentes corroídos.

As perdas econômicas resultantes da corrosão em países industrializados representam cerca de 3,5% do PIB. Estima-se que cerca de 25% dessas perdas poderiam ser economizadas pela aplicação de métodos de prevenção, projetos e especificação de materiais adequados. Para que métodos apropriados de proteção contra a corrosão sejam especificados é necessária a compreensão dos princípios fundamentais que regem a corrosão.

O estudo da corrosão é multidisciplinar, envolvendo noções de química, eletricidade e metalurgia, e a relação entre estas. Em seguida, são apresentados, de forma introdutória e simples, conceitos importantes para o estudo da corrosão.

13.3 BREVE REVISÃO DE CONCEITOS DE INTERESSE NO ESTUDO DA CORROSÃO

13.3.1 Química

Todos os materiais são compostos de átomos. Os átomos, por sua vez, são compostos de outras partículas menores, entre as quais os elétrons, que são de interesse no contexto da corrosão. A combinação de átomos para formar um agrupamento eletrônico de menor energia resulta na formação de moléculas. As moléculas mais relevantes para o fenômeno de corrosão são aquelas constituídas de um ou mais átomos metálicos ligados a um ou mais átomos de não-metais como, por exemplo, o cloreto de sódio, cuja fórmula química é representada por NaCl.

Átomos e moléculas são eletricamente neutros, mas átomos podem perder ou ganhar elétrons, tornando-se partículas com carga elétrica. Certas moléculas também podem dividir-se em duas ou mais partículas com carga elétrica, que são conhecidas como íons.

O grupo de compostos sólidos que produzem soluções eletrolíticas quando dissolvidos em água é conhecido como sólidos iônicos. Um exemplo muito conhecido de sólido iônico é o cloreto de sódio (sal de cozinha), que em solução dá origem a íons livres de sódio e íons livres de cloreto segundo:

$$NaCl \rightarrow Na^+ + Cl^-$$

Outro exemplo é o cloreto de alumínio ($AlCl_3$) que ao ser dissociado produz três vezes mais íons de cloreto que íons de alumínio:

$$AlCl_3 \rightarrow Al^{3+} + 3\ Cl^-$$

Em todos os casos, as cargas negativas são contrabalançadas pelas cargas positivas, e a neutralidade elétrica da solução é mantida.

Em solução aquosa, os íons positivos e negativos tendem a associar-se com uma ou mais moléculas de água, condição esta conhecida como hidratada, e nesta condição são independentes e livres para mover-se em solução. Esta mobilidade iônica é responsável pela capacidade dessas soluções de conduzir eletricidade.

Várias características do comportamento de soluções eletrolíticas dependem do número de íons disponíveis, e a comparação entre soluções deve levar isto em consideração. Moléculas ou fórmulas (caso de substância não molecular) diferentes possuem diferentes massas, e a massa molar de um composto é a massa de um mol de moléculas ou fórmulas expressa em gramas. Uma solução contendo a massa molar de soluto em um litro de solução é conhecida como solução um molar.

Exemplo: O cloreto de alumínio ($AlCl_3$) tem uma massa molar correspondente a 27 + (3 × 35,5) = 133,5 gramas. Uma solução contendo 133,5 gramas de cloreto de alumínio por litro de solução apresenta concentração um molar. Se o cloreto de alumínio se dissociar completamente em íons, serão formados 1 íon grama de íons de alumínio e 3 íons grama de íons cloreto.

Em termos práticos, pode-se considerar que somente uma certa proporção de qualquer sólido iônico se dissocia em solução, e a concentração efetiva de íons é conhecida como atividade da solução. Por exemplo, se somente metade das moléculas de cloreto de alumínio na solução molar se dissociar, as atividades correspondentes de cada íon serão 0,5 íon grama e 1,5 íon grama, para os íons de alumínio e de cloreto, respectivamente.

Ácidos e bases

O hidrogênio é um elemento especial em muitos aspectos. Por exemplo, embora seja um elemento não metálico, ele pode comportar-se quimicamente da mesma maneira que um metal. Ele forma vários compostos com elementos não metálicos, os quais, quando dissolvidos em água, liberam íons hidrogênio (H^+). São estes íons de hidrogênio que conferem à solução a propriedade de acidez. Um exemplo é o cloreto de hidrogênio (HCl), um gás que se solubiliza em água produzindo ácido clorídrico. Esta solução ácida é constituída de íons de hidrogênio e íons cloreto, produzidos pela ionização do HCl segundo:

$$HCl \rightarrow H^+ + Cl^-$$

Neste ácido, quase todas as moléculas se ionizam e, portanto, este é denominado ácido forte.

Uma situação similar ocorre com as bases, que são compostos iônicos contendo grupos hidroxila. Tais compostos podem dissociar-se formando íons hidroxila (OH^-), que proporcionam à solução a propriedade de alcalinidade. Um exemplo é o hidróxido de sódio, NaOH (soda cáustica), que se dissocia segundo:

$$NaOH \rightarrow Na^+ + OH^-$$

O hidróxido de sódio é uma base forte e bases fortes são formadas pelos elementos metálicos muito reativos (grupos 1 e 2 da tabela periódica, exceto Mg).

Muitos dos hidróxidos associados com os metais estruturais comuns possuem solubilidade muito baixa, de forma que eles não produzem soluções fortemente alcalinas. Essa baixa solubilidade tem um papel importante no comportamento de corrosão desses metais.

A água possui ambas as partes requeridas para comportar-se como um ácido e como uma base, uma vez que dissocia segundo:

$$H_2O \rightarrow H^+ + OH^-$$

Todavia, apenas uma pequena dissociação ocorre e a água pura contém apenas 10^{-7} íons grama de íons de hidrogênio por litro de água à temperatura ambiente. Esta concentração foi estabelecida como representativa de uma solução neutra. O ponto de neutralidade é portanto representado por pH igual a 7. As soluções ácidas possuem pH inferior a 7 e as soluções alcalinas possuem pH superior a 7.

Na prática, representa-se o grau de acidez em termos da concentração de íons hidrogênio em solução. Utiliza-se como referência de acidez ou alcalinidade o pH da solução, o qual é uma função logarítmica da atividade de íons hidrogênio ou, para efeitos de simplificação, pela concentração de íons hidrogênio, segundo:

$$pH = -\log [H^+]$$

A acidez de uma solução é facilmente determinada na prática pelo uso de indicadores químicos (indicador ácido-base), os quais mudam de cor em determinados valores de pH, ou por equipamentos elétricos que medem a diferença de potencial entre eletrodos especiais imersos na solução e indicam esta diferença de potencial como uma leitura direta de pH.

É conveniente expressar a concentração de algumas soluções, particularmente ácidos e bases, em termos de equivalente-grama ao invés de massa molar. O equivalente-grama representa a massa de uma substância que movimenta 1 mol de cargas positivas ou negativas durante uma reação química, ou seja, é a massa de substância que reage com um grama de hidrogênio[14]. Para ácidos, isto representa a quantidade de material capaz de liberar um grama de íons hidrogênio.

Exemplo: Para ácido clorídrico (HCl) o equivalente-grama é igual à massa molar, ou seja, 36,5 gramas. Para ácido sulfúrico (H_2SO_4), todavia, os dois átomos de hidrogênio podem comportar-se como ácido, de forma que somente metade da massa molar é requerida para produzir um íon grama de hidrogênio. O equivalente-grama do ácido sulfúrico é, portanto, metade da sua massa molar, ou seja, 98 g ÷ 2 = 49 g. Uma solução contendo o equivalente-grama do soluto em um litro de solução é conhecida como solução um normal (1 N).

13.3.2 Eletricidade

Em uma escala atômica, o processo de corrosão envolve a transferência de elétrons. Elétrons conduzem carga elétrica, cujo valor é de $1,6 \times 10^{-19}$ coulombs. A carga de um coulomb representa a carga elétrica que passa por um condutor quando uma corrente de um ampère flui no condutor por um segundo.

Uma vez que os processos de corrosão envolvem a transferência de elétrons, isso significa transferência de carga elétrica. Se, por exemplo, o zinco (Zn) é ionizado pela perda de dois elétrons segundo

$$Zn \rightarrow Zn^{2+} + 2e^-,$$

a ionização de um átomo de zinco envolve $2 \times 1,6 \times 10^{-19}$ coulombs.

Um mol de átomos contém o mesmo número de átomos, número de Avogadro (N) que é igual a $6,02 \times 10^{23}$, de forma que a ionização de um mol de átomos envolve $6,02 \times 10^{23} \times 1,6 \times 10^{-19}$ coulombs. Este valor é uma constante conhecida como Faraday, representada por F, cujo valor é 96.487,0 coulombs mol^{-1}. Esta é a carga elétrica associada com a ionização do equivalente eletroquímico de uma substância.

Leis de Faraday

Processos eletroquímicos, incluindo corrosão, obedecem às leis de Faraday da eletrólise. A primeira lei de Faraday estabelece que quando uma corrente atravessa uma solução eletrolítica, a quantidade de material que é oxidado ou reduzido nos eletrodos é proporcional à quantidade de corrente que passa pela solução. A segunda lei de Faraday estabelece que para cada 1 F (96.487,0 coulombs mol^{-1}) que atravessa a solução eletrolítica, a massa de metal que é oxidada ou reduzida no eletrodo é igual ao equivalente eletroquímico, segundo:

$$m = K I t$$

onde: m = massa de metal oxidado ou reduzido;
K = equivalente eletroquímico (K = $\frac{M}{n}$, onde M = massa molar e n = carga);
I = corrente em ampère;
t = tempo em segundos.

Exemplo: O alumínio tem uma massa molar de 27 g e sua valência é 3 (possui três elétrons na camada de valência). Isto significa que a massa equivalente ou equivalente eletroquímico do alumínio corresponde a 27 g 3 = 9 g. Portanto, espera-se que 1 F ou 96.487,0 coulombs atravessando uma solução eletrolítica, com um eletrodo de alumínio como anodo, cause a oxidação (corrosão) de 9 g de alumínio. Uma vez que um coulomb (C) é igual a 1 ampère-segundo, isto significa que a velocidade de dissolução ou corrosão pode ser calculada segundo:

$$96.487,0 \text{ ampère-segundo} = 9 \text{ g de Al; ou}$$
$$96.487,0 \div 3.600 \text{ ampère-hora} = 9 \text{ g de Al.}$$

Portanto, espera-se que uma corrente de cerca de 27 A atravessando uma solução eletrolítica durante 1 hora cause a corrosão de 9 g de Al. Esta taxa e a corrente envolvida são muito altas, em se tratando de corrosão. A ordem de grandeza mais conveniente para expressar situações típicas de corrosão corresponde a 9 μg de Al por hora, ou seja, o equivalente a uma corrente de 27 μA. Estes cálculos são aplicáveis a todos os metais, porém os resultados numéricos diferem de metal para metal devido aos seus diferentes equivalentes eletroquímicos.

13.4 METALURGIA

Metais sólidos consistem de átomos arranjados em reticulados tridimensionais. Um plano de um reticulado simples e sem defeitos é indicado na Figura 13.1. Estes arranjos geralmente contêm falhas ou defeitos, dos quais os mais importantes são lacunas (ou vacâncias), intersticiais e discordâncias.

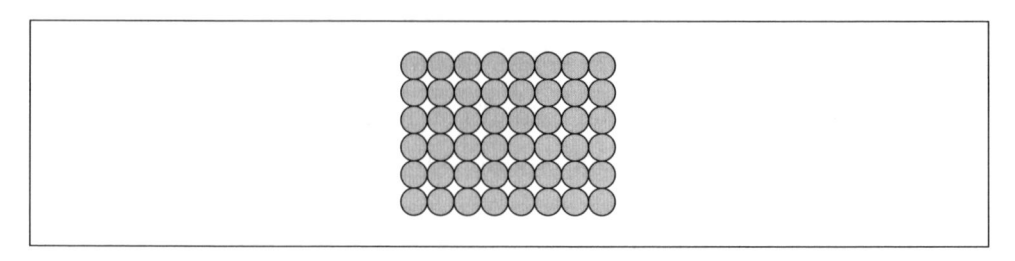

FIGURA 13.1 – *Plano de um retículo cristalino sem defeitos*

Uma lacuna no retículo cristalino consiste na ausência de um átomo da sua posição normal, como ilustra a Figura 13.2 (a). Um intersticial é um átomo adicional localizado entre as linhas normais de átomos no retículo cristalino, Figura 13.2 (b). Uma discordância no retículo cristalino do metal representa um desarranjo nas linhas de átomos que formam o retículo, Figura 13.2 (c). Todos esses defeitos produzem tensões no retículo cristalino, de forma que os átomos nas regiões dos defeitos estão em um estado menos estável do que os outros átomos do retículo cristalino.

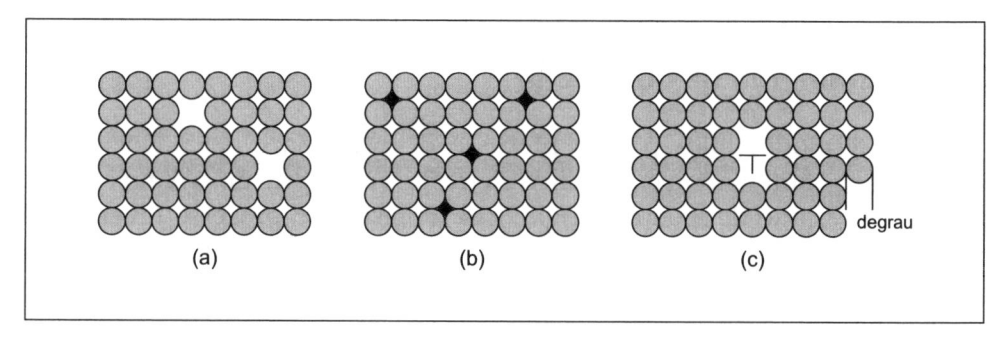

FIGURA 13.2 – *Defeitos no retículo cristalino: (a) lacuna, (b) intersticial, (c) discordância*

Outro defeito presente nos metais é o contorno de grão, conforme ilustra a Figura 13.3. Quando metais no estado fundido se solidificam, o crescimento do retículo cristalino ocorre a partir de diversos núcleos e, nas regiões onde os cristais em crescimento se encontram, são formados contornos de grãos. Essas regiões são de maior energia, e nelas há uma alta probabilidade de ocorrer segregação de maior proporção de impurezas do que no interior dos grãos. Tais regiões são portanto mais suscetíveis ao ataque corrosivo. O comportamento dessas regiões é, portanto, de grande interesse no estudo da corrosão. A maior tendência à corrosão dessas regiões é usada em metalografia para revelar a microestrutura do material, utilizando-se soluções corrosivas apropriadas.

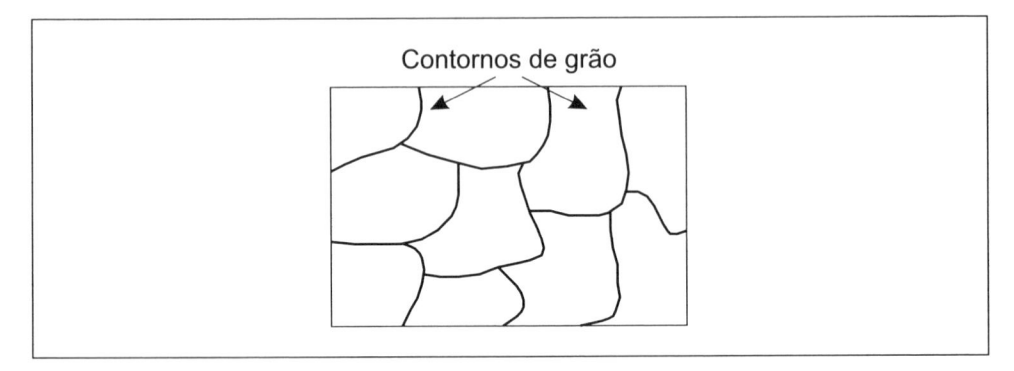

FIGURA 13.3 – *Contornos de grãos em material metálico*

13.5 PRINCÍPIOS DE CORROSÃO

A razão termodinâmica para o processo de corrosão é a tendência dos metais de se combinarem com outros elementos presentes do seu meio, para atingir um estado de menor energia. Isto representa o processo reverso da extração do metal a partir do minério, seja como óxido, sulfeto ou outros compostos. No processo de extração do metal, é necessária certa quantidade de energia, segundo[15]:

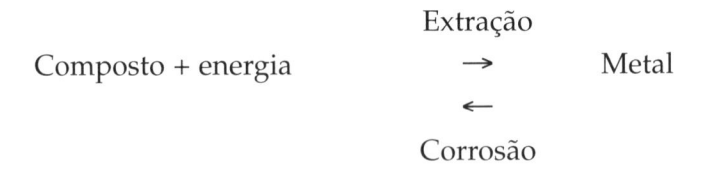

$$\text{Composto + energia} \underset{\text{Corrosão}}{\overset{\text{Extração}}{\rightleftarrows}} \text{Metal}$$

De modo geral, pode-se dizer que quanto maior a energia usada na extração do metal, maior será sua tendência a voltar à forma original por meio da corrosão, embora, naturalmente, a velocidade desta dependa do meio. Do ponto de vista de proteção contra a corrosão, diferentes quantidades de energia serão requeridas para preveni-la, segundo a tendência do metal.

13.5.1 Conceitos de oxidação e redução

Os diferentes metais possuem diferentes tendências à corrosão em um dado meio. Pode-se expressar esta tendência, dizendo-se que alguns metais tendem a se oxidar mais facilmente que outros. A reação de oxidação é representada por:

$$M \rightarrow M^{n+}_{(aq)} + ne^-$$

em que M é o átomo metálico, M^{n+} a forma oxidada do metal e n é o número de elétrons e^- que participam da reação.

Pode-se definir oxidação como a perda de elétrons por uma espécie química, por exemplo:

$$Fe \rightarrow Fe^{2+}_{(aq)} + 2e^-$$

E a redução pelo ganho de elétrons por uma espécie química. Por exemplo:

$$2H^+_{(aq)} + 2e^- \rightarrow H_2$$

onde cada espécie química $H^+_{(aq)}$ ganha um e^-.

A oxidação e a redução ocorrem simultaneamente, e uma não pode existir sem a outra, havendo a transferência de elétrons entre espécies químicas, na qual uma espécie química ganha e a outra perde. Neste processo, o número total de elétrons cedidos por uma espécie deve ser igual ao número total de elétrons ganhos pela outra espécie. A combinação das duas reações, segundo

$$Fe + 2H^+_{(aq)} \rightarrow Fe^{2+}_{(aq)} + H_2$$

é chamada de reação de oxirredução.

Em algumas reações de oxirredução, a transferência de elétrons não é tão facilmente identificada, como por exemplo:

$$2\,CO + O_2 \rightarrow 2\,CO_2$$

Então, para tornar mais evidente o fenômeno de oxirredução, será necessário introduzir outro conceito, qual seja, o de número de oxidação.

13.5.2 Definição de número de oxidação (N_{ox})

Número de oxidação (N_{ox}) é definido como o número que mede a carga (valência) real, para ligação iônica (compostos iônicos), ou carga parcial, para ligação covalente (compostos covalentes), de uma espécie química[16].

Em substâncias simples, o N_{ox} é zero. Nos compostos de hidrogênio, o N_{ox} do hidrogênio é geralmente +1 e nos compostos de oxigênio, o N_{ox} do oxigênio é usualmente –2, com exceção dos compostos de oxigênio com elementos mais eletronegativos que ele, por exemplo, OF_2, onde o N_{ox} do oxigênio é +2, e nos peróxidos, como H_2O_2 e Na_2O_2, no qual o N_{ox} do oxigênio é –1. Os metais alcalinos (família 1A), os alcalino-terrosos (família 2A), e o alumínio (família 3A) geralmente possuem N_{ox} correspondentes a +1, +2 e +3, em seus compostos. Já os halogênios (família 7A) possuem N_{ox} igual a –1 em compostos sem oxigênio. Em espécies neutras, a soma algébrica dos N_{ox} de todos os átomos é zero e, em compostos iônicos, a soma algébrica do N_{ox} dos elementos é igual à carga do íon. Informações mais detalhadas sobre N_{ox} podem ser obtidas de livros-textos de química[17,18].

A definição de oxidação e redução é simplificada pelo uso do conceito de N_{ox}. Usando-se este conceito, a oxidação pode ser definida pelo aumento algébrico do N_{ox}, e a redução pela diminuição algébrica do N_{ox}. A reação de oxirredução é aquela na qual um ou mais elementos sofrem variações nos seus números de oxidação.

13.5.3 Conceitos de agente oxidante e agente redutor

Outra definição importante é a de agente oxidante e agente redutor. Agente oxidante é aquele que causa a oxidação e sofre redução, e o agente redutor é o que causa redução e sofre oxidação. Quando um elemento ganha elétrons seu N_{ox} diminui e, portanto, sofre redução, sendo agente oxidante. Quando um elemento perde elétrons, seu N_{ox} aumenta, sofrendo oxidação e atuando como agente redutor.

13.5.4 Potencial de eletrodo

Quando um metal é imerso em uma solução eletrolítica, uma diferença de potencial é estabelecida na interface entre o metal (sólido) e a solução eletrolítica (líquido). A Figura 13.4 ilustra como ocorre o estabelecimento de uma diferença de potencial em uma interface metal-solução eletrolítica, que dá origem a uma dupla camada elétrica[19]. O sistema constituído pelo metal e a solução evolui espontaneamente para um estado de equilíbrio, representado por:

$$M \rightleftarrows M^{n+}_{(aq)} + ne^-$$

Existem duas situações possíveis. Na primeira, o potencial dos íons metálicos na rede cristalina do metal é maior que o potencial dos íons metálicos em solução e, portanto, há uma tendência espontânea de os íons metálicos na rede cristalina passarem para a solução, e o metal ficar com excesso de elétrons. Quando isto ocorre, o potencial do metal diminui, bem como a tendência à passagem de novos íons de metal para a solução. A transferência dos íons de metal para a solução continuará apenas até um equilíbrio ser atingido, quando o potencial dos íons metálicos na rede cristalina do metal for igual ao dos íons metálicos em solução. No equilíbrio, o metal terá um potencial elétrico negativo em relação à solução. Na segunda, o potencial dos íons metálicos na rede cristalina do metal é menor que o dos íons metálicos em solução, havendo tendência à transferência dos íons da solução para o metal. Neste caso, o metal fica com excesso de carga positiva e o potencial elétrico aumenta. A transferência de íons continuará até se atingir o equilíbrio onde o potencial elétrico do metal é positivo em relação à solução[20].

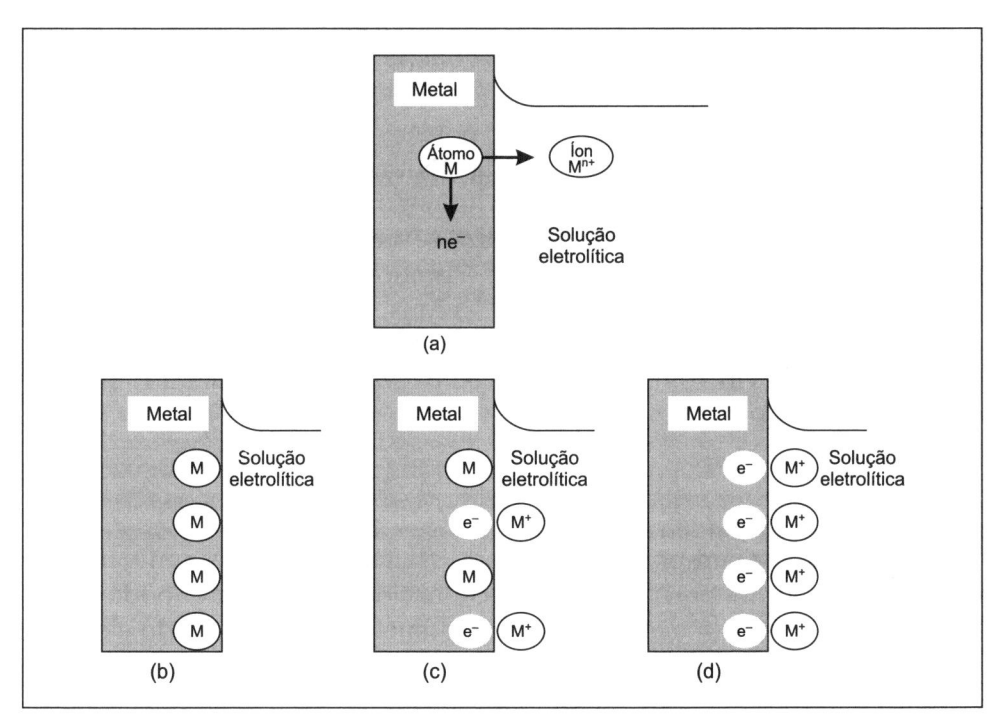

FIGURA 13.4 – *(a) Reação de oxidação. Ilustração do estabelecimento da dupla camada elétrica; (b) imediatamente após imersão, força química para separação de cargas = DG; (c) estado transiente: atração entre cargas opostas = –nFE; (d) equilíbrio dinâmico: DG = –nFE*[21]

Em ambas as situações descritas, a igualdade de potencial eletroquímico entre metal e solução se dará à custa do estabelecimento de diferença de potencial elétrico entre as duas fases. No equilíbrio, existe uma diferença de potencial entre o metal e a solução, e esta diferença de potencial é denominada diferença de potencial eletroquímico.

Quando o eletrodo é um metal puro (M), e este está imerso numa solução que contém seus próprios íons (M^{n+}), este eletrodo é classificado como de primeira espécie, sendo representado por M | M^{n+} ou M;M^{n+}, onde | ou ; indicam a interface entre o metal e a solução de seus íons[22]. A concentração ou atividade dos íons metálicos é indicada entre parênteses, como por exemplo:

$$Fe \mid Fe^{2+} (0,1 \text{ M}) \text{ ou } Fe \, ; \, Fe^{2+} (0,1 \text{ M})$$

13.5.5 Potenciais de eletrodos padrão

A tendência de uma reação ocorrer no eletrodo é dada pelo potencial de eletrodo. Esta reação pode ser de oxidação (perda de elétrons) ou de redução (ganho de elétrons). Para a determinação desses potenciais, uma concentração de íons foi fixada, uma vez que o potencial varia com a concentração. Determinações precisas exigem o uso da atividade, que é a disponibilidade efetiva do íon na solução. A concentração de íons, fixada para todas as medidas, foi 1 molar, mas, para fins práticos, utiliza-se a concentração 1 molar (1 M), pois em soluções diluídas a molalidade é praticamente igual à molaridade.

Um metal em solução 1 M de seus íons, à temperatura de 25 °C, é conhecido como eletrodo padrão ou meia-pilha padrão, e o potencial desse eletrodo, medido em volt, como potencial padrão. O eletrodo padrão pode ser representado por:

$$M \mid M^{n+} (1 \text{ M}) \text{ ou } M \, ; \, M^{n+} (1 \text{ M})$$

A medida de um potencial só pode ser feita se houver um valor de referência ou de um potencial padrão conhecido. Esta medida pode então ser efetuada ligando-se o eletrodo a um voltímetro e a um segundo eletrodo de potencial conhecido. Devido à diferença de potenciais entre esses eletrodos, ocorrerá um fluxo de elétrons do eletrodo de maior para o de menor potencial.

O eletrodo escolhido para eletrodo de referência primário foi o eletrodo padrão de hidrogênio (EPH) ou eletrodo normal de hidrogênio. O eletrodo padrão de hidrogênio é constituído de fio de platina recoberto com platina finamente dividida, para facilitar a adsorção de grandes quantidades de hidrogênio, imerso em uma solução 1 M de íons de hidrogênio, por exemplo HCl (1 M). Hidrogênio gasoso é borbulhado nesta solução a 25 °C, sob pressão de 1 atmosfera.

O potencial do sistema correspondente ao hidrogênio em forma de gás, à pressão de uma atmosfera em equilíbrio com solução 1 M de íons hidrogênio a uma temperatura de 25 °C, foi arbitrariamente estabelecido como zero volt (0 V). Este equilíbrio pode ser representado por

$$2H^+_{(aq)} + 2e^- \leftrightarrows H_2$$

e significa que a reação da esquerda para a direita tem a mesma velocidade que a reação da direita para a esquerda.

Esses são os potenciais de equilíbrio, recomendando-se a denominação de potencial de eletrodo. Nas condições padrão de temperatura (25 °C) e pressão (1 atm) em uma solução de concentração 1 M de seus próprios íons, cada metal estabelece um equilíbrio com seus íons em solução, e o potencial do metal nessas condições é denominado potencial de eletrodo padrão.

O potencial de eletrodo padrão de um elemento é a diferença de potencial (em volt) do elemento em equilíbrio com uma solução 1 M de seus íons a 25 °C e o potencial do eletrodo padrão de hidrogênio. O potencial de qualquer eletrodo pode então ser determinado ligando-o a um voltímetro e ao eletrodo padrão de hidrogênio. A medida obtida indica a diferença de potencial entre os dois eletrodos, no estado padrão, sendo que o do hidrogênio foi estabelecido como zero.

A vantagem do eletrodo padrão de hidrogênio é que seu potencial varia muito pouco com a passagem de corrente externa. Infelizmente, o eletrodo de hidrogênio apresenta algumas desvantagens, sendo a principal delas a necessidade de hidrogênio na forma de gás com alta pureza e, portanto, este não é um eletrodo de fácil uso prático. Existem, todavia, outros eletrodos de referência padrão baseados em metais como cobre, prata e mercúrio, cujos potenciais em relação ao do eletrodo padrão de hidrogênio são conhecidos precisamente em determinadas condições.

13.5.6 Eletrodos de referência

Outros eletrodos podem ser usados como eletrodos de referência, desde que seus potenciais sejam conhecidos em relação ao eletrodo padrão de hidrogênio. Estes são conhecidos como eletrodos de referência secundários.

Eletrodos de referência secundários muito utilizados são o de calomelano saturado, o de prata-cloreto de prata e o de cobre-sulfato de cobre. Estes são constituídos por um metal em contato com um sal pouco solúvel desse metal, e o conjunto imerso em uma solução contendo ânions do sal[23].

Os potenciais de alguns eletrodos de referência, em relação ao EPH, são:

Eletrodo	E (V) vs EPH
Calomelano saturado: Hg, Hg_2Cl_2 | KCl (sol. sat.)	+ 0,2415
Prata-cloreto de prata: Ag, AgCl | KCl (1 M)	+ 0,2224
Cobre-sulfato de cobre: Cu | $CuSO_4$, Cu^{2+}	+ 0,3180

13.5.7 Convenção de sinais

Algumas das recomendações da *International Union of Pure and Applied Chemistry* (Iupac) são apresentadas em seguida. A Iupac recomenda que se utilize para o potencial do eletrodo a diferença entre o potencial do metal (E_{metal}) e o potencial de solução ($E_{solução}$):

$$E = E_{metal} - E_{solução}$$

Outra recomendação é a de que o sinal positivo de potencial do eletrodo refira-se à reação de redução, escrevendo-se reação em equilíbrio da seguinte forma:

$$Fe^{2+}_{(aq)} + 2e^- \rightleftharpoons Fe$$

cujo potencial de redução (E_{red}) é – 0,44 V e o potencial de oxidação (E_{oxid}) é + 0,44 V.

13.5.8 Tabela dos potenciais de eletrodos padrão

A lista ordenada de potenciais de eletrodos padrão, medidos diretamente ou calculados a partir de dados termodinâmicos, é conhecida como tabela dos potenciais de eletrodos padrão. A Tabela 13.1 lista algumas reações em equilíbrio nas condições padrão, e seus potenciais correspondentes em relação ao eletrodo padrão de hidrogênio (EPH).

Na tabela dos potenciais de eletrodos padrão, nota-se que quanto maior o potencial de redução, E_{red}, menor o potencial de oxidação, E_{oxid}. Os elementos com os maiores E_{oxid} possuem maior tendência à oxidação, e vice-versa. Os elementos no topo da tabela, que possuem os maiores E_{red}, são o que apresentam maior tendência à redução e menor tendência à oxidação.

Um elemento com maior E_{oxid} tende a deslocar outro elemento de menor E_{oxid} da solução dos seus íons, isto é, causando a redução do íon em solução, enquanto ele próprio é oxidado, passando para a solução.

TABELA 13.1 – *Potenciais de eletrodos padrão em relação ao eletrodo padrão de hidrogênio, EPH*[24 a 26]

Reação em equilíbrio	E^o_{red} (V)	E^o_{oxid} (V)
$Au^{3+} + 3e^- \rightleftarrows Au$	+1,50	−1,50
$\frac{1}{2} O_2 + 2H^+ + 2e^- \rightleftarrows H_2O$	+1,23	−1,23
$Pt^{2+} + 2e^- \rightleftarrows Pt$	+1,20	−1,20
$Hg^{2+} + 2e^- \rightleftarrows Hg$	+0,85	−0,85
$Ag^+ + e^- \rightleftarrows Ag$	+0,80	−0,80
$Cu^{2+} + 2e^- \rightleftarrows Cu$	+0,34	−0,34
$2H^+ + 2e^- \rightleftarrows H_2$	+0,00	(estabelecido)
$Pb^{2+} + 2e^- \rightleftarrows Pb$	−0,13	+0,13
$Ni^{2+} + 2e^- \rightleftarrows Ni$	−0,25	+0,25
$Cd^{2+} + 2e^- \rightleftarrows Cd$	−0,40	+0,40
$Fe^{2+} + 2e^- \rightleftarrows Fe$	−0,44	+0,44
$Cr^{3+} + 3e^- \rightleftarrows Cr$	−0,70	+0,70
$Zn^{2+} + 2e^- \rightleftarrows Zn$	−0,76	+0,76
$Ti^{2+} + 2e^- \rightleftarrows Ti$	−1,63	+1,63
$Al^{3+} + 3e^- \rightleftarrows Al$	−1,67	+1,67
$Mg^{2+} + 2e^- \rightleftarrows Mg$	−2,38	+2,38

A tabela dos potenciais de eletrodos padrão para previsão da tendência à corrosão de metais apresenta sérias limitações. Uma dessas limitações consiste no fato de não considerar o efeito de películas que se formam sobre alguns metais em certas condições. Por exemplo, o cromo, o titânio e o alumínio são metais com E_{oxid} mais altos que o do ferro e, portanto, mais propensos à oxidação que este último metal. Com base nesta informação, freqüentemente assume-se que as taxas de corrosão dos primeiros são maiores que a do ferro, o que não é verdadeiro. Na realidade, sabe-se que o Cr, o Ti e o Al são mais resistentes à corrosão do que o ferro em grande número de meios encontrados na prática. De fato, a resistência do cromo à corrosão é tal, que este elemento é adicionado, em quantidades substanciais, a aços, como elemento de liga para produzir os conhecidos aços inoxidáveis, cuja resistência à corrosão atmosférica e outras formas de corrosão aquosa é elevada.

Outra limitação é que, embora algumas reações sejam possíveis pelos valores de potencial, estas aparentemente não ocorrem na prática, o que deve estar relacionado com a taxa de tal reação, que, por ser tão lenta, não se dá em curto espaço de tempo[27]. Além disso, a tabela dos potenciais de eletrodos padrão se aplica a elementos nas condições padrão de temperatura, pressão e concentração. Quando a concentração é diferente de 1 M, os valores de potenciais serão diferentes dos tabelados, e podem ser estimados pela equação de Nernst.

13.5.9 Determinação de potenciais de eletrodo pela equação de Nernst

A equação de Nernst permite a determinação do potencial do eletrodo em condições outras que as condições padrão. Esta é dada por:

$$E_{eq} = E_{eq}^o + \left[\frac{RT}{nF}\right] \ln\left(\frac{a_{esp.\ oxid.}}{a_{esp.\ red.}}\right)$$

onde: E_{eq} = potencial do eletrodo;
E_{eq}^o = potencial do eletrodo no estado padrão;
R = constante universal dos gases = 8,314 J K^{-1} mol^{-1};
T = temperatura (em Kelvin);
F = constante de Faraday = 96.487,0 coulombs mol^{-1};
N = variação do N_{ox} ou número de elétrons envolvidos na reação;

$a_{esp.\ oxid.}$ = atividade das espécies oxidadas;

$a_{esp.\ red.}$ = atividade das espécies reduzidas.

Transformando-se de logaritmo neperiano para natural, tem-se:

$$E_{eq} = E_{eq}^{o} + 2{,}303 \left[\frac{RT}{nF}\right] \log \left(\frac{a_{esp.\ oxid.}}{a_{esp.\ red.}}\right)$$

a 25 °C (298 K) tem-se:

$$E_{eq} = E_{eq}^{o} + \left(\frac{0{,}059}{n}\right) \log \left(\frac{a_{esp.\ oxid.}}{a_{esp.\ red.}}\right)$$

Para soluções diluídas, pode-se considerar a atividade aproximadamente igual à concentração.

Exemplo: O potencial do eletrodo: Fe | Fe^{2+} (0,01M) a 25 °C é:

$$E_{eq} = -0{,}440 + (0{,}059/2) \log (10^{-2})$$

$$E_{eq} = -0{,}440 - 0{,}059 = -0{,}499 \text{ V}$$

13.5.10 Tabela de nobreza em água do mar

Se os metais e ligas forem ordenados segundo as suas tendências à corrosão em um determinado meio, com os metais que apresentarem maior tendência a corroer em uma extremidade e os de menor tendência na outra extremidade, tem-se o que se conhece como série galvânica.

Uma série galvânica típica corresponde àquela para a água do mar como solução eletrolítica. A série galvânica em água do mar, também conhecida como tabela de nobreza em água do mar, é uma tabela prática, na qual os materiais estão distribuídos segundo seus potenciais, como mostra a Tabela 13.2[28].

TABELA 13.2 – *Série galvânica ou tabela de nobreza em água do mar*[29 a 31]

Extremidade nobre	Pt
	Au
	Grafite
	Aço AISI 316 (passivo)
	Aço AISI 304 (passivo)
	Aço AISI 410 (passivo)
	Ni (passivo)
	Cu
	Latão
	Ni (ativo)
	Sn
	Pb
	Aço AISI 316 (ativo)
	Aço AISI 304 (ativo)
	Aço AISI 410 (ativo)
	Ferro fundido
	Ferro trabalhado
	Aço baixa liga
	Aço doce
	Cd
	Al
	Alclad 38
	Zn
Extremidade ativa	Mg

Alguns metais e ligas podem ocorrer duas vezes em uma série galvânica, dependendo da condição de suas superfícies. Por exemplo, o termo passivo refere-se a um metal com alguma forma de película protetora na superfície, enquanto o termo ativo refere-se a um metal sem esta película. O estado passivo sempre está associado a um potencial mais nobre que o do estado ativo.

É importante salientar que qualquer série galvânica é válida apenas para as condições utilizadas na determinação da série. Qualquer variação nessas condições pode movimentar alguns metais na série, seja para cima ou para baixo. A seqüência dos metais e ligas será diferente para diferentes meios.

13.5.11 Conceito de pilhas eletroquímicas

Se dois metais de potenciais elétricos diferentes forem imersos em um mesmo meio (solução eletrolítica), e conectados por meio de um condutor eletrônico, ocorrerá o fluxo espontâneo de elétrons pelo condutor, no sentido do de maior densidade de elétrons para o de menor. O fluxo de elétrons constitui uma corrente elétrica e esta fonte geradora de corrente é a pilha eletroquímica.

Se a pilha eletroquímica produzir energia elétrica pelo consumo de energia química, tem-se a pilha galvânica. Se, por outro lado, a pilha eletroquímica produzir energia química pelo consumo de energia elétrica, de uma fonte de corrente externa, tem-se a pilha eletrolítica[32].

A corrente elétrica pode ser medida se um amperímetro for conectado em série no circuito elétrico entre os metais. Se, por outro lado, em vez de um fio condutor, um voltímetro de resistência infinita for colocado entre os metais, este indicará a diferença de potencial (DE) entre os dois metais. Esta diferença de potencial fornece uma medida das tendências relativas de metais a corroerem em um determinado meio.

A pilha eletroquímica é composta dos seguintes componentes[33]:

a) anodo: no qual ocorre a oxidação ou perda de elétrons (corrosão);

b) catodo: no qual se dá a redução ou ganho de elétrons;

c) solução eletrolítica: solução que contém íons que transportam a corrente elétrica do anodo para o catodo (condutor iônico);

d) condutor metálico: ligação metálica entre anodo e catodo, por onde os elétrons fluem do anodo para o catodo.

É a diferença de potencial entre dois eletrodos que gera uma pilha. Esta diferença pode ser originada por várias causas, tais como a diferença de concentração das espécies que reagem nos eletrodos ou a diferença de temperatura nos eletrodos. A pilha de concentração é composta de eletrodos de um mesmo material metálico, mas as concentrações das espécies que reagem nos eletrodos são diferentes. Uma vez que o potencial de eletrodo depende da concentração das espécies reagentes, segundo a equação de Nernst, esta diferença de concentração dá origem a uma pilha. Pilhas de concentração podem ser causadas ou por diferença de concentração iônica, ou por diferença de concentração de gases dissolvidos no meio, desde que estes participem da reação no eletrodo. Por exemplo, oxigênio molecular dissolvido na solução eletrolítica cuja pilha é também conhecida como pilha de aeração diferencial.

Outras pilhas que possuem nomes particulares são a pilha de corrosão, que é uma pilha galvânica na qual as reações nos eletrodos resultam em corrosão, a pilha de ação local e a pilha ativa-passiva. A pilha de ação local é uma pilha de pequenas dimensões (< 0,1 mm), também chamada de micropilha, causada por heterogeneidades no material metálico, tais como inclusões, precipitados ou fases diversas da matriz. Este tipo de pilha geralmente resulta em ataque localizado, como a corrosão por pites[34]. A pilha ativa-passiva é associada com materiais que apresentam passividade devido à formação de um filme aderente e protetor nas suas superfícies, como os aços inoxidáveis, o titânio e suas ligas, e o cromo. As regiões cobertas com o filme protetor (passivas) atuam como catodos. Alguns íons são particularmente agressivos às películas de óxido, como os íons cloreto. O ataque geralmente ocorre em regiões localizadas onde a película de óxido é menos protetora, formando-se pequenas áreas ativas (anodos) em torno de grandes áreas passivas (catodos). A diferença de potencial entre as duas áreas (eletrodos) é da ordem de 0,5 V, e a pilha resultante é conhecida como pilha ativa-passiva[35].

13.5.12 Termodinâmica das reações de corrosão

Em uma escala atômica, a corrosão envolve a remoção de elétrons de um átomo de metal formando um íon (reação de oxidação), segundo reação representada abaixo, devendo haver uma energia associada a esta reação:

$$M \rightarrow M^{n+} + ne^-$$

A força química que catalisa esta reação é a energia livre, DG. Se o potencial elétrico do metal for maior que o potencial dos íons metálicos em solução, então, sob a influência da força representada por DG, alguns dos átomos da superfície tornam-se íons de carga positiva, passando para a solução eletrolítica (Figura 13.4a), enquanto os elétrons liberados permanecem no eletrodo, pois não podem existir livres em solução. Este processo envolve a separação de cargas negativas e positivas e, assim, é estabelecido o potencial de eletrodo. Uma vez que o metal fica com excesso de cargas negativas, o potencial elétrico deste diminui, tornando mais difícil a passagem de mais íons metálicos para a solução. À medida que a concentração de íons e elétrons aumenta, estes são atraídos pela força entre cargas opostas (Figura 13.4c). Quando a atração elétrica torna-se muito forte, esta passa a contrabalançar a força química que atua na direção oposta. Neste ponto, o eletrodo atinge o equilíbrio, e as taxas das reações nas duas direções são iguais (Figura 13.4d).

No equilíbrio, tem-se o estabelecimento de uma dupla camada elétrica, na interface eletrodo-solução, em um estado dinâmico de equilíbrio, que não permite que a reação prossiga, a menos que o potencial de equilíbrio seja perturbado. O valor do potencial de equilíbrio é determinado pelo valor da energia livre, segundo:

1) $$\Delta G = -n \, F \, E_{eq}$$

onde: n = número de e^- envolvidos ou variação do N_{ox} na reação;
F = Faraday = 96.487,0 (coulombs . mol^{-1});
E = potencial de equilíbrio do eletrodo (V);
ΔG = variação da energia livre de Gibbs do sistema (Joules . mol^{-1}).

(Para converter de Joules . mol^{-1} para calorias . mol^{-1}, dividir por 4,18).

À temperatura de 25 °C e pressão de 1 atm (condições padrão):

2) $$\Delta G^o = -n \, F \, E_{eq}^o$$

As equações (1) e (2) permitem prever a possibilidade de ocorrência de uma reação, usando-se o seguinte critério:

se $E_{eq} > 0$, então $\Delta G < 0$ e a reação é espontânea;
se $E_{eq} < 0$, então $\Delta G > 0$ e a reação não é espontânea.

O conceito de dupla camada elétrica foi representado em sua forma mais simples na Figura 13.4d, na qual a valência do metal n foi assumida como unitária. Este modelo elementar é conhecido como a camada de Helmholtz, que é a parte mais próxima do metal na dupla camada elétrica, e significa que um eletrodo imerso em uma solução possui uma determinada capacitância elétrica devido à dupla camada elétrica. Naturalmente, a força sobre um íon de carga +2 corresponde a duas vezes a força sobre um íon de carga +1 em um mesmo campo elétrico. É por esse motivo que o balanço entre a energia química e a energia elétrica inclui um fator correspondente à carga envolvida na reação (n).

A Figura 13.5a ilustra de forma mais completa a dupla camada elétrica, que é constituída de duas partes, uma camada mais compacta e mais próxima à superfície metálica, a camada de Helmholtz, e uma camada mais difusa e mais externa, chamada de camada de Gouy-Chapman. Enquanto na camada de Helmholtz o potencial varia linearmente com a distância, na camada de Gouy-Chapman o potencial apresenta relação exponencial com a distância (Figura 13.5b).

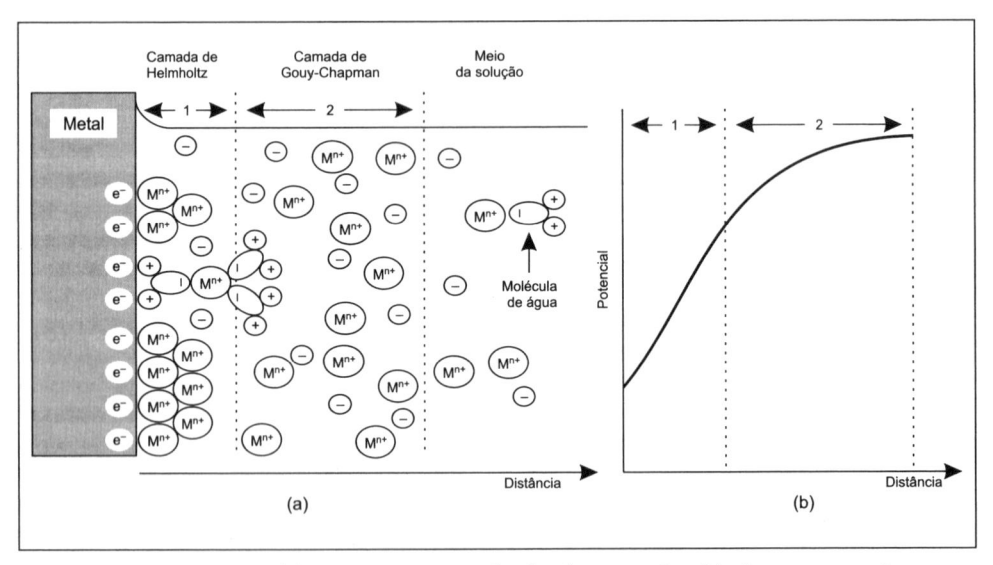

FIGURA 13.5 – (a) Representação da dupla camada elétrica mostrando a distribuição de íons em função da distância da superfície do eletrodo que atua como anodo. (b) Variação do potencial com a distância do eletrodo ilustrado em (a)[36]

O estudo da variação de energia associada às reações químicas é parte da termodinâmica. Através da termodinâmica é possível prever a ocorrência da reação de corrosão sob determinadas condições. A termodinâmica, todavia, não fornece informações sobre a velocidade de corrosão ou sua forma. Uma elevada diferença de energia entre os estados inicial (metal) e final (produto de corrosão) não significa necessariamente uma elevada velocidade de corrosão.

13.5.13 Reações de oxirredução

Na tabela de potenciais de eletrodo, nota-se que o E_{oxid} do zinco é maior que o do cobre, mostrando a maior tendência do primeiro a oxidar. Portanto, se o zinco for colocado em uma solução de sulfato de cobre, ele terá uma maior tendência a ionizar que o cobre, e alguns íons de cobre se descarregarão consumindo elétrons liberados pela ionização do zinco. Desta forma, ocorre a deposição química do cobre, mas a aderência é geralmente muito baixa. Similarmente, é possível depositar cobre, quimicamente, adicionando-se ferro a uma solução de sulfato de cobre.

A reação total envolvida no processo anterior pode ser dividida em duas meias reações. No caso do zinco/sulfato de cobre, o zinco é oxidado (corrói), segundo:

1) $$Zn \rightarrow Zn^{2+}_{(aq)} + 2e^-$$

e o cobre deposita de acordo com:

2) $$Cu^{2+}_{(aq)} + 2e^- \rightarrow Cu$$

Uma vez que as cargas produzidas pela reação de oxidação (ionização) são consumidas pela reação de redução (descarregamento), as duas reações são contrabalançadas. A soma dessas reações representa uma reação de oxirredução:

3) $$Zn + Cu^{2+}_{(aq)} \rightarrow Zn^{2+}_{(aq)} + 2e^-$$

onde a corrosão (oxidação) do zinco é contrabalançada pela redução química de íons de cobre. As reações (1) e (2) representam meias pilhas e a soma destas constitui uma pilha.

A pilha da reação (3) pode ser representada por:

4) $\qquad$ Zn | Zn^{2+} | | Cu^{2+} | Cu

e o potencial desta pilha é dado por:

5) $\qquad$ $E_{pilha} = E_{catodo} - E_{anodo}$

onde E_{catodo} e E_{anodo} são os potenciais de redução dos eletrodos que atuam como catodo e anodo, respectivamente.

Nas condições padrão, tem-se:

6) $\qquad$ $E°_{pilha} = E°_{catodo} - E°_{anodo}$

Como mencionado anteriormente, o anodo é o eletrodo em que ocorre a oxidação ou perda de elétrons (corrosão), e o catodo é o eletrodo no qual se dá a redução ou ganho de elétrons. Na pilha representada em (4), o catodo é o eletrodo de cobre e o anodo é o eletrodo de zinco.

Da tabela 13.1:

$$E°_{red}(Zn) = -0{,}76 \text{ V} \quad \text{(anodo)};$$
$$E°_{red}(Cu) = +0{,}34 \text{ V} \quad \text{(catodo)}.$$

Portanto, $E°_{pilha} = E°_{catodo} - E°_{anodo} = 0{,}34$ V $- (-0{,}76)$ V $= 1{,}10$ V, o que mostra que esta reação é espontânea da forma representada, pois $E_{pilha} >$ zero.

Na prática, o processo de corrosão de metais raramente ocorre pelo balanço da reação de oxidação com a reação de redução do íon de um metal mais nobre, uma vez que estes nem sempre são disponíveis. Entretanto, de diversas maneiras o hidrogênio comporta-se como um metal, e a redução química de íons de hidrogênio pode contrabalançar a reação de corrosão ou ionização de qualquer metal cujo potencial seja inferior ao do potencial de equilíbrio entre o hidrogênio e o íon H$^+$.

Íons de hidrogênio são sempre disponíveis em eletrólitos aquosos devido à dissociação da água; todavia, a quantidade de íons de hidrogênio produzida pela ionização da água é pequena. A adição de um ácido forte à água, como o ácido sulfúrico, fornece uma quantidade bem maior de íons de hidrogênio:

$$H_2SO_4 \rightarrow 2H^+ + SO_4^{2-}$$

O metal zinco apresenta tendência à corrosão em água. A reação de corrosão ou oxidação do zinco é dada por:

$$Zn \rightarrow Zn^{2+} + 2e^-$$

e esta é contrabalançada pela reação de redução do íon de hidrogênio, segundo

$$2H^+ + 2e^- \rightarrow H_2$$

com a liberação de gás hidrogênio. Se a quantidade de íons de hidrogênio em solução for aumentada (aumento na acidez), a velocidade da reação tenderá a aumentar. Cada átomo de zinco que oxida requer a redução de dois íons de hidrogênio, formando uma molécula de gás hidrogênio.

Para os metais cujos potenciais são mais nobres que o do equilíbrio $\frac{H^+}{H_2}$, a redução dos íons H^+ não pode contrabalançar a reação de corrosão, e outra reação tem de estar disponível para que a corrosão ocorra. A redução do oxigênio gasoso é uma das reações possíveis, exceto no caso de metais cujo potencial de equilíbrio é superior ao da reação de redução do oxigênio. Portanto, se a presença de qualquer reação com potencial de redução suficientemente alto for evitada, não ocorrerá corrosão. Por exemplo, na ausência de oxigênio livre em água, metais nobres como cobre, prata e mercúrio não mostram tendência à corrosão ou oxidação. Por outro lado, em presença de oxigênio, a reação de corrosão do cobre pode ser contrabalançada pela redução do oxigênio, segundo as reações:

$$Cu \rightarrow Cu^{2+} + 2e^-$$
$$\frac{1}{2} O_2 + 2H^+ + 2e^- \rightarrow H_2O$$

A redução do oxigênio livre disponível contribui para a reação total de redução de metais cujos potenciais de redução são inferiores ao potencial de equilíbrio do hidrogênio ($\frac{H^+}{H_2}$), isto é, aqueles com potenciais negativos. Para estes metais a reação de redução total inclui também a redução de íons H^+. Isto explica por que a desaeração de soluções é um dos métodos utilizados para a prevenção da corrosão.

13.5.14 Diagramas de Pourbaix (diagramas E *versus* pH)

A tabela de potenciais de eletrodos padrão somente considera os equilíbrios químicos que envolvem metais e seus cátions (M^{n+}); ou seja, a única reação considerada é:

1) $$M^{n+}_{(aq)} + ne^- \rightleftarrows M$$

que contém apenas os termos e^-, M e M^{n+}, sendo dependente apenas do potencial.

Várias outras reações relevantes para a corrosão podem ocorrer, tais como:

2) $$M + nH_2O \rightarrow M(OH)_n + nH^+_{(aq)} + ne^-$$

na qual o hidróxido de metal $M(OH)_z$ pode representar uma película protetora, se este for compacto, aderente e possuir baixa solubilidade. Outra reação possível é:

3) $$M + 2n(OH^-)_{(aq)} \rightarrow MO_n^-{}_{(aq)} + H_2O + ne^-$$

que representa a corrosão do metal em um meio alcalino.

Cada uma das duas reações anteriores (2) e (3) possui termos em e^-, de forma que o equilíbrio é dependente do potencial, mas como também possuem termos em H^+ ou OH^-, são também dependentes do pH.

Outras reações possíveis são:

4) $$M + n(OH^-)_{(aq)} \rightarrow M(OH)_n$$

5) $$MO_n^-{}_{(aq)} + nH^+_{(aq)} \rightarrow M(OH)_n$$

que não contêm termos em e^- e, portanto, são independentes do potencial, embora sejam dependentes do pH (contêm termos em H^+ ou OH^-).

Diagramas E vs pH foram desenvolvidos por Marcel Pourbaix, e por isso levam seu nome. Esses diagramas constituem uma forma útil de apresentação de equilíbrios dependentes de ambos, potencial e pH. Nesses diagramas, os parâmetros E e pH são representados para os vários equilíbrios possíveis, em coordenadas cartesianas normais, com E como ordenada e pH como abscissa. Esses diagramas consideram os equilíbrios químicos e eletroquímicos de metais com a água. Apenas um metal é representado em cada diagrama.

Em processos de corrosão, as duas reações de redução mais comuns são a redução de íons de hidrogênio e redução de oxigênio molecular. Nessas duas reações de redução participam e^- e íons H^+ ou OH^-, o que significa que ambas são dependentes do potencial e do pH. No diagrama E vs pH, estes equilíbrios são representados por linhas inclinadas (ab) e (cd), como ilustra a Figura 13.6. Os cálculos para esse equilíbrio são baseados na evolução de hidrogênio à pressão atmosférica (1 atm), e do oxigênio livre disponível à pressão atmosférica (1 atm).

A redução de íons de hidrogênio com evolução de hidrogênio gasoso só é possível em potenciais abaixo da linha (ab). Por sua vez, a evolução de oxigênio só pode ocorrer acima da linha (cd). Existe, portanto, uma região no diagrama E vs pH na qual a eletrólise da água é termodinamicamente impossível. Observa-se também na Figura 13.6 que a eletrólise da água não pode ocorrer, a menos que os eletrodos sejam mantidos com uma diferença mínima de potencial entre eles de cerca de 1,2 V, que corresponde ao potencial de separação entre as linhas (ab) e (cd), qualquer que seja o pH da solução eletrolítica.

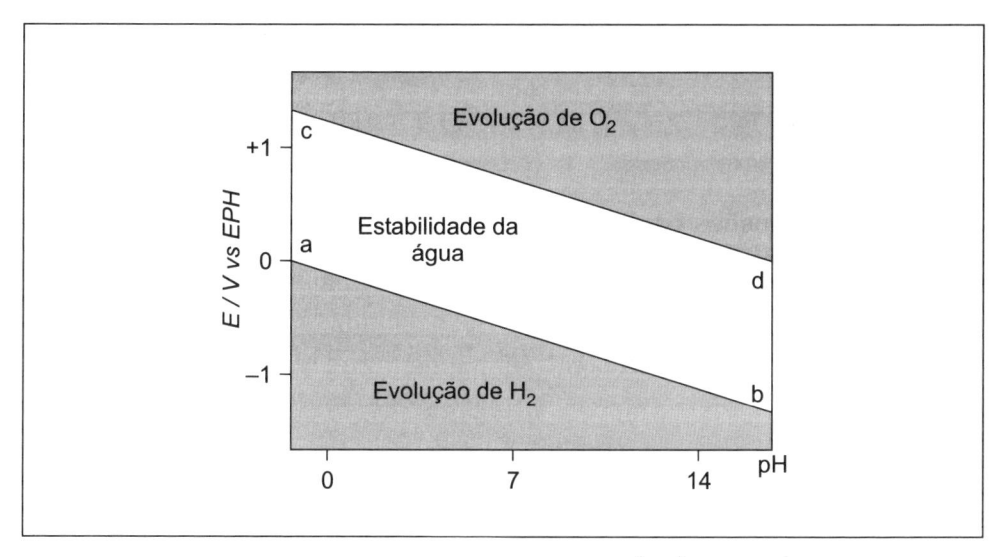

FIGURA 13.6 – *Diagrama de Pourbaix* $\left(\frac{E}{pH}\right)$ *para a* H_2O^{37}

Da mesma forma que as reações de redução de íons de hidrogênio e do oxigênio têm seus equilíbrios representados no diagrama E vs pH, outros equilíbrios podem ser representados para um metal em presença de água. O diagrama $\frac{E}{pH}$ para o Zn-H_2O será utilizado como exemplo para ilustrar o desenvolvimento do diagrama, por se tratar de um metal comparativamente simples.

No desenvolvimento dos diagramas E vs pH, assume-se que há um potencial de eletrodo para o metal, no qual a atividade de equilíbrio dos íons de metal na solução eletrolítica é tão baixa que a velocidade de oxidação do metal (ou corrosão) para manter esta atividade é desprezível. Na prática, assume-se que uma atividade iônica de 10^{-6} íons grama por litro é suficientemente baixa para este fim. O potencial do metal nesta atividade é conhecido como E_0, e este não deve ser confundido com o potencial de eletrodo padrão E_0, representado na tabela de potências de eletrodo.

As reações possíveis para o zinco puro em contato com água são representadas pelos seguintes equilíbrios:

1) $$Zn \rightleftarrows Zn^{2+} + 2e^-$$

2) $$Zn + 2H_2O \rightleftarrows Zn(OH)_2 + 2H^+ + 2e^-$$

3) $$Zn + 2H_2O \rightleftarrows ZnO_2^{2-} + 4H^+ + 2e^-$$

Os três primeiros equilíbrios são eletroquímicos. Há ainda dois equilíbrios puramente químicos:

4) $$Zn(OH)_2 + 2H^+ \rightleftarrows Zn^{2+} + 2H_2O \text{ e}$$

5) $$Zn(OH)_2 \rightleftarrows ZnO_2^{2-} + 2H^+$$

que representam o equilíbrio entre o hidróxido e o íon de zinco (Zn^{2+}), e entre o hidróxido e o íon zincato (ZnO_2^{2-}).

Uma vez que o primeiro equilíbrio (1) é independente do pH, ou seja, o potencial de equilíbrio é o mesmo para todos os valores de pH no qual a reação é possível, então o equilíbrio desta reação será representado por uma linha horizontal. Os equilíbrios que são dependentes do pH e potencial (2) e (3) são representados no diagrama $\frac{E}{pH}$ por linhas inclinadas, e aqueles dependentes apenas do pH (4) e (5) são representados por linhas verticais. A Figura 13.7 apresenta o diagrama E vs pH para o Zn-H_2O, apresentando as linhas correspondentes aos equilíbrios mencionados anteriormente.

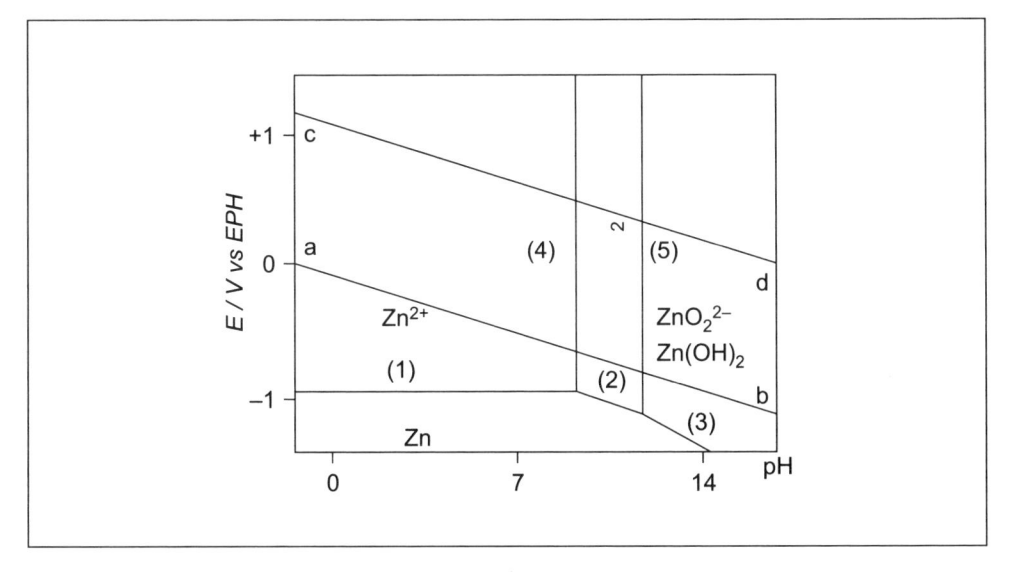

FIGURA 13.7 – Diagrama $\frac{E}{pH}$ para Zn em água[38]

É importante ressaltar que ambos os íons, Zn^{2+} e o íon complexo ZnO_2^{2-}, são formas de zinco em solução, de modo que os domínios de estabilidade destes íons representam regiões onde a corrosão do zinco é termodinamicamente possível.

O hidróxido de zinco, $Zn(OH)_2$, é um composto que é apenas levemente solúvel em água e, portanto, representa um precipitado sólido, que pode ou não formar uma película protetora sobre a superfície metálica. O domínio de estabilidade deste hidróxido é representativo da formação de uma película sendo chamado de passividade, uma vez que a "passivação" por tal película é termodinamicamente possível. A região de estabilidade do zinco como metal, delimitada por Zn, é a região onde a corrosão do metal é considerada termodinamicamente impossível, sendo chamada de região de imunidade.

Uma característica importante do diagrama E vs pH é a divisão natural dos campos em três domínios, que podem ser classificados em termos de comportamento de corrosão como imunidade, corrosão e passividade, como ilustra a Figura 13.8 para o zinco.

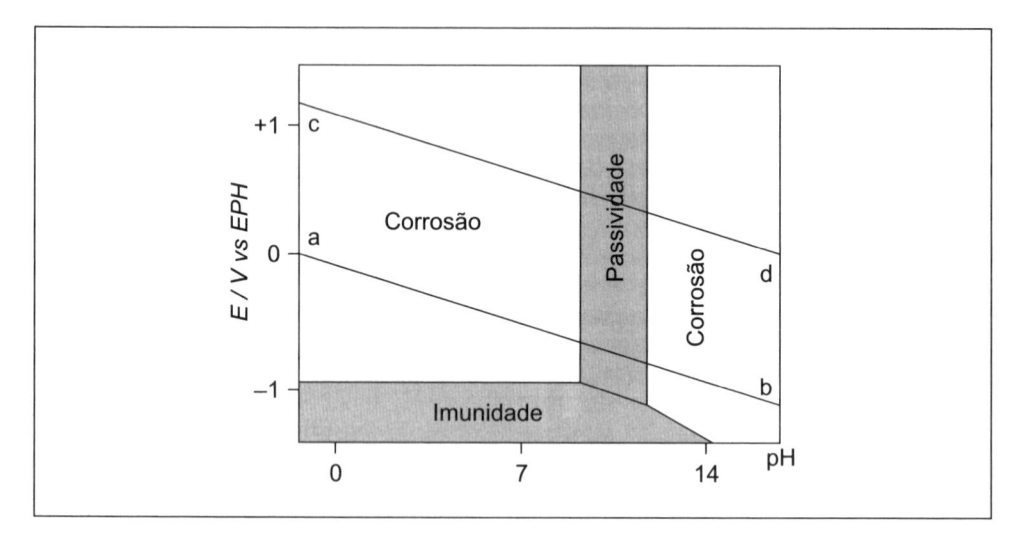

FIGURA 13.8 – *Domínios típicos no diagrama $\frac{E}{pH}$ para Zn em água*[39]

Embora a inclusão dos efeitos do pH no tratamento termodinâmico represente um avanço considerável na teoria geral sobre corrosão, há diversas limitações nos diagramas *E vs* pH, e estas devem ser lembradas, uma vez que existe uma grande tendência a se prever a ocorrência de corrosão com base apenas em dados termodinâmicos. As principais limitações dos diagramas *E vs* pH são:

1) não incluem dados cinéticos e, portanto, as velocidades das reações não são consideradas;

2) consideram apenas os equilíbrios do metal com a água, com raras exceções, e portanto apenas o íon hidroxila (OH^-) é considerado como íon complexante ou íon que pode formar precipitados. Nos casos práticos de corrosão, há muitos outros íons que podem formar precipitados, tais como, cloreto (Cl^-), sulfato (SO_4^{2-}) e fosfato (PO_4^{3-}), entre outros;

3) embora o domínio associado com hidróxidos de metal seja classificado como de passividade, o precipitado de hidróxido nem sempre é protetor, particularmente se a precipitação não ocorrer diretamente sobre a superfície metálica. Além disso, mesmo em casos onde a película de hidróxido confere proteção, variações no meio podem ocasionar falhas na película e, conseqüentemente, corrosão;

4) muitas das reações cujos equilíbrios são a base dos diagramas $\frac{E}{pH}$, envolvem a geração de íons H⁺ ou OH⁻, os quais podem causar variações localizadas do pH na superfície do eletrodo. Essas variações geralmente não têm efeito significativo no pH da solução, mas a previsão do comportamento baseada em medidas de pH da solução pode levar a conclusões errôneas.

Se as reações eletroquímicas simples entre um metal e os íons deste metal (M $\leftrightarrows$ M^{n+} + ne⁻) tendem a atingir um equilíbrio dinâmico e reversível, então como a corrosão ocorre na prática? A resposta é que o eletrodo pode tornar-se parte de um circuito, pelo qual há fluxo de carga (corrente elétrica). Isto permite que elétrons entrem ou deixem o eletrodo, de forma que o estado reversível nunca é atingido e uma reação contínua passa portanto a ocorrer.

As reações de corrosão são processos irreversíveis, nos quais o equilíbrio do metal com seus íons não é atingido, havendo outros elementos presentes no meio em contato com o metal, que atuam como agentes oxidantes. É importante determinar-se a taxa com que a reação de corrosão ocorre, sendo esta determinação do campo da cinética.

13.5.15 Cinética do eletrodo

A termodinâmica apenas fornece informação sobre a tendência de uma reação ocorrer ou não, sendo aplicável a sistemas reversíveis, em equilíbrio. Esta tendência é indicada pelo seu potencial. Todavia, muito mais importante que o conhecimento sobre a possibilidade de ocorrência de uma reação em corrosão é o conhecimento da velocidade com que a reação ocorre. A consideração apenas de dados termodinâmicos relacionados com a corrosão pode levar a conclusões errôneas em relação à reação de corrosão. O fato isolado de que um sistema possui um baixo potencial termodinâmico não significa necessariamente que esta reação será lenta, pois fatores cinéticos podem tornar esta reação particularmente fácil.

13.5.16 Apresentação dos dados cinéticos

Dados cinéticos são mais convenientemente apresentados por meio de gráficos, sendo o diagrama de potencial (E) *versus* corrente (I) uma forma usada de apresentação. Este diagrama é conhecido como diagrama de Evans.

Das leis de Faraday sabe-se que a massa (m) de uma substância que participa de uma reação eletroquímica (oxidada ou reduzida) em uma solução eletrolítica é proporcional à corrente total, I, que atravessa a solução, segundo[40]:

$$m = \frac{(M\,I\,t)}{nF}$$

onde: $\frac{M}{n} = K$ = equivalente eletroquímico;
t = tempo (segundos);
F = Faraday = 96.487,0 coulombs.

Portanto, a massa que reage por unidade de tempo ($\frac{m}{t}$) é dada por:

$$\left(\frac{m}{t}\right) = \left(\frac{K}{F}\right) I$$

Considerando-se $\frac{K}{F}$ como uma constante de proporcionalidade, k, a taxa de corrosão ($\frac{m}{t}$) pode ser representada pela corrente elétrica I. Se E representar o potencial no qual a reação ocorre no eletrodo, então os dados cinéticos podem ser apresentados em um gráfico de E (ordenada) *versus* I (abscissa). Freqüentemente, é mais conveniente usar-se a taxa da reação por unidade de área (A) do eletrodo do que a corrente, pois a densidade de corrente fornece informação sobre o material e não sobre um eletrodo particular (caso da corrente). A densidade de corrente é normalmente representada por i, onde $i = \frac{I}{\text{área}}$. Diagramas de i em função de E são conhecidos como diagramas de Stern.

13.5.17 Reações catódicas muito comuns em processos de corrosão

As duas principais reações catódicas de interesse em corrosão são:

1) a reação de redução do oxigênio:

$$\frac{1}{2} O_2 + 2H^+ + 2e^- \rightarrow H_2O$$

2) a reação de redução de íons hidrogênio ou evolução de hidrogênio:

$$2H^+ + 2e^- \rightarrow H_2$$

Se a evolução do hidrogênio e a oxidação do metal forem as únicas reações em uma superfície metálica, então, sob condições estacionárias, ou seja, quando não há acúmulo ou consumo de elétrons além do estabelecimento da dupla camada elétrica, a oxidação do metal (reação anódica) e a evolução de hidrogênio (reação catódica) devem contrabalançar-se no sentido faradáico. Nestas condições, a velocidade de liberação de elétrons, pela oxidação do metal, deve ser contrabalançada pela velocidade de captura de elétrons, pela reação de redução. Este processo compreende a transferência contínua de elétrons, e a taxa desta transferência é uma medida da corrente elétrica.

13.5.18 Associação entre célula eletroquímica e corrosão

A reação de corrosão pode ser compreendida como uma reação que ocorre em uma célula eletroquímica. Se elétrons são produzidos ou consumidos em um eletrodo, estes devem ser consumidos ou produzidos em outro lugar no circuito, a uma mesma velocidade. Portanto, em qualquer circuito deve haver pares de anodos e catodos. Um circuito com um anodo e um catodo é chamado de uma célula eletroquímica simples, conforme ilustra a Figura 13.9. No eletrodo, os condutores de carga são os elétrons, enquanto na solução eletrolítica somente os íons conduzem corrente. Os íons e elétrons não podem atravessar a interface, mas podem reagir ali. Esta reação que ocorre na interface é a reação eletroquímica.

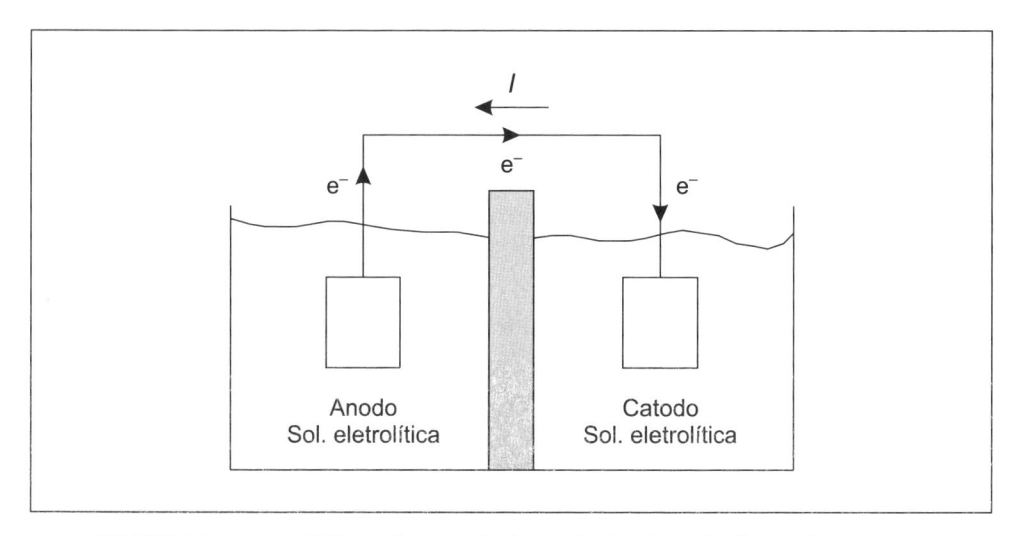

FIGURA 13.9 – *Célula eletroquímica polarizada pelo fluxo de corrente*

Quando os eletrodos são conectados por um fio metálico (condutor de elétrons) os potenciais dos dois eletrodos variam, tornando-se aproximadamente iguais, e este novo potencial é chamado de potencial misto.

13.5.19 Conceito de polarização

No caso de reações em equilíbrio, um potencial de equilíbrio, E_{eq}, é estabelecido, na dupla camada elétrica, o qual caracteriza a reação em um dado eletrodo. Se este potencial for alterado para um outro valor, E, diz-se que o eletrodo sofreu polarização[41 a 46]. A medida da polarização é dada pela sobretensão, m, segundo:

$$M = E - E_{eq}$$

Para valores de M > 0, tem-se sobretensão anódica, e para M < 0, sobretensão catódica.

O valor de M para uma dada densidade de corrente, i, é uma medida da dificuldade de uma reação ocorrer. Quando uma reação possui um alto valor de M (alta sobretensão), isto implica uma reação relativamente difícil ou lenta, enquanto uma baixa sobretensão representa uma reação fácil ou rápida.

A corrosão não é um processo em equilíbrio, mas no potencial de corrosão E_{corr}, a taxa total das reações catódicas é igual à taxa total das reações anódicas, que ocorrem no eletrodo. A polarização nos casos de corrosão refere-se à alteração do potencial em relação a E_{corr}, sendo a sobretensão dada por:

$$M = E - E_{corr}$$

Se metais, como ferro ou zinco, ambos com potenciais de redução (E_{red}) mais negativos que o do equilíbrio $\frac{H^+}{H_2}$, ou seja, com alta tendência a oxidar, são colocados em uma solução ácida, o metal é oxidado no anodo (corrói), e hidrogênio gasoso é liberado no catodo (evolui). Cada uma das reações, anódica e catódica, polariza a outra.

As sobretensões das reações de evolução de hidrogênio, m_{H2}, e de redução do oxigênio, M_{O2}, têm um significado particular em corrosão, devido à freqüência com que uma ou outra são dominantes na reação catódica total. Portanto, M_{H2} e M_{O2} são os fatores cinéticos cujas magnitudes freqüentemente controlam as velocidades de corrosão na prática.

A sobretensão não é uma constante. Para qualquer reação, o valor da sobretensão varia com a natureza do eletrodo, a condição da superfície, a concentração e temperatura do eletrólito, bem como a velocidade com que a reação ocorre.

A polarização M é indicada no diagrama de Stern da Figura 13.10, no qual o potencial (*E*) é plotado em função da densidade de corrente (*i*). Diagramas de Evans (*E vs I*) podem também ser usados. A polarização, todavia, é uma função da densidade de corrente (*i*) e não da corrente (*I*).

13.5.20 A teoria do potencial misto

Os conceitos que relacionam corrosão e eletroquímica são conhecidos há muitos anos, mas foram formalizados por Wagner e Traud na teoria do potencial misto em 1938. Duas hipóteses foram assumidas, a saber[47]:

1) qualquer reação eletroquímica pode ser dividida em dois ou mais processos parciais;
2) não pode haver acúmulo de carga durante uma reação eletroquímica.

Portanto, em qualquer processo de corrosão, a velocidade total da reação de oxidação deve ser igual à velocidade total da reação de redução. Esta teoria, juntamente com as equações de Nernst e de Faraday, formam a base da teoria moderna de corrosão[48].

Diagramas do potencial do eletrodo, *E*, em função da densidade de corrente que atravessa o circuito, *i* (diagramas de Stern), contêm informações sobre o potencial reversível do anodo e do catodo. Por exemplo, se ferro é imerso em uma solução ácida, a reação que ocorre no anodo é:

$$Fe \rightarrow Fe^{2+} + 2e^-$$

e no catodo:
$$2H^+ + 2e^- \rightarrow H_2$$

À medida que a corrente passa pelo circuito, os potenciais dos eletrodos se aproximam. Segundo a teoria do potencial misto, a taxa total da reação anódica deve ser igual à taxa total da reação catódica no potencial misto. Ambas as reações, a oxidação do ferro e a evolução de hidrogênio, ocorrem simultaneamente sobre o ferro quando imerso em ácido, e, portanto, o potencial do metal não pode permanecer nos valores de equilíbrio das reações individuais. O novo potencial assumido é determinado pela interseção das curvas de polarização das duas reações (anódica e catódica). Este ponto de interseção é conhecido como potencial misto ou de corrosão, E_{corr}, e a densidade de corrente neste ponto é a taxa de corrosão, i_{corr} (Figura 13.10). Esta densidade de corrente representa a taxa de oxidação do ferro e a taxa de evolução do hidrogênio sobre o ferro, no potencial de corrosão.

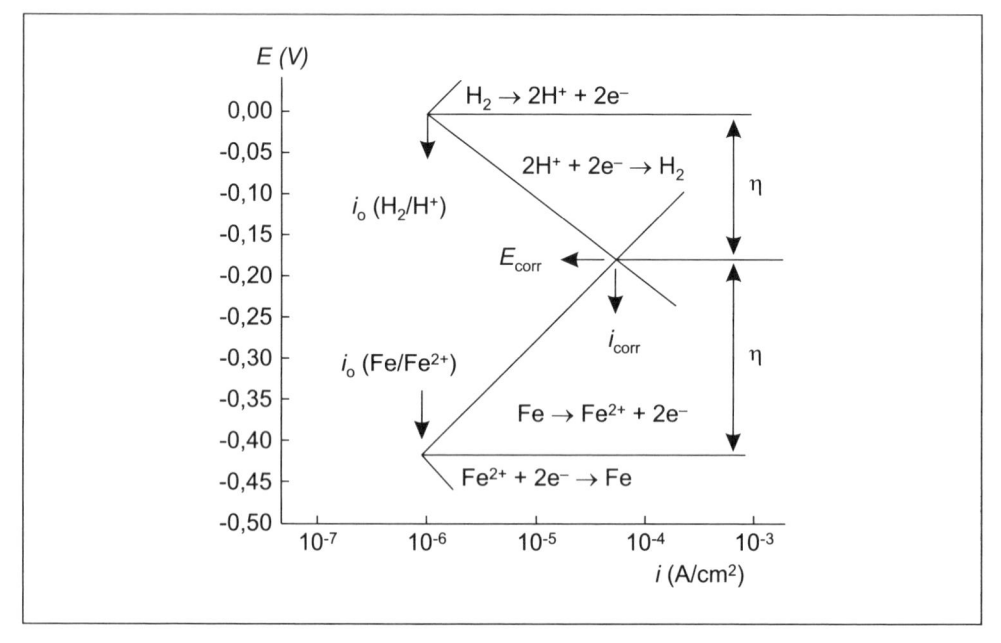

FIGURA 13.10 – *Diagrama de Stern para o ferro em H_2SO_4*

13.5.21 Polarização por ativação, η_A

A polarização por ativação refere-se a reações eletroquímicas que são controladas por uma etapa lenta na seqüência da reação[49]. Esta polarização deve-se à barreira energética que tem de ser transposta para que a transferência de elétrons ocorra[50 a 52].

A relação entre a taxa da reação ou densidade de corrente (i) e a sobretensão de ativação η_A, segundo a equação de Tafel, é dada por[53]:

$$\eta_A = \pm \, b \, \log \frac{i}{i_o}$$

Para reações em equilíbrio, quando a sobretensão é igual a zero ($\eta_A = 0$), isto é, $E = E_{eq}$, tem-se o equilíbrio dinâmico, no qual ambas as reações, oxidação e redução, ocorrem com a mesma velocidade, se contrabalançando. A velocidade média da reação por unidade de área neste ponto é dada por i_o. Por exemplo, se cobre estiver em equilíbrio em uma solução de sulfato de cobre, e não houver outra reação ocorrendo, haverá uma oxidação contínua de cobre, com uma densidade de corrente equivalente a i_o, contrabalançada pela redução contínua de cobre na mesma velocidade i_o. A velocidade i_o é a densidade de corrente de troca, e, como exemplo, o valor de i_o para a evolução de hidrogênio em uma solução 0,5 molar de HCl sobre platina tem um valor de $10^{-2,6} \frac{A}{cm^2}$, enquanto sobre mercúrio, o valor de i_o, para a evolução de hidrogênio, é cerca de $10^{-12} \frac{A}{cm^2}$ [54, 55].

Na Figura 13.11, as curvas tracejadas representam a resolução puramente matemática da equação de Tafel, enquanto as curvas contínuas representam taxas de reações reais. Pode-se verificar que as duas coincidem sobre uma faixa de valores de i. Estas são as regiões onde a equação de Tafel é válida.

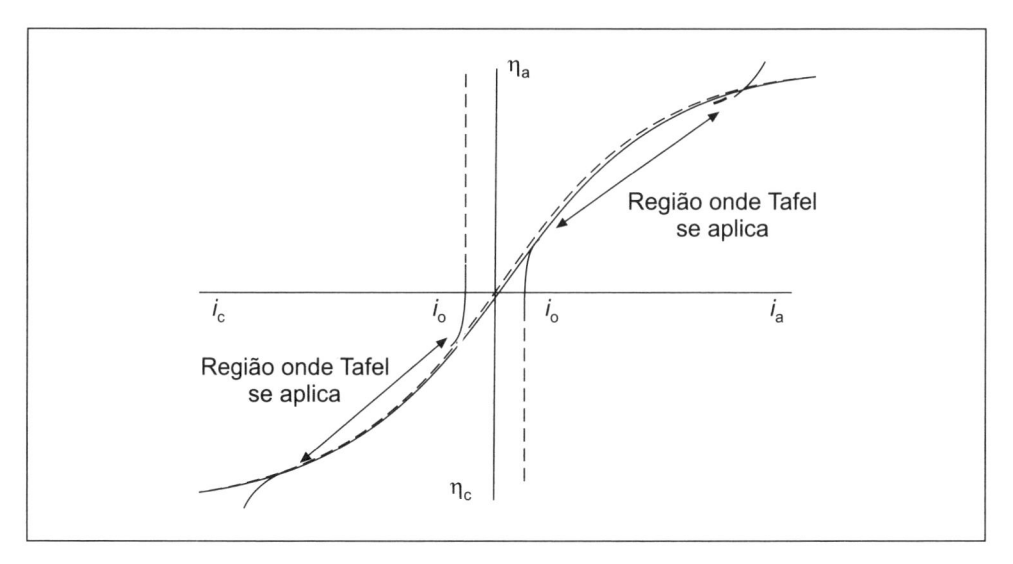

FIGURA 13.11 – *Relação entre η e i indicando região de Tafel*[56]

Um elevado valor de i_o é freqüentemente associado com uma reação inicialmente fácil (baixo η), e um baixo valor de i_o com uma reação inicialmente difícil (elevado η). Portanto, i_o pode dar indicação direta das taxas relativas da reação.

Por analogia, para processos de corrosão, a equação de Tafel foi deduzida para baixos valores de sobretensão, e esta relaciona a polarização por ativação, η_A, com a densidade de corrente, i.

A equação de Tafel

Segundo a equação de Tafel, a relação entre a polarização por ativação, η_A, e a densidade de corrente no eletrodo é dada por:

$$\eta_A = a \pm b \log i$$

Para a reação anódica:

$$\eta_A = a_a + b_a \log i$$

b_a = constante anódica de Tafel = $2{,}3 \dfrac{RT}{\alpha nF}$

$a_a = \left(-2{,}3 \dfrac{RT}{\alpha nF}\right) \log i_{corr}$

E, para a reação catódica:

$$\eta_A = a_c - b_c \log i$$

b_c = constante de Tafel catódica = $2{,}3 \dfrac{RT}{(1-\alpha)nF}$

$a_c = \left[2{,}3 \dfrac{RT}{(1-\alpha)nF}\right] \log i_{corr}$

onde: η_A = sobretensão em relação ao potencial de corrosão ($E - E_{corr}$);
a e b são constantes de Tafel;
i = densidade de corrente medida;
i_{corr} = densidade de corrente de corrosão;
R   = constante universal dos gases (8,314 J K^{-1} mol^{-1});
T   = temperatura (em K);
n   = variação do N_{ox} causada pela reação;
a   = coeficiente de transferência ou de simetria da barreira energética;
F   = Faraday (96.487,0 coulombs mol^{-1}).

A Figura 13.12 apresenta uma representação gráfica da equação de Tafel em um diagrama E vs log i.

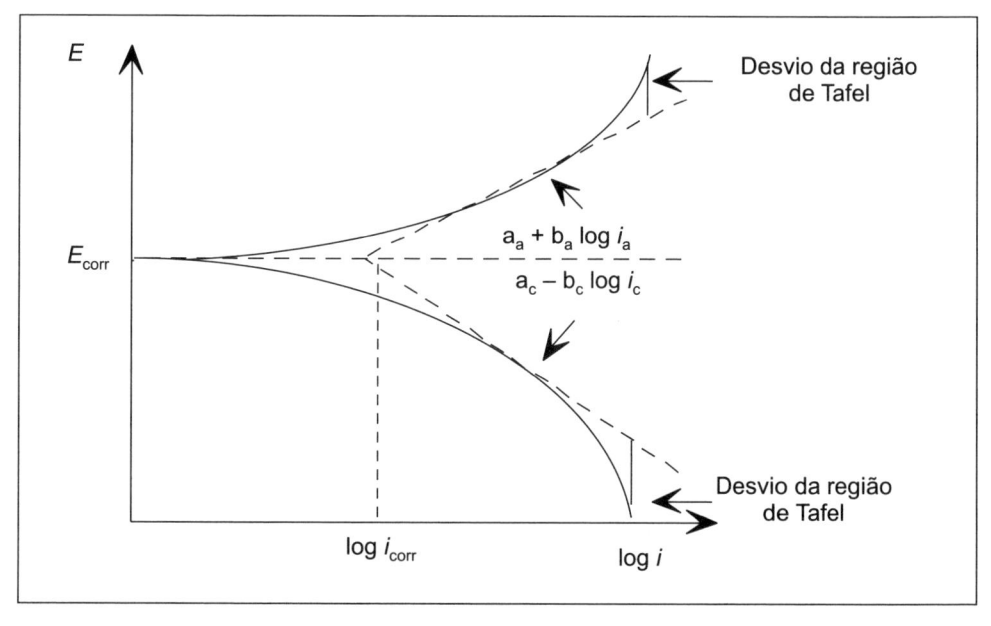

FIGURA 13.12 – *Diagrama E vs log i, indicando região de Tafel e desvio desta região*[57]

A polarização pode ser realizada no sentido anódico (potenciais maiores que E_{corr}) ou catódico (potenciais menores que E_{corr}). Para cada valor de sobretensão, a corrente resultante é medida. Conforme os valores de sobretensão aumentam, em valores absolutos, os dois processos, catódico e anódico, tornam-se independentes, e a relação entre a sobretensão e a densidade de corrente aproxima-se daquela prevista pela equação de Tafel[58]. As retas de Tafel extrapoladas para o potencial de corrosão, E_{corr}, permitem a obtenção da taxa de corrosão, i_{corr}.

13.5.22 Polarização por concentração, M_C

Nos processos de corrosão controlados por ativação, assume-se que quando um cátion entra na solução eletrolítica, este move-se rapidamente para longe da interface metal-solução. Este movimento é causado por difusão. À medida que a densidade de corrente de oxidação (dissolução) aumenta, a velocidade de saída dos produtos anódicos da região próxima ao anodo para o meio da solução não aumenta proporcionalmente. Conseqüentemente, a concentração dos cátions próximos ao anodo aumenta, exercendo uma força eletromotriz contrária à continuação da reação de dissolução. Maiores aumentos na densidade de corrente anódica tornam-se mais difíceis, requerendo aumentos proporcionais na sobretensão anódica. Neste estágio, a taxa de oxidação (dissolução) em um eletrodo de área A será igual a $i\,A/nF$, e esta será dada por[59]:

$$1)\qquad \frac{i\,A}{nF} = \frac{AD\,(C - C_o)}{d}$$

onde: D = coeficiente de difusão;

C = concentração da espécie reagente na superfície do eletrodo;

C_o = concentração da espécie reagente no meio da solução;

δ = espessura da camada de difusão.

No caso de processos de redução para altas taxas de redução, a região adjacente à superfície do eletrodo torna-se empobrecida na espécie reagente. Se a taxa de redução for ainda aumentada, uma densidade de corrente limite, i_L, será atingida, a qual é determinada pela taxa de difusão da espécie reagente até a superfície do eletrodo. Se a sobretensão for ainda aumentada após i_L ser atingido, esta não aumentará mais, permanecendo com o valor de i_L.

A polarização ou sobretensão devido a efeitos de concentração, η_C, pode ser estimada pela equação de Nernst:

$$2)\qquad \eta_C = \left(\frac{2{,}303\,RT}{nF}\right)\log\frac{C}{C_o}$$

ou ainda, pela equação:

$$3)\qquad \eta_C = \frac{2{,}303\,RT}{nF \log\left[1 - \left(\frac{i}{i_L}\right)\right]}$$

onde:

$$4)\qquad i_L = \frac{DnFC_o}{\delta}$$

A equação (4) mostra que i_L é dependente do coeficiente de difusão (D), da concentração dos reagentes em solução (C_o), e da espessura da camada de difusão (δ). Os fatores que afetam esses parâmetros também afetam i_L. A espessura da camada de difusão é afetada pela agitação do meio, pela forma do eletrodo e pela geometria do sistema. Por sua vez, a temperatura e a agitação do meio afetam o coeficiente de difusão. A agitação tende a diminuir δ, devido a efeitos de convecção; conseqüentemente aumenta i_L.

A densidade de corrente limite devido à difusão usualmente só é significativa para processos de redução, sendo geralmente desprezível durante reações de dissolução do metal. A razão disso é que há um suprimento quase ilimitado de átomos de metal para a dissolução[60].

A polarização por concentração somente torna-se importante quando a densidade de corrente, i, aproxima-se de i_L. A Figura 13.13 fornece uma representação gráfica da equação (3) e efeitos de variação em i_L causados por aumentos na velocidade de agitação, temperatura da solução e concentração das espécies reagentes, para o caso de um processo de redução.

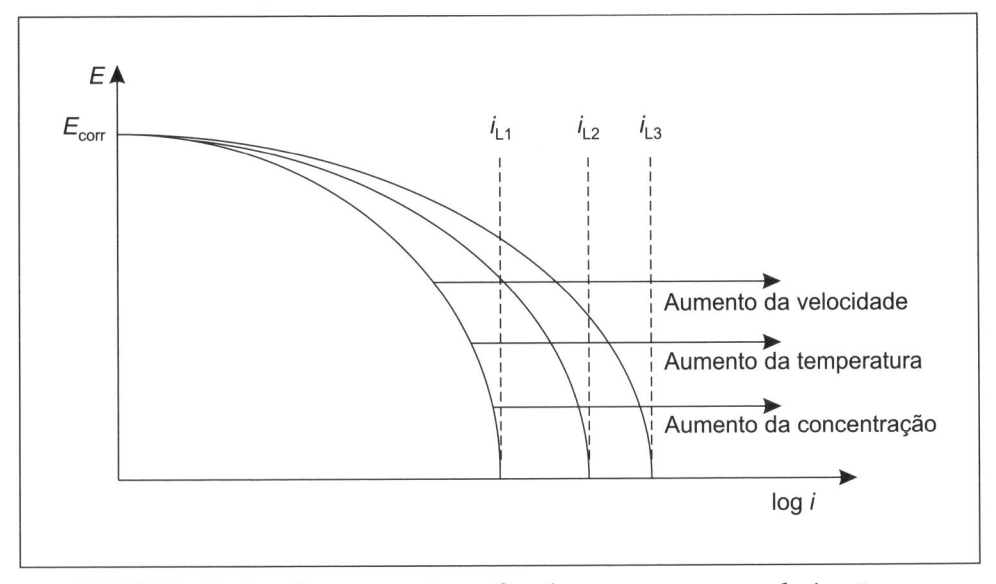

FIGURA 13.13 – *Representação gráfica de uma curva com polarização por concentração para um processo de redução e efeitos de variáveis do meio nesta curva*[61]

13.5.23 Polarização por resistência, η_R

A polarização por resistência, η_R, deve-se à resistência à passagem de corrente pela solução eletrolítica, e esta é dada pela queda ôhmica, i R, segundo:

5) $$\eta_R = i\,R$$

onde: i = densidade de corrente (A . cm^{-2})
  R = resistência (Ω . cm^2)

Em soluções de alta condutividade, o valor de η_R é geralmente pequeno, mas em soluções de baixa condutividade, esse valor pode ser muito alto.

A polarização por resistência pode também ser causada pela presença de filmes óxidos, como no caso de filmes passivos sobre Al, Ti, aços inoxidáveis, ou precipitados sobre a superfície metálica, os quais têm uma resistência própria, e portanto causam uma queda ôhmica durante a passagem de corrente. A Figura 13.14 ilustra o efeito da polarização por resistência, observando-se que quanto maior for a queda ôhmica, $i\,R$, menor será a taxa de corrosão, i_{corr}[62].

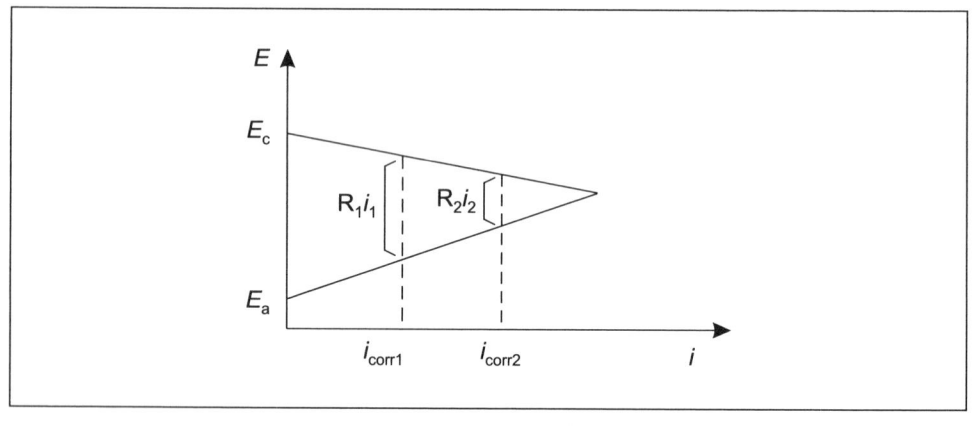

FIGURA 13.14 – *Representação gráfica do efeito da queda ôhmica na taxa de corrosão*[63]

No caso de processos de corrosão com controle por resistência, um potencial misto não é atingido e o catodo e o anodo têm potenciais diferentes, $E_c \neq E_a$. O potencial medido pode assumir qualquer valor entre esses dois potenciais.

A polarização por resistência desaparece rapidamente (poucos microssegundos) após a corrente ser interrompida[64].

13.5.24 Combinação das polarizações

Na prática, a polarização total em um eletrodo pode ser composta dos três tipos de polarizações, por ativação, por concentração e por resistência, segundo:

6) $$\eta_{Total} = \eta_A + \eta_C + \eta_R$$

Em alguns casos, apenas uma ou duas das polarizações acima podem estar ocorrendo, ou, pelo menos, ser predominante sobre as demais. Nestes casos, a equação (5) pode ser simplificada, considerando apenas os termos relevantes.

13.6 TIPOS DE CONTROLE DA REAÇÃO DE CORROSÃO

13.6.1 Controle misto

A Figura 13.15a apresenta um diagrama de Evans para casos nos quais a solução é altamente condutora e, portanto, a resistência entre o anodo e o catodo é desprezível. Devido à polarização, o potencial do anodo torna-se mais nobre, e o do catodo, mais ativo. Ambos atingem o potencial de corrosão (E_{corr}), com a corrente de corrosão correspondente a I_{corr}. Este sistema encontra-se sob controle misto, uma vez que a variação na polarização anódica ou catódica tem o mesmo efeito na corrente de corrosão. O controle misto é normalmente observado para metais ativos em ácidos não oxidantes.

13.6.2 Controle por resistência

Para metais com película de óxido ou de produtos de corrosão, em soluções diluídas (baixa condutividade), uma resistência significativa é introduzida no circuito. Neste caso, a resistência controla a taxa de corrosão, e diz-se que a reação está sob controle por resistência, como ilustra a Figura 13.15b. Um exemplo típico é a corrosão do alumínio que é coberto por uma película de óxido, onde a corrente de corrosão é controlada pela queda ôhmica (i R) através dos poros do óxido.

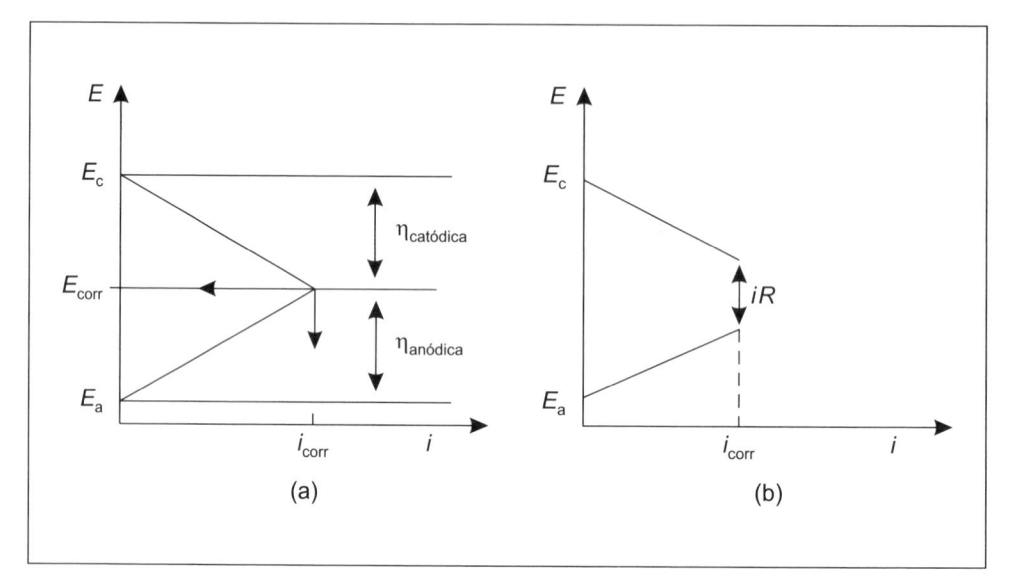

FIGURA 13.15 – *Diagrama de Evans para reação de corrosão sob controle (a) misto, (b) por resistência*

13.6.3 Controle anódico

Quando a polarização ocorre predominantemente no anodo, ou seja, uma pequena variação no potencial do catodo produz uma grande variação na densidade de corrente catódica, mas o mesmo não ocorre para o anodo, diz-se que a reação está sob controle anódico (Figura 13.16a). Neste caso, o potencial de corrosão, E_{corr}, localiza-se próximo ao potencial E_o do catodo (E_c). Este tipo de controle é observado para o ferro em soluções de cromato, magnésio em águas naturais e para o chumbo em ácido sulfúrico.

13.6.4 Controle catódico

Se a polarização ocorrer predominantemente no catodo, diz-se que a reação está sob controle catódico e E_{corr} situa-se próximo a E_o do anodo, E_a (Figura 13.16b). Exemplos são a corrosão do zinco em ácido sulfúrico diluído e a do ferro em água.

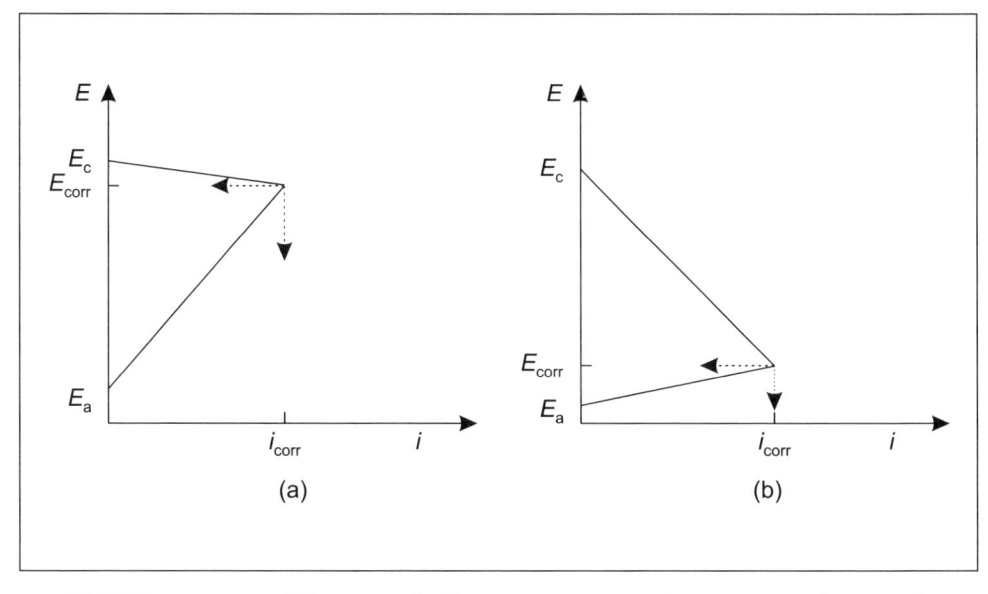

FIGURA 13.16 – *Diagrama de Evans para reação de corrosão sob controle (a) anódico e (b) catódico*

Em soluções aeradas neutras, a reação catódica predominante é a reação de redução do oxigênio. Oxigênio molecular deve, portanto, difundir-se através da solução para ser reduzido no catodo. Conseqüentemente, se a quantidade de oxigênio for aumentada pela agitação da solução, a reação catódica será despolarizada e I_{corr} aumentará. A corrente de corrosão aumenta com a agitação até a velocidade de difusão do oxigênio deixar de ser o fator de controle da velocidade, ilustra a Figura 13.17, para velocidades entre v_2 e v_4. Se mais oxigênio for introduzido na solução, a velocidade de corrosão deve aumentar ainda mais, uma vez que E_c aumenta devido à maior pressão parcial de oxigênio, conforme indica a equação de Nernst.

A polarização depende não apenas da natureza do metal e da solução, mas também da área efetivamente exposta ao meio[65]. Se a área catódica for bem maior que a anódica, como no caso de um rebite de aço ao carbono em uma chapa de cobre, a polarização anódica será bem maior que a polarização catódica, embora para dado valor de *i* possa parecer que haja pouca polarização. Nesses casos, é necessário que a densidade de corrente, *i*, ao invés de

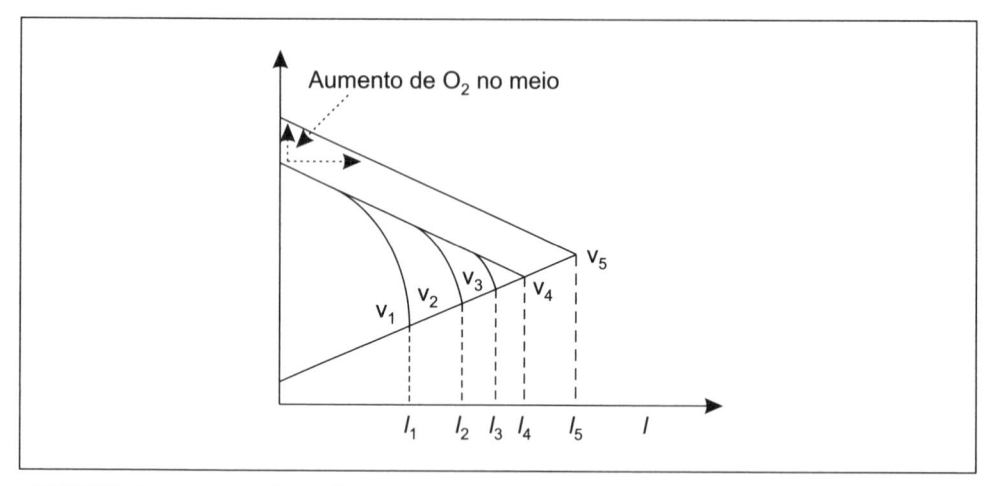

FIGURA 13.17 – *Efeito do aumento na velocidade de agitação do meio e do teor de O_2 no meio. (v_1 solução estática, $v_2 \to v_4$ aumento na velocidade de agitação, $v_4 \to v_5$ aumento de O_2)*

corrente, I, seja considerada em função do potencial. A Figura 13.18 ilustra uma curva de polarização de metal sofrendo corrosão, na qual a área do catodo é o dobro da área do anodo. Esta figura ajuda a explicar por que pequenos defeitos (áreas anódicas) em revestimentos protetores (área catódica) são muito prejudiciais para a corrosão, observando-se que a densidade de corrente anódica (i_a) é bem maior que a densidade de corrente catódica (i_c).

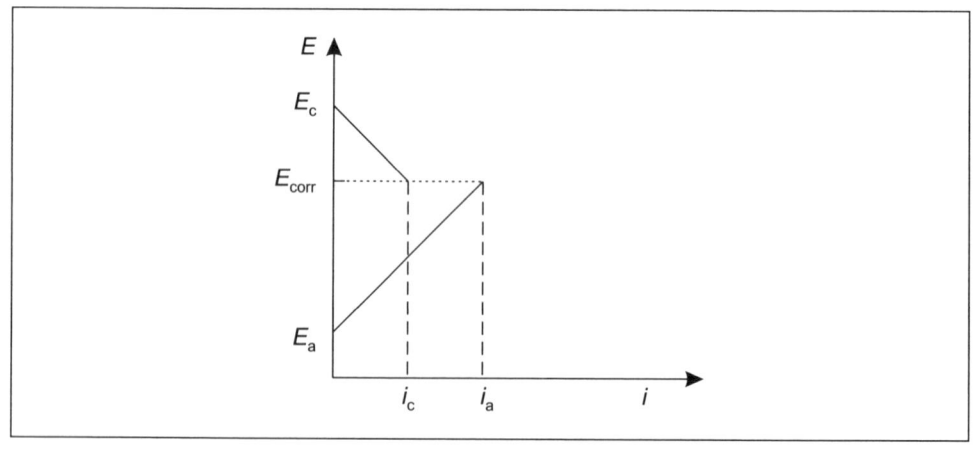

FIGURA 13.18 – *Diagrama de Stern para metal cuja área catódica é o dobro da área anódica (4)*

13.7 TÉCNICAS PARA O ESTUDO DA CORROSÃO

A corrosão em meio aquoso é um processo eletroquímico, e, como tal, técnicas eletroquímicas podem ser utilizadas no seu estudo. Algumas das técnicas eletroquímicas que têm sido utilizadas no estudo da corrosão são as medidas de potencial de corrosão, as curvas de polarização e a técnica de impedância eletroquímica.

A determinação experimental do potencial de corrosão de um material metálico é simples, sendo necessário apenas um eletrodo de referência (ER), e um multímetro de alta impedância[66]. Exemplos de aplicações da medida de potencial de corrosão são a avaliação da eficiência de inibidores de corrosão, avaliação da eficiência de proteção catódica de estruturas enterradas.

As curvas de polarização são obtidas com auxílio de um potenciostato, que permite a imposição do potencial desejado em relação ao ER e à medição da corrente resultante. Estas curvas representam a relação entre o potencial aplicado e a corrente correspondente medida e são uma importante ferramenta de investigação dos processos corrosivos. Podem fornecer informação sobre a passivação em determinados meios e para a medida de taxas de corrosão[67].

As técnicas de impedância eletroquímica derivam de um método em que se aplica um potencial de corrente alternada com diferentes valores de freqüência em vez de um potencial de corrente contínua. As principais vantagens deste método em relação aos de corrente contínua são a utilização de sinais muito pequenos que não perturbam as propriedades do eletrodo, a possibilidade de medir taxas de corrosão em meios de baixa condutividade e a determinação de resistência de polarização e capacitância da dupla camada numa mesma medida[68]. Mais informações, detalhadas, sobre os princípios das técnicas eletroquímicas usadas em estudos de corrosão podem ser encontradas na literatura técnica[69].

Notas Bibliográficas

1) FONTANA, M. G. e GREENE, N. D. *Corrosion Engineering*. Nova York: McGraw-Hill, 1967.
2) SCULLY, J. C. *The Fundamentals of Corrosion*. 3. ed. Pergamon Press, 1990.
3) WRANGLÉN, G. *An Introduction to Corrosion and Protection of Metals*. Chapman and Hall, 1972.
4) RAMANATHAN, L. V. *Corrosão e seu Controle*. Hemus Editora.
5) WEST, J. M. *Basic Corrosion and Oxidation*. 2. ed. Ellis Horwood Limited, 1986.
6) Idem, ibidem.
7) WOLYNEC, S. Proteção contra a corrosão durante armazenamento e transporte. 2. ed. São Paulo: IPT, 1992.
8) RAMANATHAN, L. V. Ibidem.
9) FONTANA, M. G. e GREENE, N. D. Ibidem.
10) GENTIL, V. Corrosão. 3. ed. São Paulo: LTC, 1996.
11) Idem, ibidem.
12) WRANGLÉN, G. Ibidem.
13) Corrosion and Protection of Metals. Information for the use of teachers, Department of Industry. Industrial Technologies, Education & Training.

14) MACEDO, M. U. de e CARVALHO, A. *Química*. Coleção Horizontes. São Paulo: Ibep.
15) GENTIL, V. Ibidem.
16) PERUZZO, T. M. e CANTO, E. L. Ibidem.
17) MACEDO, M. U. de e CARVALHO, A. Ibidem.
18) PERUZZO, T. M. e CANTO, E. L. Ibidem.
19) STEWART, D. e TULLOCH, D. S. *Principles of Corrosion and Protection*. Macmillan & Co, 1968.
20) GENTIL, V. Ibidem.
21) STEWART, D. e TULLOCH, D. S. Ibidem.
22) GENTIL, V. Ibidem.
23) Idem, ibidem.
24) RAMANATHAN, L. V. Ibidem.
25) GENTIL, V. Ibidem.
26) LATIMER, W. M. *The Oxidation States of the Elements and Their Potentials in Aqueous Solutions*. 2. ed. Nova York: Prentice Hall, 1952.
27) GENTIL, V. Ibidem.
28) Idem, ibidem.
29) Idem, ibidem.
30) PERUZZO, T. M. e CANTO, E. L. Ibidem.
31) STEWART, D. e TULLOCH, D. S. Ibidem.
32) WRANGLÉN, G. Ibidem.
33) GENTIL, V. Ibidem.
34) WRANGLÉN, G. Ibidem.
35) GENTIL, V. Ibidem.
36) TRETHEWEY, K. R. e CHAMBERLAIN, J. *Corrosion for Students of Science and Engineering*. Longman Sci. & Technical, 1988.
37) STEWART, D. e TULLOCH, D. S. Ibidem.
38) Idem, ibidem.
39) Idem, ibidem.
40) HEITZ, E.; HENKHAUS, R. e RAHMEL, A. *Corrosion Science an Experimental Approach*. Ellis Horwood, 1992.
41) FONTANA, M. G. e GREENE, N. D. Ibidem.
42) SCULLY, J. C. Ibidem.

43) WRANGLÉN, G. Ibidem.
44) RAMANATHAN, L. V. Ibidem.
45) GENTIL, V. Ibidem.
46) CASCUDO, O. *O Controle da Corrosão de Armaduras em Concreto*: Inspeção e Técnicas Eletroquímicas. Pini, Editora UFG, 1997.
47) FONTANA, M. G. e GREENE, N. D. Ibidem.
48) Idem, ibidem.
49) Idem, ibidem.
50) Idem, ibidem.
51) WEST, J. M. Ibidem.
52) GENTIL, V. Ibidem.
53) FONTANA, M. G. e GREENE, N. D. Ibidem.
54) Idem, ibidem.
55) STEWART, D. e TULLOCH, D. S. Ibidem.
56) Idem, ibidem.
57) GENTIL, V. Ibidem.
58) Idem, ibidem.
59) SCULLY, J. C. Ibidem.
60) FONTANA, M. G. e GREENE, N. D. Ibidem.
61) Idem, ibidem.
62) CASCUDO, O. Ibidem.
63) Idem, ibidem.
64) WRANGLÉN, G. Ibidem.
65) RAMANATHAN, L. V. Ibidem.
66) WOLYNEC, S. *Técnicas Eletroquímicas em Corrosão*. São Paulo: Edusp, 2003.
67) Idem, ibidem.
68) Idem, ibidem.
69) Idem, ibidem.

Capítulo 14

Métodos de Controle da Corrosão

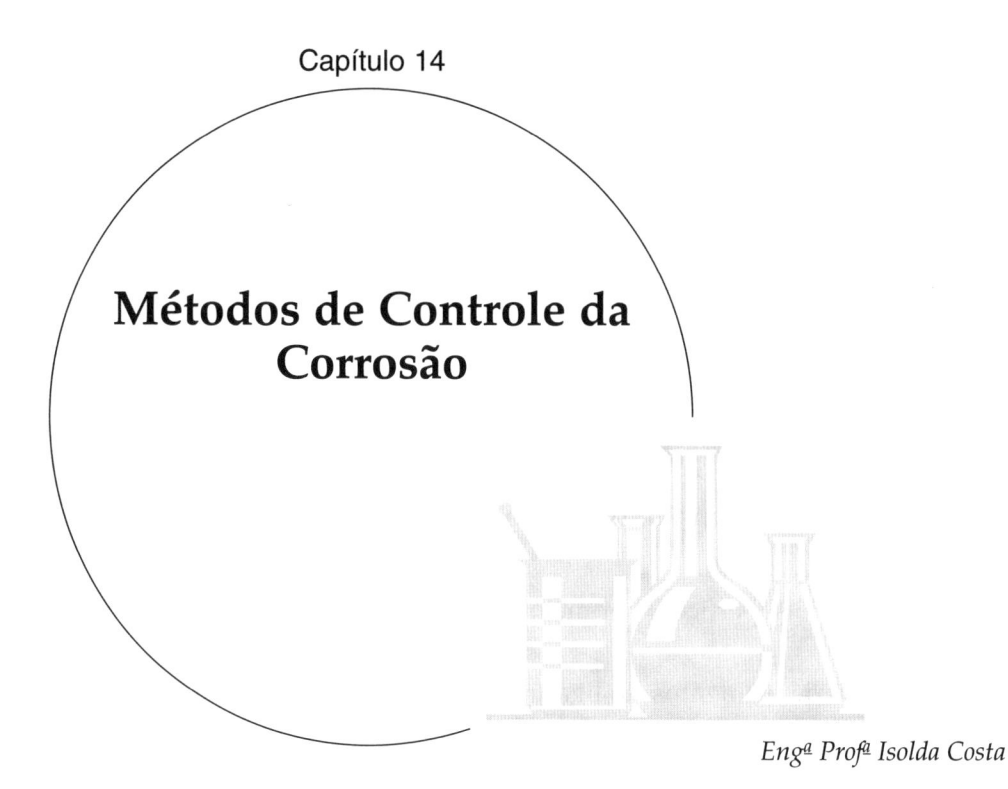

Engª Profª Isolda Costa

O controle da corrosão tem como finalidade preservar as propriedades físicas e mecânicas do metal. Uma vez que a corrosão envolve a reação do metal com o seu meio, o controle da corrosão pode ser efetuado através de interferência no metal ou no meio. Além disso, como a corrosão é um fenômeno eletroquímico, vários métodos de prevenção ou redução da corrosão envolvem princípios eletroquímicos.

A corrosão pode ser controlada através de interferência:

a) no metal ou liga;
b) no meio corrosivo;
c) no potencial do eletrodo; e
d) na superfície do metal/liga, através do uso de revestimentos protetores.

14.1 CONTROLE ATRAVÉS DE INTERFERÊNCIA NO METAL OU LIGA

O método mais comum de controle da corrosão consiste na escolha de um metal/liga e de projetos adequados para as condições de serviço (composição, temperatura e velocidade de escoamento do meio). Esta escolha envolve considerações sobre as propriedades físicas e mecânicas necessárias, disponibilidade do metal/liga, método de fabricação e custo. As considerações econômicas envolvem a decisão sobre se um material resistente à corrosão e caro é, todavia, mais econômico que um material mais barato, mas que exige proteção e manutenção periódica.

A resistência à corrosão de um material metálico pode ser melhorada por interferência no metal ou liga, alterando-se sua:

a) composição, por meio de introdução de elementos de liga ou refino;

b) microestrutura, por meio de tratamentos térmicos;

c) condição de tensão, por meio de trabalho a frio ou tratamento térmico;

d) condição superficial, por meio de polimento ou decapagem química.

A adição de elementos de liga para aumentar a resistência à corrosão pode ter os seguintes efeitos:

1) formação de óxido superficial, por exemplo, pela adição de cromo, alumínio e silício em aços resistentes a altas temperaturas;

2) inibidor de corrosão, por exemplo, pela adição de As e Sb ao latão, para prevenir a dezincificação;

3) passivante, como na adição de Cr, Ni e Mo em aços inoxidáveis;

4) estabilizador, como no caso da adição de Nb, Ta e Ti em aços inoxidáveis austeníticos, para formar carbonetos, deixando o Cr em solução, ou pela adição de Mg e Mn para neutralizar os efeitos do Fe e Si no Al.

Exemplos de refino de metais/ligas para aumentar a resistência à corrosão são a redução no teor de enxofre em aços ao carbono, a redução no teor de carbono em aços inoxidáveis e a redução nos teores de Fe, Si e Cu em alumínio.

Um exemplo de tratamento térmico com a finalidade de melhoria na resistência à corrosão é o recozimento para dissolução de partículas de segunda fase (compostos intermetálicos ou carbonetos), seguido por um tratamento de resfriamento rápido (têmpera). O tratamento térmico de recozimento pode também ser utilizado para alívio de tensões, reduzindo o risco de corrosão sob tensão, ou fragilização por hidrogênio.

O tratamento da superfície por polimento melhora a resistência à corrosão de metais passiváveis, tais como os aços inoxidáveis. A decapagem ácida, por sua vez, aumenta a resistência à corrosão dos aços inoxidáveis e aços ao carbono, removendo inclusões de sulfeto da superfície.

O controle da corrosão deve ter início na etapa de projeto, e o seu custo é muito dependente do projeto. Custos de manutenção, como, por exemplo, custo de uma nova pintura, freqüentemente constituem uma parte importante do custo total. Nem sempre a opção de menor investimento inicial representa a mais econômica a longo prazo. Um tratamento de manutenção, como pintura, pode ser impraticável se o projeto inicial não houver previsto o acesso para manutenção.

A maneira mais eficiente e econômica de prevenir a corrosão é através de um projeto adequado que não favoreça a corrosão. Se o metal necessitar de proteção, isto deve ser previsto na etapa de projeto. Várias configurações geométricas favorecem a corrosão e devem ser evitadas, como as indicadas na Figura 14.1 (a-d), que:

1) permitem retenção de umidade, água e pós, Figura 14.1a;

2) favorecem corrosão em frestas e deposição de sólidos, Figura 14.1b;

3) produzem áreas inacessíveis para manutenção, como, por exemplo, uma nova pintura, Figura 14.1c;

4) favorecem erosão-corrosão ou cavitação;

5) resultem em heterogeneidades no metal (diferenças no tratamento térmico), ou no meio (diferenças de temperatura, velocidade);

6) o material da junta ou solda é menos nobre que o das partes soldadas;

7) permitem o contato entre metais dissimilares, e, portanto, corrosão galvânica.

A Figura 14.1d indica como a corrosão galvânica pode ser evitada, e a Figura 14.1e mostra configurações adequadas para materiais de juntas.

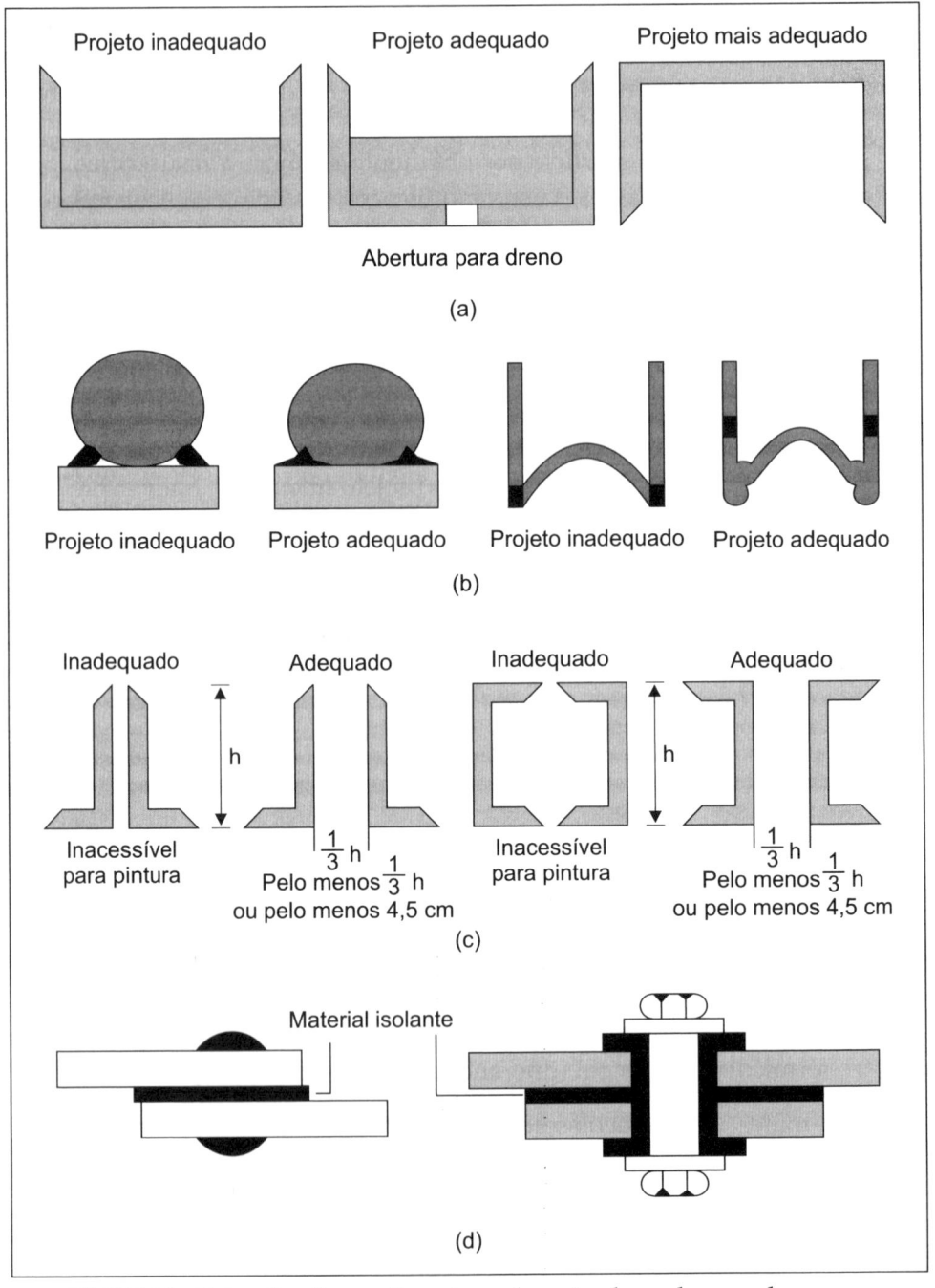

FIGURA 14.1 – *Configurações adequadas e inadequadas que devem ser consideradas na etapa de projeto*[1 a 3] (*continua*)

Configurações adequadas

Junta rebitada — Mais nobre

Junta parafusada — Mais nobre

Junta soldada — Mais nobre

Mais nobre

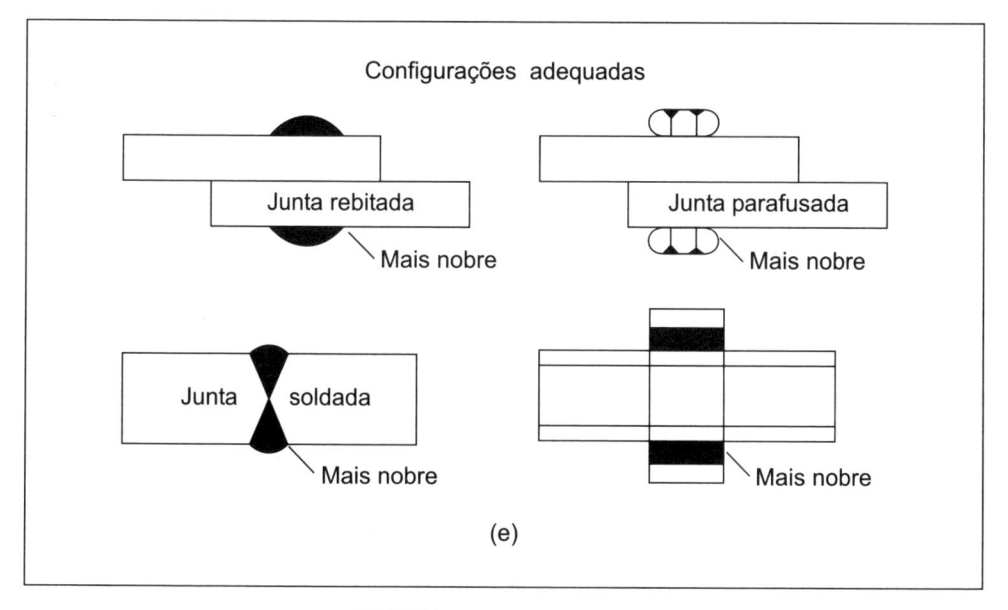

(e)

FIGURA 14.1 (*continuação*)

A combinação de área pequena do catodo e área grande do anodo deve ser propositalmente favorecida. O material da solda deve ser mais nobre que o material da estrutura soldada e, se possível, ter composição próxima à do material soldado.

14.2 CONTROLE ATRAVÉS DE INTERFERÊNCIA NO MEIO

A corrosão pode também ser controlada através de interferência no meio, tornando-o menos agressivo, seja pela remoção de constituintes que facilitam a corrosão, seja pela diminuição da velocidade do meio corrosivo, ou, quando possível, dificultando o acesso de água ou umidade à superfície metálica.

Algumas das medidas para o controle da corrosão aquosa são a eliminação de oxigênio do meio, pela saturação com nitrogênio ou pela adição de desoxidantes, tais como sulfeto ou hidrazina; o aumento do pH, no caso de aços, e a adição de inibidores de corrosão.

Outros exemplos de interferência no meio visando o controle da corrosão são a desumidificação do ar pela utilização de sílica gel, a remoção de partículas sólidas do ar por filtração, a adição de inibidores de corrosão voláteis e o uso de hidrazina para remover oxigênio dissolvido em água de caldeiras.

14.2.1 Inibidores de corrosão

Inibidores são substâncias químicas que, quando adicionadas em baixas concentrações, a meios corrosivos, eliminam a corrosão ou diminuem a taxa de corrosão. A ação de uma substância como inibidora depende do metal e do meio.

De modo geral, os inibidores atuam de duas formas:

1) formando um filme na superfície do metal;
2) formando uma camada adsorvida na superfície do metal.

Geralmente, os inibidores usados em meios ácidos ou em soluções neutras deaeradas atuam por adsorção na superfície, enquanto, em meios aerados, os inibidores atuam pela formação de uma película na superfície.

A eficiência de um inibidor é dada pela relação entre as taxas de corrosão com e sem o inibidor, segundo:

$$E_{ficiência} = \frac{v_{sinib} - v_{cinib}}{v_{sinib}} \times 100\%$$

onde: v_{sinib} = taxa de corrosão sem inibidor;

v_{cinib} = taxa de corrosão com inibidor.

Os inibidores podem ser classificados, segundo a reação de eletrodo na qual interferem, como anódicos, catódicos e mistos.

Os inibidores anódicos polarizam a reação anódica, movendo o potencial de corrosão na direção de potenciais mais positivos, Figura 14.2a, facilitando a passivação. Estes inibidores, embora sejam muito efetivos e bastante utilizados, são considerados perigosos, pois se a concentração do inibidor anódico não for suficiente para permitir a passivação de toda a área anódica do metal, a combinação de uma pequena área anódica e grande área catódica pode causar a formação de pites. Nestes casos, o inibidor pode ser mais prejudicial do que benéfico.

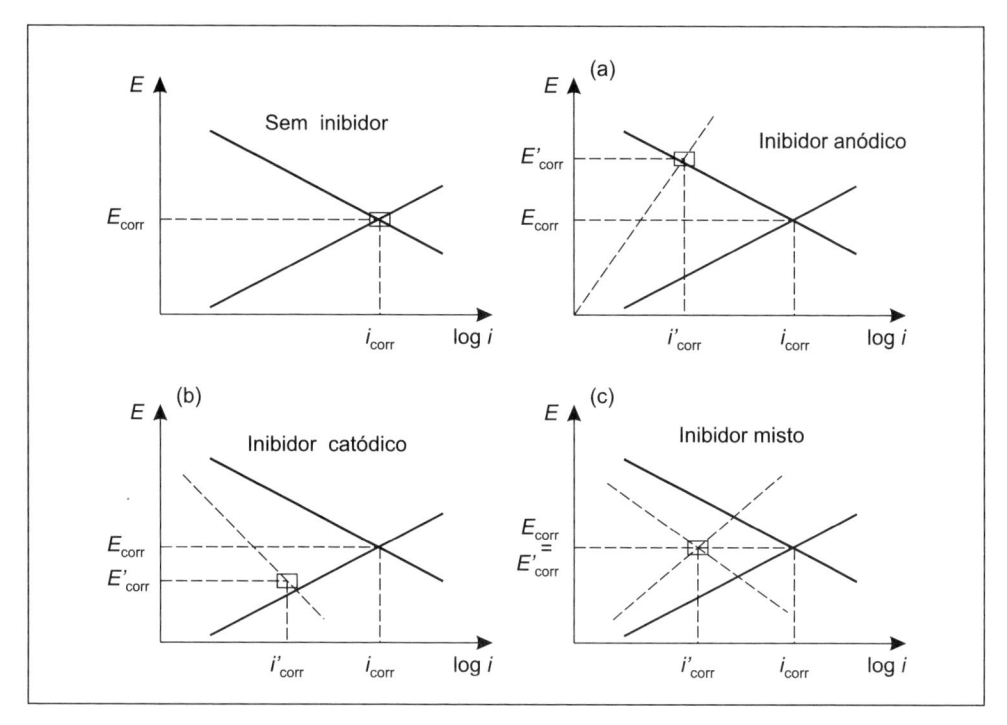

FIGURA 14.2 – *Diagramas E vs log i ilustrando os efeitos de diferentes tipos de inibidores em E_{corr} e i_{corr}*

Inibidores anódicos podem ser substâncias oxidantes ou não oxidantes, porém, os não oxidantes apenas são efetivos em presença de oxigênio dissolvido. Usualmente, os inibidores anódicos consistem de ânions que migram para as superfícies anódicas. Nesta classe encontra-se um grande número de inibidores inorgânicos importantes. Exemplos de inibidores anódicos oxidantes são os cromatos e nitritos, e de não oxidantes são os fosfatos, molibdatos, boratos, carbonatos e benzoatos.

A ação de inibidores anódicos é altamente dependente da concentração do inibidor, da concentração de íons corrosivos e do pH do meio. No caso de meios aerados e aproximadamente neutros, se insuficiente inibidor anódico passivante for adicionado, haverá pouco efeito ou mesmo um efeito prejudicial para a corrosão. Todavia, acima de uma concentração crítica ($C_{crítica}$), a taxa de corrosão reduz-se a praticamente zero (Figura 14.3). O diagrama de Evans da Figura 14.4 ilustra o efeito do aumento da concentração de inibidor anódico na taxa de corrosão e explica a razão da curva da Figura 14.3. Isso ocorre, pois a taxa de corrosão sem inibidor é controlada pelo transporte de oxigênio para a superfície, e pequenas variações na cinética anódica (da reta 1 para a 2 na Figura 14.4), embora causem um aumento no potencial de corrosão, não afetam a taxa de corrosão. Quando mais inibidor é adicionado, o potencial aumenta ainda mais, e ao atingir potenciais próximos ao de passivação, ponto 3 na Figura 14.4, a taxa de corrosão diminui para valores quase nulos.

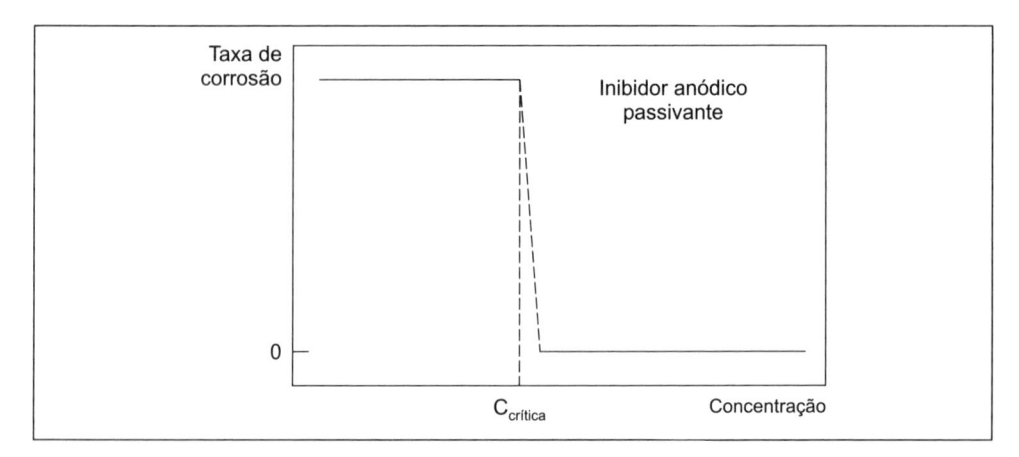

FIGURA 14.3 – *Relação entre concentração de inibidor passivante e de íons corrosivos para ocorrência de proteção ou corrosão*

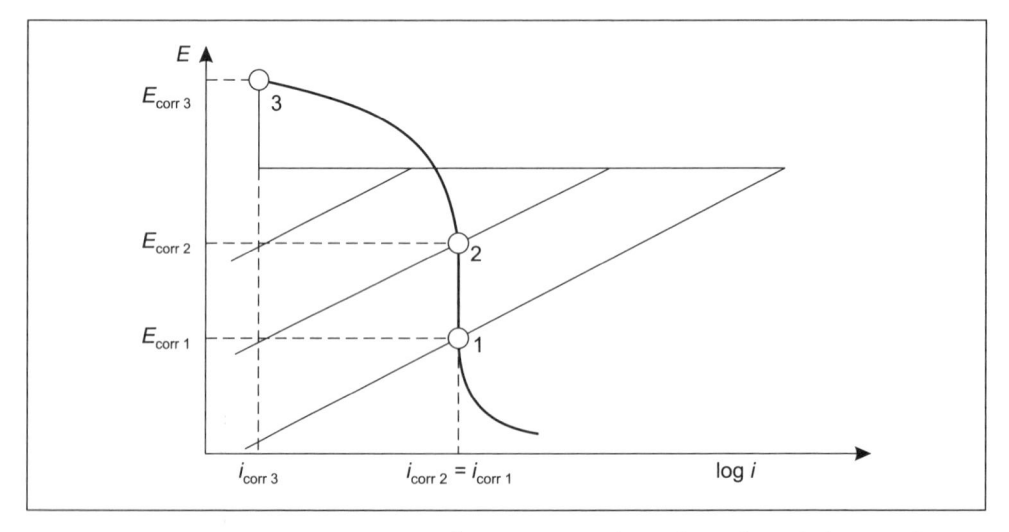

FIGURA 14.4 – *Diagrama E vs log I mostrando o efeito de inibidor anódico sobre reação controlada pelo transporte de oxigênio para a superfície metálica*

A concentração mínima de inibidor depende da concentração dos agentes corrosivos, e apresenta uma relação linear entre os logaritmos das duas concentrações, conforme indica a Figura 14.5. A concentração mínima requerida de inibidores passivantes para proteção de aço em água destilada é geralmente 1 mM. No caso de cromatos, sendo este um inibidor altamente efetivo, são necessários cerca de 100 ppm para inibição do aço em água destilada; mas em presença de 50 ppm de cloreto, esta concentração aumenta para 1.000 ppm.

Os inibidores anódicos atuam na reação de dissolução metálica e, portanto, são geralmente dependentes da natureza do metal. Por exemplo, nitrito é efetivo para grande número de metais, mas acelera a corrosão de ligas chumbo-estanho, como as usadas em soldas. O benzoato é efetivo para aço, mas não para zinco ou ferro fundido.

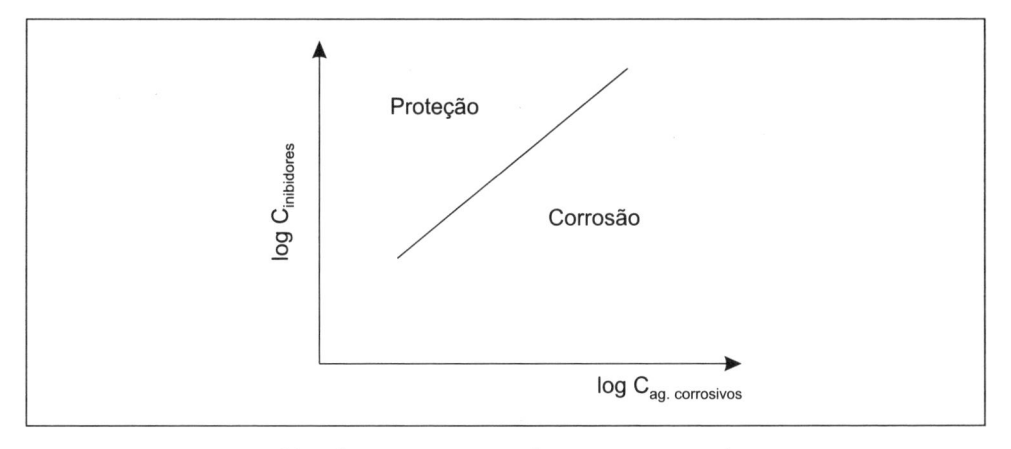

FIGURA 14.5 – *Efeito da concentração de agentes corrosivos na concentração necessária de inibidores para inibição efetiva*

Os inibidores catódicos polarizam a reação catódica, por exemplo, a reação de evolução de hidrogênio, e, portanto, deslocam o potencial de corrosão na direção negativa (Figura 14.2b). Os inibidores catódicos interferem na reação de evolução de hidrogênio pela adsorção em regiões onde esta reação ocorreria, dificultando a formação de moléculas de hidrogênio na superfície. Os inibidores utilizados em decapagens ácidas fazem parte desta categoria, retardando a reação de evolução de hidrogênio. Como exemplo, tem-se o efeito do As^{3+} e Sb^{3+} na dissolução do ferro em ácidos. Revestimentos não condutores de As, e Sb são provavelmente formados, dificultando ou impedindo a reação de evolução de hidrogênio.

Outros inibidores catódicos reduzem a taxa de redução do oxigênio pela precipitação, química ou eletroquímica, de um filme que dificulta a difusão do oxigênio para o metal. Exemplos típicos destes são os cátions metálicos bivalentes, como os de zinco, que migram para as áreas catódicas e reagem com os íons hidroxila (OH⁻) produzidos nas áreas catódicas, formando um precipitado de hidróxido de zinco, $Zn(OH)_2$. Outro exemplo é o carbonato de cálcio, presente naturalmente nas águas duras, que também reage com os íons hidroxila (OH⁻) produzidos no catodo, formando compostos pouco solúveis, que atuam como camadas protetoras. Estes inibidores, de maneira oposta aos inibidores anódicos, não são dependentes da presença de íons corrosivos, a menos que estes alterem a natureza do precipitado, e têm pequenos efeitos na reação catódica, causando redução na taxa de corrosão, como ilustra a Figura 14.6.

A desvantagem dos inibidores catódicos em relação aos anódicos é que os primeiros não previnem a corrosão, apenas reduzem sua taxa. Mas estes inibidores apresentam uma série de vantagens em relação aos inibidores anódicos, quais sejam: a) são efetivos em concentrações bem mais baixas (20-50 ppm) que as necessárias de inibidores anódicos; b) são efetivos para um grande número de metais; c) não são afetados pela presença de íons corrosivos.

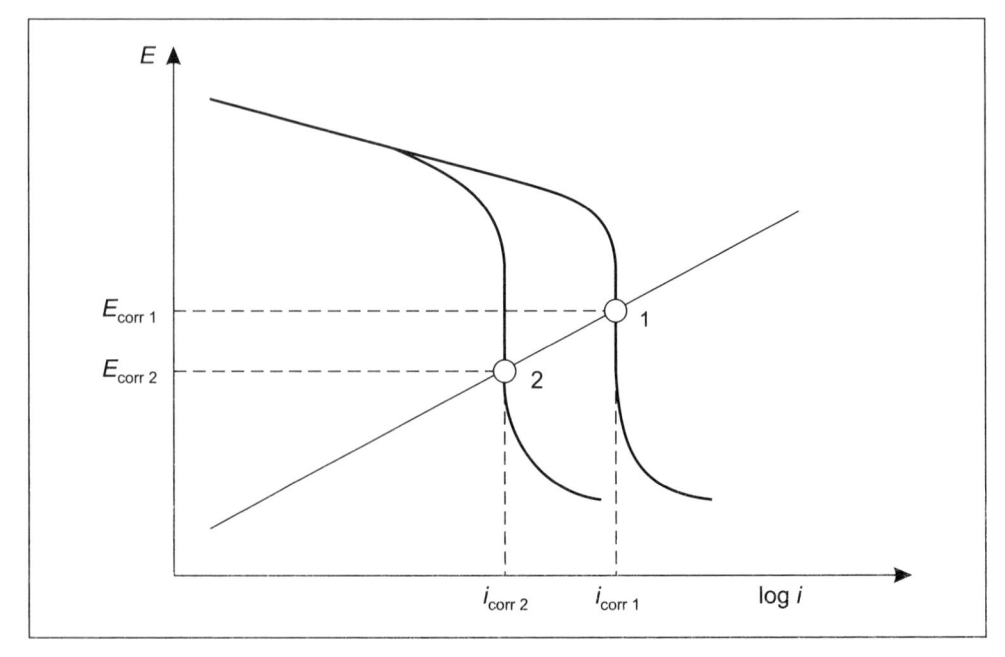

FIGURA 14.6 – *Diagrama de Evans ilustrando efeito da adição de inibidor catódico*

Alguns inibidores consistem de compostos orgânicos que adsorvem fortemente sobre toda a superfície metálica e, portanto, possuem ação dupla, retardando simultaneamente as reações anódica e catódica, podendo afetar preferencialmente uma dessas reações. Por atuarem sobre ambas as reações, anódica e catódica, são conhecidos como inibidores mistos. As moléculas adsorvidas dificultam as reações entre o meio e o metal. Estas moléculas possuem grupos de átomos capazes de compartilhar elétrons com a superfície metálica, geralmente átomos de nitrogênio, fósforo, enxofre ou oxigênio. Esses elementos contêm pares desemparelhados de elétrons que podem ser doados para o metal, formando uma ligação química por um processo conhecido como quimissorção. Os inibidores mistos causam apenas pequenas variações no potencial (Figura 14.2c), e a direção da variação depende dos efeitos relativos nas reações catódica e anódica.

Exemplos de inibidores mistos são: a) aminas aromáticas e aminas alifáticas (compostos que contêm nitrogênio); b) tiouréias (compostos que contêm enxofre); e c) tiocarbametos (compostos que contêm enxofre e nitrogênio)[4]. Os inibidores que contêm enxofre são geralmente mais efetivos que os com nitrogênio.

Não se deve confundir inibidores mistos com mistura de inibidores. Da mesma forma que alguns inibidores só são efetivos se associados com oxigênio dissolvido, a ação simultânea da mistura de dois inibidores pode resultar em uma grande melhora, muitas vezes superior à soma dos efeitos individuais (efeito de sinergismo). São geralmente usadas misturas de cátions (inibidores catódicos), como os de zinco, e ânions (inibidores anódicos), como os cromatos e os polifosfatos, ou de um agente oxidante, como cromato, com um não oxidante que causa a precipitação, tais como, ortofosfato ou silicato. Um exemplo é a mistura de sulfato de zinco com cromato de sódio, que forma uma película protetora de cromato de zinco[5]. O efeito das misturas de inibidores deve-se geralmente aos efeitos combinados dos ânions e cátions sobre a reação catódica, causada pela precipitação de um filme barreira, e não ao efeito da mistura sobre as duas reações. Estes inibidores portanto mostram propriedades similares à dos inibidores catódicos.

Os mecanismos de inibição geralmente são diferentes em meios ácidos ou neutros aerados. Em meios ácidos, a reação de corrosão consiste de dissolução do metal, como reação anódica, e evolução de hidrogênio, como reação catódica. Ambas estas reações estão sob controle por ativação. Os diagramas de Evans da Figura 14.2 indicam o efeito dos inibidores anódicos, catódicos e mistos nos potenciais e taxa de corrosão para esse tipo de sistema. Os inibidores para meios ácidos geralmente atuam por adsorção na superfície metálica.

Em meios neutros aerados, a reação catódica é redução de oxigênio, O_2, e o transporte deste até a superfície metálica é que controla a taxa de corrosão. As duas formas de se diminuir a taxa de corrosão nestes meios são: a) reduzindo a taxa da reação catódica, pela formação de um filme não condutor sobre a superfície metálica, isto é, pelo uso de inibidores catódicos, e b) formando um filme óxido protetor na superfície, que atue como uma barreira à dissolução do metal, ou seja, pela adição de inibidores anódicos passivantes.

Os inibidores conhecidos como inibidores voláteis são usados na fase vapor e, portanto, protegem todas as superfícies internas de materiais metálicos em ambientes fechados. São usados para prevenção da corrosão durante estocagem e transporte. Os mais efetivos desses tipos de inibidores consistem de aminas cíclicas e alifáticas de elevada pressão de vapor. O nitrito e o carbonato de diciclohexilamina são exemplos de inibidores voláteis. Em geral, estes ânions são inibidores anódicos em solução, que também atuam como inibidores anódicos após se dissolverem na umidade condensada sobre a superfície metálica. A natureza da amina controla a pressão de vapor e, até certo ponto, o pH da umidade condensada. Papéis impregnados com inibidores de fase vapor são muito utilizados como material de embalagem anticorrosiva. Um dos principais problemas associado com este tipo de inibidor é que eles podem acelerar a corrosão de metais não ferrosos, devendo haver cuidado quanto ao seu uso em sistemas com múltiplos metais.

14.3 CONTROLE ATRAVÉS DE INTERFERÊNCIA NO POTENCIAL DO ELETRODO

14.3.1 Proteção catódica

Os diagramas de Pourbaix, E vs pH, indicam as condições nas quais um metal pode sofrer corrosão (região de corrosão), estar imune à corrosão (região de imunidade), ou passivar pela formação ou precipitação de óxidos ou hidróxidos (região de passividade). A Figura 14.7 ilustra as regiões de corrosão, imunidade e passividade para o diagrama Fe-H_2O. Esta figura indica que a corrosão pode ser reduzida ou mesmo evitada se o potencial do eletrodo for alterado, levando o metal ou liga para regiões de domínio da passividade ou imunidade. Por exemplo, se o potencial do eletrodo metálico for o potencial do ponto A na Figura 14.7, no pH indicado, o metal sofre corrosão. Todavia, a corrosão pode ser prevenida se o potencial for deslocado na direção negativa, para B (domínio da imunidade). Nesta variação de potencial consiste o princípio de proteção catódica. Na região de imunidade, o metal é termodinamicamente estável.

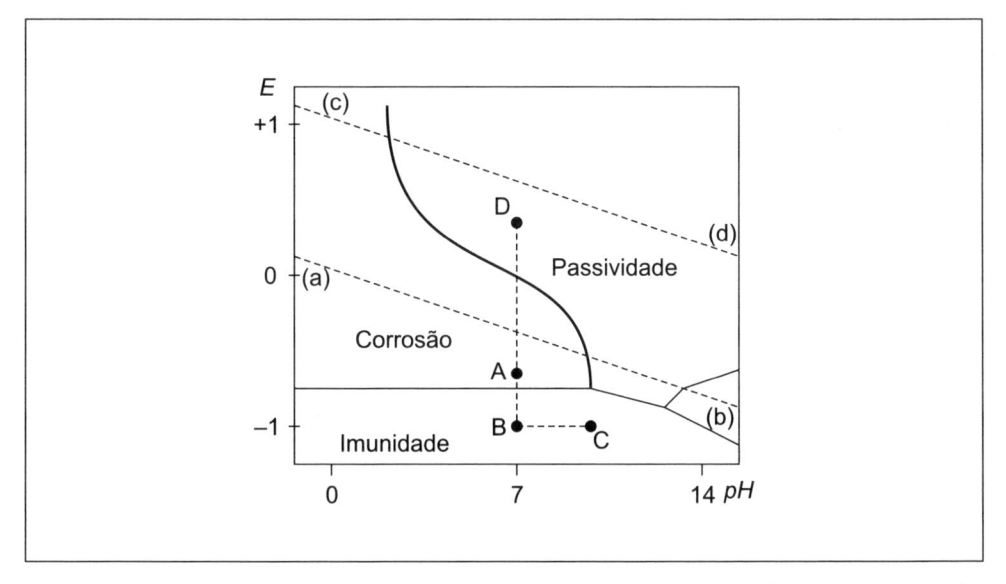

FIGURA 14.7 – *Diagrama de Pourbaix para Fe-H_2O ilustrando os princípios de proteção catódica e anódica, por meio de alterações no potencial do eletrodo*[6]

A proteção catódica é realizada pelo acoplamento do material como catodo em uma célula eletroquímica. O potencial do metal é então deslocado na direção negativa para um valor abaixo do valor do potencial de corrosão. A dissolução do metal é, então, totalmente (proteção catódica completa) ou parcialmente (proteção catódica incompleta) prevenida. A proteção catódica pode ser dividida em proteção catódica por anodo de sacrifício e proteção catódica por corrente impressa.

Na proteção catódica por anodo de sacrifício, o material que se deseja proteger é conectado como catodo de uma célula galvânica, e o anodo é um metal mais ativo (Mg, Al, Zn). O anodo sendo corroído sacrificialmente, protege o objeto ou estrutura que se deseja preservar, como por exemplo, o aço. O metal de sacrifício pode ser utilizado a) como um revestimento sobre o metal substrato, sendo o exemplo mais comum o do aço galvanizado; ou b) como placas anódicas dispersas, com ou sem corrente regulada.

Na proteção catódica por corrente impressa, o material que se quer proteger é conectado como catodo de uma célula eletrolítica, e nesta célula é introduzida corrente direta de uma fonte de corrente externa (retificador). O anodo auxiliar da célula é geralmente insolúvel (Pt, Pb, C e Ni), mas pode também ser solúvel (Fe, Al). O método de proteção catódica por corrente impressa pode ser controlado a) regulando-se a corrente via tensão aplicada à célula; ou b) regulando-se o potencial do catodo por meio de um potenciostato.

A proteção catódica baseia-se totalmente em princípios termodinâmicos. Todavia, a cinética do sistema de proteção é que determina a sua viabilidade econômica. Esta também influenciará a escolha do método de proteção. Isto se deve ao fato de que, quando a taxa de corrosão de um metal é diminuída pelo abaixamento do seu potencial para valores abaixo de E_{corr}, ocorrerá um aumento na taxa da reação catódica sobre a superfície metálica, como indica a Figura 14.8, para corrosão sob controle misto. Uma corrente aplicada correspondente a i_1 reduz a taxa de corrosão de i_{corr} para i'_{corr}, resultando na proteção parcial do metal, enquanto uma corrente aplicada correspondente a i_2 resulta na proteção total do metal.

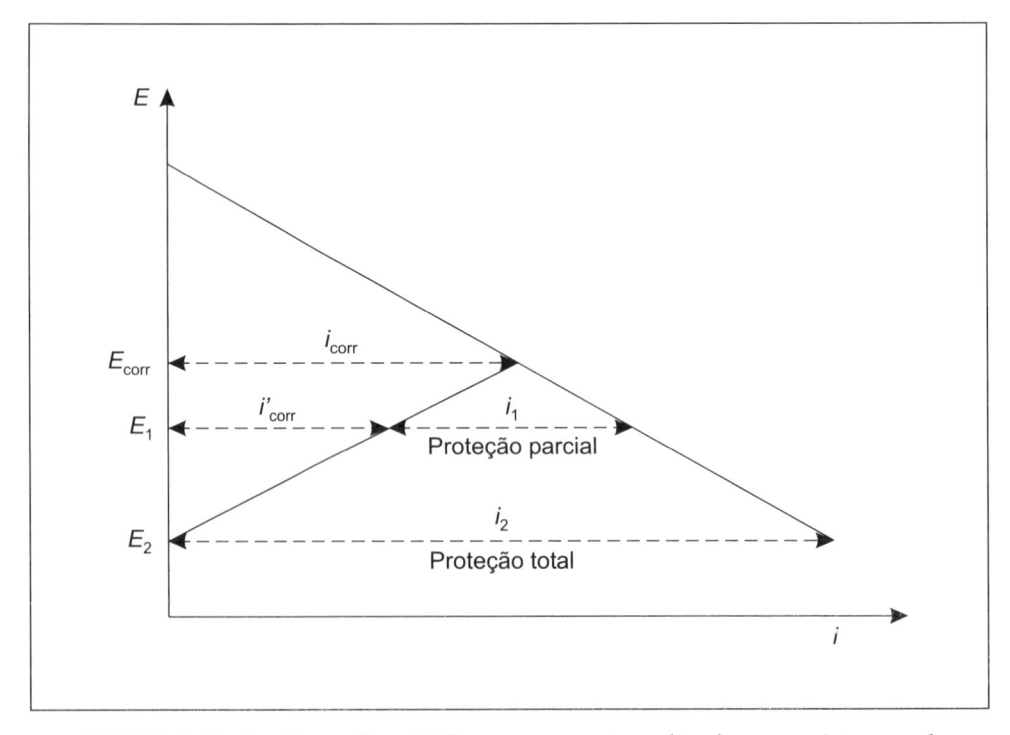

FIGURA 14.8 – *Proteção catódica por corrente aplicada, para sistema sob controle misto, mostrando efeitos de proteção parcial e proteção total*[7]

O sistema de proteção catódica deve, portanto, proporcionar uma reação anódica, pelo menos equivalente à taxa da reação catódica, para contrabalançar esta última reação. Não há dificuldades teóricas ou práticas no suprimento da corrente anódica necessária por meio da proteção catódica; todavia a limitação geralmente é econômica, devido ao custo da eletricidade ou do material usado na proteção com anodos de sacrifício. Em sistemas sob controle catódico, a taxa da reação anódica total (corrente externa aplicada) necessária para contrabalançar a reação catódica não é elevada, favorecendo a proteção catódica. Já para sistemas sob controle anódico, a taxa da reação anódica total a ser proporcionada pela instalação de proteção catódica é muito alta, o que pode tornar este tipo de proteção inviável economicamente. Neste último caso, a proteção catódica só é economicamente viável se combinada com outro método de proteção.

O aumento da taxa de reação catódica, por sua vez, causa elevação local do pH na região próxima à interface metal-meio, embora o pH do meio não apresente alteração. O efeito da proteção catódica é, portanto, duplo, um deliberado, que é o termodinâmico, e outro não intencional, que consiste no aumento do pH. Estes efeitos são indicados na Figura 14.7 pela variação de A para B, que representa o efeito intencional (termodinâmico), e de B para C, o efeito não intencional, devido ao aumento do pH. O aumento no pH devido à proteção catódica pode representar riscos para metais tais como o alumínio, o zinco e outros que são facilmente atacados em meios alcalinos. No caso do alumínio em meios altamente alcalinos, são formados íons aluminato, AlO_2^-, o que pode representar altas taxas de corrosão.

A proteção catódica é muito usada para materiais metálicos com revestimentos de tintas anticorrosivas, por exemplo, em cascos de navio, o que resulta em economia considerável nos custos de manutenção. Nestes casos, a proteção catódica é realizada com anodos de sacrifício de zinco, magnésio ou alumínio, que são soldados ao casco por peças de aço. Nas regiões onde o ataque de corrosão é mais intenso, como a popa, devido à proximidade dos propulsores, os anodos são colocados mais próximos uns dos outros. Para grandes navios, a proteção catódica pode também ser realizada por corrente impressa, utilizando-se anodos insolúveis, por exemplo, titânio platinizado, colocados sobre o casco.

A proteção catódica é também muito utilizada em metais enterrados no solo, principalmente em tubulações de água, óleo e gás, de ferro fundido ou de aço, em cabos elétricos, em concreto reforçado com aço e imerso em água ou enterrado no solo, em sistemas de refrigeração que utilizam água salgada ou salobra e em tanques de combustíveis enterrados no solo.

14.3.2 Proteção anódica

Se o potencial, ao invés de ser abaixado, for aumentado para valores correspondentes ao ponto D na Figura 14.7, pode ocorrer a formação de um filme passivo em alguns metais em certos meios. A alteração do potencial na direção positiva, para a região de passividade, é conhecida como proteção anódica. A proteção anódica é, portanto, baseada na formação de um filme protetor sobre metais por correntes anódicas externas. Na região de passividade indicada na Figura 14.7, um filme de óxido é a fase estável, e a velocidade de corrosão em D depende das propriedades protetoras deste filme. Assumindo-se que o óxido é fino, aderente, semicondutor e de baixa condutividade iônica, logo que este óxido se forma, apenas uma corrente muito baixa é necessária para manter o aço no estado passivo.

O deslocamento do potencial do metal na direção de potenciais mais positivos pode, por outro lado, causar aumento na corrosão pela dissolução do metal. A proteção anódica, portanto, só é aplicável a metais ou ligas que apresentem transição ativa-passiva, ilustrada na Figura 14.9, como o cromo, o titânio, o ferro, o níquel, e as ligas desses metais.

Portanto, só podem ser beneficiados por proteção anódica metais/ligas que apresentem passividade, e apenas nos meios que esta passividade é possível, ou seja, a composição da solução corrosiva deve favorecer a passivação. Desse modo, a proteção anódica não pode ser utilizada em presença de altas concentrações de ânions agressivos, tais como soluções com altos teores de cloreto. Concentrações mais elevadas de outros ânions, como por exemplo, íons sulfato, presentes na mesma solução, podem, todavia, deslocar os íons cloreto da superfície do metal. Dessa forma, o aço inoxidável austenítico (18% Cr, 8% Ni) pode ser protegido anodicamente em uma solução 30% H_2SO_4 + 1% $NaCl$[8].

A proteção anódica pode ser realizada pela:

1) Adição de elementos de liga de metais mais nobres que o metal base como, por exemplo, Pt, Pd, Ag, e o metal mais nobre causa um aumento no potencial do eletrodo, de forma que este atinge e permanece no estado passivo. Esta forma de proteção é conhecida como proteção anódica galvânica e nesta as adições de liga atuam como catodos locais no processo de corrosão.

2) Aplicação de corrente direta, de uma fonte externa, por meio de um catodo auxiliar. Esta é conhecida como proteção anódica por corrente impressa (eletrolítica), e o potencial de eletrodo do material a ser

protegido (anodo) é controlado através de um potenciostato. O potenciostato é conectado entre o catodo e o anodo, o qual responde à diferença de potencial entre os eletrodos, e regula a corrente, mantendo a diferença de potencial constante, e em um valor próprio para manter o material no estado passivo todo o tempo.

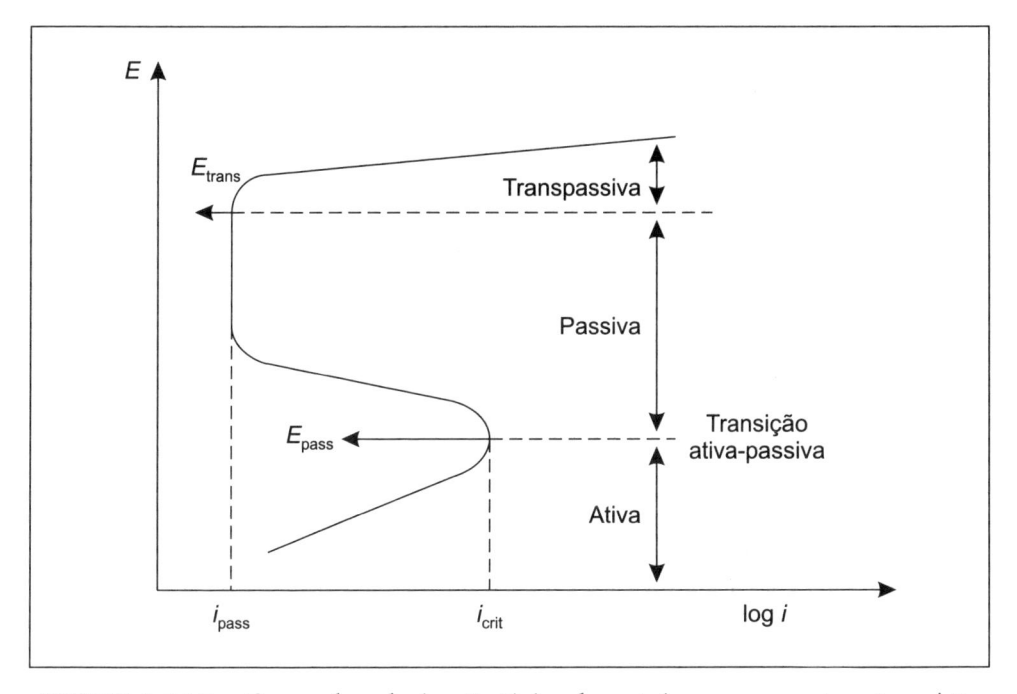

FIGURA 14.9 – *Curva de polarização típica de metais que apresentam transição ativa-passiva em determinados meios*

Os aços inoxidáveis e os aços resistentes a ácidos são materiais de construção importantes em indústrias químicas e, em princípio, são adequados para proteção anódica. O mesmo se aplica para aço carbono em presença de soluções alcalinas ou de ácido sulfúrico concentrado. Em aços inoxidáveis, adições de liga correspondentes a 0,1% Pd ou 1% Cu causam a redução na taxa de corrosão em soluções de ácido sulfúrico. O mesmo efeito pode ser conseguido com um revestimento fino (1 μm) de um metal nobre sobre aço inoxidável, ou pela adição de cobre a aços inoxidáveis e a aços resistentes a ácidos, reduzindo a sensibilidade destes à corrosão por pites em soluções de cloreto[9].

14.4 CONTROLE DA CORROSÃO ATRAVÉS DA MODIFICAÇÃO NA SUPERFÍCIE

Um dos principais métodos de controle da corrosão consiste da alteração na superfície do metal/liga, principalmente através da aplicação de revestimentos protetores. A proteção proporcionada pelo revestimento depende de sua aderência ao substrato, e esta, por sua vez, é altamente dependente da limpeza e preparação da superfície, antes do processo de revestimento.

Os revestimentos podem ser divididos em temporários e permanentes. Os temporários são utilizados para prevenir a corrosão durante armazenamento e transporte.

14.4.1 Protetivos temporários

Materiais metálicos podem sofrer corrosão atmosférica durante armazenamento e transporte. Esta pode ser de três tipos: a corrosão atmosférica seca, que geralmente não provoca deterioração substancial da superfície metálica; a corrosão atmosférica úmida, causada pela presença de umidade na atmosfera e condensação desta na superfície do metal, formando uma fina película de solução eletrolítica; e a corrosão atmosférica molhada, que é caracterizada pela presença de película líquida, visível sobre a superfície, que pode ser formada pela ação da chuva ou quando se tem umidade relativa de 100%[10]. A taxa de corrosão dependerá da umidade relativa do ar, dos constituintes naturais da atmosfera e de substâncias higroscópicas, como sais e poeiras.

Os revestimentos usados para proteção contra a corrosão durante armazenamento e transporte são também chamados de protetivos temporários, sendo mais comumente usados os derivados do petróleo, óleos ou graxas, com substâncias adicionadas para melhorar as características de aderência e continuidade da película resultante, neutralizadores de ácidos e de impressões digitais[11]. Podem ou não conter inibidores de corrosão, dependendo do tempo de armazenamento e da facilidade de remoção. Os óleos e graxas são repelentes de água e, portanto, limitam a disponibilidade de moléculas de água na superfície e apresentam uma barreira de difusão para o oxigênio. Algumas graxas contêm radicais carboxílicos (–COOH) que formam sabões, limitando ainda mais a área disponível para corrosão[12].

Os protetivos temporários devem ter estabilidade química para evitar a formação de produtos estáveis que endurecem, dificultando a posterior remoção, e ser quimicamente inertes; portanto, não devem conter ácidos ou substâncias que os produzam[13].

Os protetivos temporários são freqüentemente dissolvidos em solventes para facilitar a aplicação, e os solventes promovem, após evaporação, uma película mais uniforme. Substâncias químicas que diminuem a tensão superficial entre o protetivo e a água podem ser adicionadas ao protetivo, deslocando a água da superfície metálica e possibilitando a formação de uma película contínua sobre a superfície[14]. Para informações detalhadas sobre proteção contra corrosão durante armazenamento e transporte recomenda-se consultar a literatura técnica[15].

14.4.2 Revestimentos permanentes

Os revestimentos permanentes devem ter baixo custo de aplicação, resistência ao atrito e à corrosão e, dependendo da aplicação, devem ser decorativos. Se a resistência à corrosão for a exigência principal, então a natureza da atmosfera (industrial, marítima, urbana ou rural) influencia a espessura necessária de revestimento e o custo total da proteção. Freqüentemente, a preparação da superfície é a característica mais importante para as propriedades dos revestimentos, superando o próprio material de revestimento e sua aplicação. A preparação da superfície é, portanto, uma etapa que deve ser realizada com os devidos cuidados.

Os revestimentos podem atuar por quatro mecanismos principais, a saber:

1) como barreiras físicas inertes entre o metal e o meio;
2) por proteção catódica sacrificial;
3) por meio de seus constituintes químicos, atuando como inibidores de corrosão; e
4) por proteção anódica, aplicável a metais e/ou ligas passiváveis.

Poucos revestimentos, entretanto, conferem proteção por apenas um dos mecanismos, sendo comum ocorrer uma combinação destes mecanismos.

Todos os revestimentos atuam como uma barreira, excluindo o metal, pelo menos parcialmente, do contato com o meio. Todavia, para que protejam efetivamente apenas como barreira física, devem cobrir completamente a superfície e ser resistentes a desgastes mecânicos. Os revestimentos que atuam apenas como barreira incluem os esmaltes vítreos, as lacas, as tintas sem aditivos inibidores, os plásticos, os protetivos temporários sem inibidores e os revestimentos metálicos mais nobres que o substrato, desde que este revestimento seja compacto e contínuo.

Os revestimentos que atuam por proteção catódica sacrificial são menos nobres que o material metálico do substrato e, portanto, atuam como anodos de sacrifício, protegendo as regiões de descontinuidade do revestimento. São muito usados para proteção de estruturas enterradas ou imersas em meios corrosivos. Estes revestimentos podem também eventualmente atuar como barreira, nas áreas totalmente cobertas e distantes das regiões de defeito. Revestimentos de zinco sobre metais ferrosos, como o aço galvanizado, são exemplos muito comuns deste tipo de revestimento. Os revestimentos deste grupo devem ter espessura suficiente para durar o tempo de vida útil do produto metálico, uma vez que estes são consumidos à medida que protegem.

Revestimentos que protegem atuando como inibidores de corrosão incluem *primers* ou tintas de fundo, que contêm inibidores em suspensão, como parte do pigmento, e os óleos e graxas com inibidores. Estes revestimentos atuam também como barreira, mas, uma vez que nenhum revestimento orgânico é totalmente impermeável à umidade, os inibidores de corrosão na superfície a protegem após a água haver permeado o revestimento e alcançado a superfície metálica.

Revestimentos mais nobres que materiais metálicos passiváveis podem ser usados para proteção contra a corrosão do substrato em certos meios. Estes revestimentos atuam por proteção anódica do substrato, causando a sua passivação. O revestimento mais nobre atua aumentando o potencial de eletrodo do substrato, de forma que este atinge a região de passividade e mantém-se passivo.

O termo passivo geralmente refere-se à proteção proporcionada por filmes finos, compactos e aderentes, que se formam sobre metais como Cr, Al, Ti, Ni, Ta e aços inoxidáveis. No caso dos aços inoxidáveis, a adição dos elementos como Cr, Ni e Mo é que confere passividade ao principal componente da liga (Fe). Esses metais, que têm tendência à formação de filmes óxidos, podem ser usados como revestimentos sobre substratos metálicos, promovendo a passivação destes.

Os revestimentos podem também ser divididos em quatro grupos principais:

1) metálicos;
2) de conversão;
3) inorgânicos; e
4) orgânicos.

14.5 REVESTIMENTOS METÁLICOS

Uma das principais finalidades dos revestimentos metálicos é proporcionar uma barreira entre o substrato metálico e o meio corrosivo por meio de um revestimento resistente à corrosão. Desta forma, um material metálico com boa resistência mecânica e baixa resistência à corrosão pode ser revestido com um outro metal resistente à corrosão.

Um dos materiais mais utilizados estruturalmente é o aço comum. Ele é suscetível à corrosão em meios aquosos e por exposição ao intemperismo. Para aplicações em que a corrosão limita a vida útil dos aços, estes devem ser protegidos. Um dos métodos muito utilizados é a aplicação de revestimentos metálicos. Os revestimentos metálicos menos nobres que o aço, por exemplo, zinco, alumínio e cádmio, não necessitam ser contínuos, enquanto os mais nobres, tais como níquel, cromo e cobre, para proteger efetivamente, não deveriam apresentar descontinuidades. Infelizmente, é praticamente impossível obter-se revestimentos sem descontinuidades, e estas podem ocorrer durante a vida útil. A exposição simultânea do substrato e revestimento ao meio corrosivo forma uma pilha galvânica.

A Figura 14.10 ilustra as duas situações possíveis de revestimentos metálicos sobre aço, quais sejam, revestimentos menos nobres (Figura 14.10a), e mais nobres que o aço (Figura 14.10b). Os revestimentos menos nobres atuam como anodo da pilha galvânica, sendo corroídos, enquanto o aço atua como catodo, sendo protegido sacrificialmente pelo revestimento. O revestimento continua a ser consumido até atingir um tamanho que impede a proteção de toda a superfície exposta do substrato. Eventualmente, a taxa de corrosão na região de defeitos pode ser diminuída pela precipitação de produtos de corrosão. Por exemplo, no caso de revestimentos de zinco, produtos insolúveis compostos de $Zn(OH)_2$ combinados com $ZnCO_3$ e $ZnSO_4$. Durante períodos de secagem, estes produtos não condutores tornam-se mais compactos e acabam por vedar as áreas sob as descontinuidades, protegendo tanto o revestimento de zinco quanto o substrato de aço. Revestimentos mais nobres que o aço, por sua vez, promovem a corrosão do aço nas regiões de descontinuidades. Nestes casos, a formação de produtos de corrosão insolúveis nos poros também pode resultar no fechamento destes, dificultando a continuidade do processo corrosivo. A escolha do revestimento metálico mais nobre que o substrato deve ser tal que se tenha a menor diferença possível de potencial entre eles.

Revestimentos metálicos podem ser classificados, segundo o método de aplicação em: a) revestimentos por eletrodeposição; b) revestimentos por imersão a quente; c) revestimentos por nebulização; d) revestimentos por cementação; e e) revestimentos por cladização.

14.5.1 Revestimentos por eletrodeposição

Diversos metais podem ser usados para revestimento de vários substratos, pelo processo de eletrodeposição. Este método é geralmente escolhido quando se deseja revestimentos finos e de espessura controlada, ou quando processos envolvendo temperaturas elevadas têm que ser evitados. Alguns dos principais metais usados como revestimento por eletrodeposição são o cromo, o níquel, o zinco, o estanho, o cobre e o cádmio. A eletrodeposição é realizada com o metal que se quer proteger como catodo em uma pilha eletrolítica. Estes revestimentos são úteis em situações em que o substrato não pode sofrer tratamento térmico posterior. Um problema associado ao eletorrevestimento de aços de alta resistência consiste na fragilização por hidrogênio causada pela formação de H_2 no catodo.

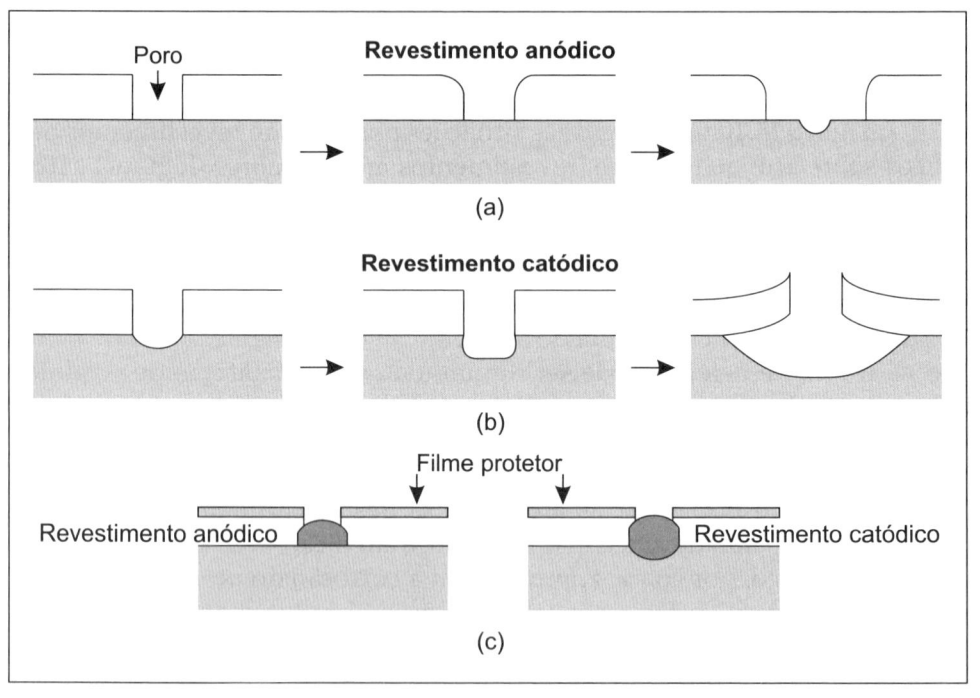

FIGURA 14.10 – *Representação de efeitos galvânicos produzidos em descontinuidades no revestimento metálico. a) Revestimento anódico que protege sacrificialmente o substrato até o poro ficar muito largo cessando a proteção; b) revestimento catódico que causa o ataque do substrato metálico; e c) produtos de corrosão insolúveis precipitados nos poros e que dificultam a continuidade da corrosão*[16]

14.5.2 Eletrodepósitos de cromo

O revestimento de cromo é usado para proteção e fins estéticos de produtos de aço e de componentes à base de zinco em peças de carros. O cromo apresenta resistência ao embaciamento em atmosferas industriais ricas em enxofre[17].

Eletrodepósitos de cromo são altamente porosos e frágeis e, portanto, apresentam alta tendência a trincar. Além disso, os revestimentos de cromo não apresentam brilho satisfatório. Para evitar esses efeitos negativos, deposita-se uma camada preliminar de níquel. Várias combinações de revestimentos níquel/cromo foram desenvolvidas e oferecem proteção efetiva contra a corrosão atmosférica. Os eletrodepósitos de cromo possuem uma película de óxido de cromo em sua superfície, altamente protetora, e portanto estes atuam como revestimento nobre em relação à camada subjacente de níquel, que atua como anodo, sofrendo corrosão. Conseqüentemente, a camada de níquel deve ter alta espessura para evitar que a corrosão atinja o substrato, ou então, deve-se reduzir a taxa de penetração da corrosão no revestimento de níquel. Para reduzir a taxa de penetração, o revestimento de cromo é depositado de forma a ter muitas e pequenas descontinuidades (microporos ou microtrincas), uma razão de cerca de 10^{-2} m^2 de níquel exposto por m^2 de revestimento, ou seja, 1%[18]. Isto faz com que a taxa de corrosão do níquel seja baixa e, portanto, prolonga a vida útil deste. Nestas condições o avanço do ataque localizado (pite) é mais lento.

Camadas espessas de cromo eletrodepositado são muito utilizadas para proteção contra a corrosão e contra o desgaste, sendo chamadas de cromo duro. Essas camadas são muito usadas para impressão como, por exemplo, a impressão de papel moeda. Os anéis de pistão de motores a combustão são freqüentemente eletrorrevestidos com cromo duro. No processo de eletrorrevestimento de substratos de zinco, a primeira camada é geralmente de cobre, as duas seguintes de níquel semibrilhante e níquel brilhante, e finalmente, na parte mais externa, de cromo. A Figura 14.11 ilustra esse tipo de eletrorrevestimento sobre zinco. O cobre é geralmente utilizado para permitir que o níquel seja depositado sobre zinco, sendo raramente utilizado no revestimento de cromo sobre aço.

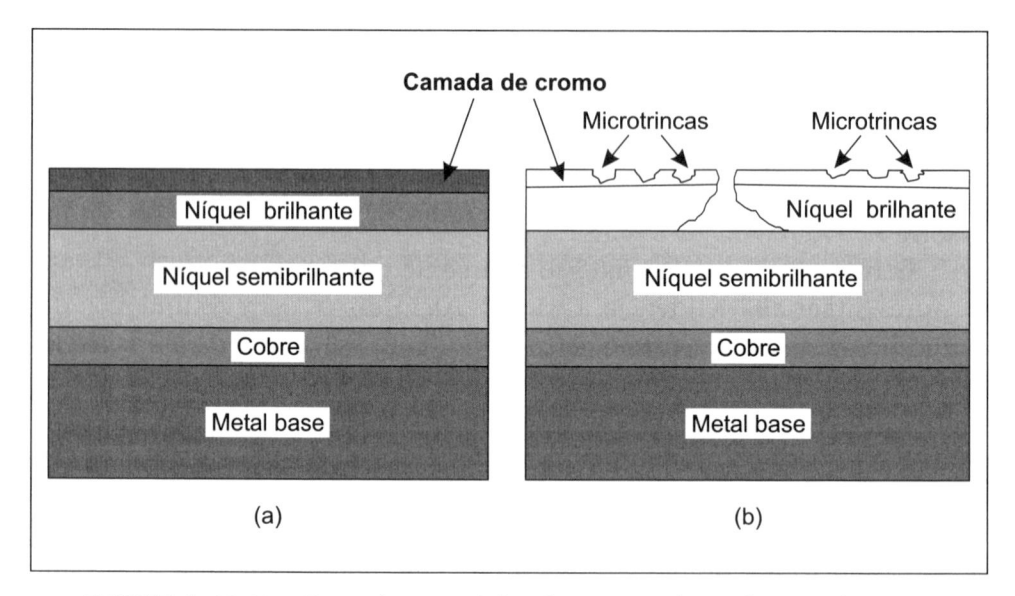

FIGURA 14.11 – *Revestimento típico de cromo sobre substrato de zinco. a) Revestimento compacto, b) revestimento microtrincado de cromo e níquel semibrilhante reduzindo taxa de corrosão*

14.5.3 Eletrodepósitos de níquel

Revestimentos de níquel são muito usados sobre aços. Nesses casos, uma primeira camada de cobre pode ser usada, uma vez que é mais fácil polir o cobre que o níquel e é mais fácil obter-se um revestimento de cobre sem poros. Todavia, as camadas de níquel obtidas diretamente sobre aço são mais resistentes à corrosão que as camadas de cobre-níquel.

Os revestimentos de níquel possuem características de cor, resistência contra a corrosão, dureza e ductilidade, que os tornam, em combinação com uma fina camada de cromo, os mais indicados para fins decorativos. Para exposições internas, recomendam-se espessuras entre 8 μm e 13 μm e, para exposições externas, espessuras entre 13 μm e 14 μm, enquanto para atmosferas agressivas, espessuras ainda maiores deveriam ser utilizadas[19].

Os revestimentos de níquel brilhante geralmente consistem de duas camadas de níquel, uma primeira camada de níquel semibrilhante, obtida de banhos contendo agentes aditivos nivelantes, e uma camada mais externa de níquel brilhante, depositada de banhos contendo agentes abrilhantadores.

Eletrorrevestimentos de níquel são sensíveis ao ataque pelo intemperismo, principalmente em atmosferas industriais, tendendo a perder a refletibilidade especular, devido à formação de um filme de sulfato de níquel. Este fenômeno é conhecido como "embaciamento". Eletrorrevestimentos de níquel para exposição ao intemperismo são geralmente recobertos com uma fina camada de cromo (0,3 µm a 0,8 µm), por eletrodeposição, que mantém o brilho sem alterar o efeito protetor. O revestimento de peças chamadas cromadas consiste de uma camada mais espessa (35 µm a 50 µm) de Ni, e outra camada mais fina (0,3 µm a 0,5 µm) de Cr^{20}.

14.5.4 Eletrodepósitos de cobre

Eletrorrevestimentos de cobre são muito usados para proporcionar condutividade elétrica a materiais não metálicos e para proteção contra a corrosão associada ao atrito sobre cabos elétricos e cilindros de impressão[21]. São geralmente aplicados como uma camada interna para revestimentos de níquel e cromo sobre aço, e para fins decorativos sobre vários objetos domésticos e ornamentais, neste caso, aplicando-se um acabamento com laca.

14.5.5 Eletrodepósitos de cádmio

Eletrorrevestimentos de cádmio são muito usados na indústria eletrônica, pois apresentam baixa resistência em contatos elétricos, boa soldabilidade, e autolubrificação. São também usados para aplicações em estruturas marítimas devido à resistência à corrosão superior à do zinco; na indústria aeronáutica para recobrir peças de ferro, diminuindo o efeito galvânico com a estrutura de alumínio; em molas, para evitar a fragilização por hidrogênio, uma vez que os banhos de cádmio apresentam baixa tendência à hidrogenização; e sobre ferro fundido e maleável, para os quais há dificuldade na eletrodeposição com banhos de zinco alcalino[22].

14.5.6 Eletrorrevestimentos de ligas metálicas

Várias ligas metálicas podem ser usadas como eletrorrevestimento. Algumas dessas ligas apresentam características superiores às dos metais puros, tais como dureza, facilidade de polimento, resistência à corrosão, cor e brilho, sendo, portanto, preferidas[23]. Exemplos de ligas obtidas por eletrodeposição são as de estanho com alumínio, cobre, níquel e zinco, que apresentam dureza, soldabilidade e brilho superior ao estanho puro. A resistência à corrosão em atmosferas industriais dos revestimentos de ligas ferro-zinco é cerca do dobro da do zinco puro. Revestimentos de ligas de níquel com estanho ou cobalto são comercialmente importantes para proteger contra corrosão, os de níquel-cobalto apresentando alta dureza e resiliência. Revestimentos de latão (zinco e cobre) são usados para fins decorativos[24].

14.5.7 Revestimentos obtidos pelo processo de imersão a quente

O processo de imersão a quente é um método no qual o material metálico a ser revestido é imerso em um banho fundido do metal de revestimento[25]. Este é aplicável apenas a metais de baixo ponto de fusão e que formem uma liga com o material do substrato. O substrato deve resistir às altas temperaturas do banho sem sofrer variações indesejáveis de sua estrutura[26,27]. Por estas razões, apenas revestimentos de zinco, alumínio, estanho e chumbo são obtidos por este processo.

Geralmente são revestidos por este processo substratos de aço ou ferro fundido[28]. Pode ser necessário introduzir um terceiro metal para diminuir o ponto de fusão por meio da formação de mistura eutética, e para melhorar a aderência da liga ao substrato[29]. Um exemplo é a adição de estanho ao chumbo para permitir o revestimento do aço com chumbo.

Os revestimentos obtidos por este processo consistem de duas camadas, uma intermediária de liga, que se forma pela difusão do metal-revestimento no metal-base, e uma mais externa, de metal puro[30]. Na interface metal-revestimento forma-se uma liga cuja força de ligação com o substrato é muito forte, desde que a espessura da liga (frágil) não seja muito elevada. A espessura desses revestimentos aumenta com o tempo de imersão e a temperatura do banho e também depende da velocidade de remoção da peça do banho e da composição do substrato metálico. Quando o material metálico a ser protegido é removido do banho, ele carrega uma camada de metal líquido, cuja espessura depende da viscosidade do banho e rugosidade da superfície. Geralmente realiza-se um tratamento subseqüente à remoção do banho, para diminuir a espessura dessa camada mais externa de metal puro, por exemplo, utilizando-se cilindros de nivelamento[31].

A obtenção de revestimento de zinco pelo processo de imersão a quente é conhecido como galvanização. Este processo envolve a imersão de um componente (geralmente aço) em zinco fundido. A galvanização é um processo muito importante e muito utilizado para proteger peças pequenas, como parafusos e arruelas. A espessura do revestimento de zinco depende do meio e do tempo de vida útil. Por exemplo, para aços estruturais em atmosferas rurais, espessuras de cerca de 85 μm são suficientes para uma vida útil de 30 anos, enquanto espessuras desta ordem fornecem proteção por apenas 5 anos em atmosferas marítimas. Em chapas finas, espessuras típicas deste revestimento estão na faixa de 25 μm a 30 μm.

Revestimentos de zinco são geralmente especificados como massa por unidade de área. A instalação necessária para este processo é relativamente simples, e sua utilização é vantajosa para produções contínuas[32].

O recozimento da peça após a galvanização pode ser usado para transformar a camada inteira de revestimento em uma liga, o que melhora o desempenho dos componentes, devido à alta resistência à corrosão da camada de liga em comparação à do zinco puro[33], além de melhorar as características de soldabilidade do revestimento. Revestimentos obtidos por este processo combinado, galvanização seguida de recozimento, são conhecidos como "galvannnealed". Estes revestimentos estão causando um aumento no uso de chapas com revestimento de zinco na indústria automotiva.

14.5.8 Revestimentos por aspersão térmica ou metalização

A aspersão térmica envolve a conversão do metal ou liga de revestimento, do estado sólido para o estado fundido, em uma pistola de aspersão ou metalização. Esta pistola é dotada de chama oxiacetilênica, na qual o metal ou liga na forma de fio ou pó é aquecido até fusão, e as gotículas (finíssimas partículas) de material fundido são então ejetadas na direção do substrato, usando ar comprimido[34]. Essas partículas sofrem fortes colisões ao atingir o substrato, onde solidificam e ficam aderidas ao substrato, devido à alta velocidade de impacto[35]. É fundamental que o substrato seja adequadamente preparado, por exemplo, por jateamento abrasivo.

Este processo é normalmente utilizado para aplicar revestimentos de zinco, alumínio ou ligas desses metais a estruturas de aço e a grandes peças de aço. Os revestimentos obtidos por esse processo são freqüentemente porosos. Esta porosidade nem sempre é prejudicial, pois as descontinuidades são seladas por produtos de corrosão ou inibidas devido à proteção catódica, no caso dos revestimentos de sacrifício[36]. Quando a porosidade for prejudicial, é necessário selar o revestimento com uma camada orgânica para garantir proteção contra a corrosão. A força de ligação entre o revestimento e o substrato depende da aderência mecânica, o que se consegue por meio de um pré-tratamento da superfície, sendo indicado o jateamento. A aderência do revestimento obtido por este processo é inferior à conseguida por eletrorrevestimento.

A principal vantagem deste processo consiste em sua versatilidade, sendo possível aplicar vários tipos de revestimento, inclusive de material cerâmico, espessuras variadas, sobre diversos substratos, além de possibilitar a aplicação *on-site* para qualquer tamanho de peça. Estas vantagens tornam este método um processo muito importante para aplicação de revestimentos protetores. A aplicação pode ser manual, e a uniformidade dependerá da habilidade do operador, ou mecanizada, quando se obtêm espessuras mais uniformes[37].

Para revestimentos com metais ou ligas de alto ponto de fusão utiliza-se o processo por plasma, no qual um gás inerte é ionizado em um arco voltaico, alimentado por uma fonte de corrente de 60 kW, e a energia produzida aumenta a temperatura do gás para cerca de 8.000 °C (plasma). O material metálico na forma de pó é colocado no plasma, no qual funde imediatamente, sendo direcionado para a superfície que será revestida. O processo por plasma é usado para depositar alumina, óxido de zircônio, carbonetos de boro e de tungstênio, molibdênio, tântalo e ligas de cobalto para proteção contra a corrosão e desgaste abrasivo[38]. As características dos depósitos obtidos com a pistola de plasma, como porosidade, aderência, resistência à tração e conteúdo de óxidos são geralmente superiores às obtidas pelo processo convencional[39].

14.5.9 Revestimentos obtidos por cementação

Este é um processo no qual o metal se difunde na superfície do componente a ser protegido (geralmente aço) para formar uma superfície dura e resistente à corrosão. O processo é similar aos métodos de nitretação, utilizados para endurecimento da superfície. As peças que serão revestidas são postas no interior de tambores rotativos, juntamente com mistura de pó metálico e fluxo adequado, então são aquecidas a altas temperaturas, para permitir a difusão do metal de revestimento no substrato, e finalmente rotacionadas. Os metais usados como revestimento por este processo são geralmente o zinco (*sherardização*), o alumínio (calorização) e o silício (siliconização).

A *sherardização* é geralmente usada para revestimentos de zinco sobre o aço, e a espessura do revestimento obtido por este processo varia entre 15 μm e 40 μm. As principais diferenças entre o processo de galvanização e *sherardização* é que neste último o pó não funde, e as camadas mais externas consistem de uma liga zinco-ferro e não de zinco puro. A superfície mais dura produzida pelo processo de *sherardização* é mais adequada para aplicações que exijam resistência à corrosão e ao desgaste.

14.5.10 Revestimentos por cladização

Estes revestimentos são muito usados para proteger materiais de resistência mecânica adequada, mas que são suscetíveis à corrosão pela aplicação de um material mais resistente à corrosão. Por exemplo, ligas de alumínio podem ser revestidas com alumínio puro e o aço doce pode ser revestido com aço inoxidável. Níquel, cobre e titânio também podem ser utilizados como revestimentos para aços. O processo de cladização é usualmente realizado por meio de laminação a quente ou prensagem a quente, sendo geralmente limitado para peças de formas simples, embora algumas formas complexas possam ser fabricadas pela extrusão e forjamento do material após aplicação do revestimento.

14.5.11 Revestimentos de zinco

O zinco é um dos metais mais utilizados como revestimento de aços. Revestimentos de zinco proporcionam resistência à corrosão por diversos mecanismos, a saber: 1) por proteção catódica, atuando sacrificialmente, quando aplicado sobre metais/ligas mais nobres, 2) por barreira, devido à resistência à corrosão inerente ao zinco na maioria das atmosferas (exceção das atmosferas industriais), e 3) por inibição, devido ao recobrimento das áreas descobertas por produtos de corrosão que atuam como inibidores de corrosão e por barreira.

Segundo Panossian[40], em atmosferas não poluídas e em presença de oxigênio, CO_2 e água, o produto de corrosão que se forma inicialmente é o hidróxido de zinco, que se transforma em carbonatos básicos de zinco. Se a atmosfera for contaminada com SO_2, o hidróxido de zinco é convertido em sulfato básico de zinco, e se a contaminação for com cloretos, o hidróxido de zinco é convertido em cloretos básicos de zinco. Todos estes produtos de corrosão do zinco, carbonatos básicos, cloretos básicos e sulfatos básicos são insolúveis e formam uma barreira que protege contra a continuação da corrosão do zinco. Todavia, em atmosferas altamente poluídas com SO_2, a película de água na superfície do metal torna-se ácida, e o produto formado, sulfato de zinco, é solúvel em água, não conferindo proteção contra a corrosão. Em atmosferas com alto teor de cloretos, a película de água estará saturada com este sal higroscópico, o que resultará no molhamento contínuo da superfície metálica, além de poder ocorrer a formação de cloreto de zinco, que é bastante solúvel e, portanto, não proporciona proteção à superfície metálica[41].

A vida útil dos revestimentos de zinco depende da própria resistência à corrosão, e, portanto, é determinada pela espessura, uniformidade e agressividade do meio. Em atmosferas rurais e marítimas, os revestimentos de zinco são relativamente resistentes[42]. Em meios aquosos, a taxa de corrosão dos revestimentos de zinco é determinada pelo pH, presença de sais dissolvidos e temperatura[43]. Devido ao seu caráter anfótero, apresenta altas taxas de corrosão em meios ácidos e muito alcalinos, e baixas taxas de corrosão à temperatura ambiente e para pH entre 7 e 12.

14.6 REVESTIMENTOS DE CONVERSÃO

Os revestimentos de conversão consistem basicamente de métodos químicos (fosfatização e cromatização), ou de métodos eletrolíticos (anodização), utilizados para converter superfícies metálicas a uma película protetora de um dos metais presentes na superfície.

14.6.1 Fosfatização

Na fosfatização, o metal sofre um tratamento químico de oxidação que produz uma camada de produto de corrosão, fosfato de metal, com espessura da ordem de 2 μm, e esta camada apresenta resistência à continuação da corrosão[44].

A fosfatização é utilizada principalmente como base para tintas sobre materiais ferrosos, particularmente aços. O fosfato formado proporciona uma superfície adequada para pintura. Grande parte dos produtos de aço usados no mundo recebem um tratamento de fosfatização em algum estágio. Outros metais como zinco, cádmio e estanho podem ser fosfatizados. O alumínio, todavia, é geralmente tratado em soluções de cromato (cromatizado).

O processo envolve a imersão da peça em solução de ácido fosfórico diluído, contendo misturas de fosfatos primários de ferro e manganês ou zinco – fórmula geral $M(H_2PO_4)_2$ –, sob condições controladas, para permitir uma camada complexa de fosfatos mistos de ferro e de zinco ou manganês. Em conseqüência da reação química do metal com ácido fosfórico livre, fosfato de ferro e um dos fosfatos de zinco e manganês são precipitados na forma de uma película insolúvel. O fosfato de zinco dissocia segundo:

$$Zn(H_2PO_4)_{2(aq)} \rightarrow Zn^{2+}_{(aq)} + 2HPO_4^{2-}_{(aq)} + 2H^+_{(aq)}$$

seguido pela redução dos íons H^+:

$$2H^+_{(aq)} + 2e^- \rightarrow H_{2(g)}$$

com oxidação simultânea de ferro:

$$Fe \rightarrow Fe^{2+}_{(aq)} + 2e^-$$

A dissolução de ferro causa a deposição de fosfatos terciários insolúveis (filme de fosfato), que se forma à medida que a concentração de íons H^+ na dupla camada elétrica diminui e, conseqüentemente, o pH aumenta.

Agentes oxidantes, como nitratos (NO_3^-) e/ou íons de cobre (Cu^{2+}), podem ser adicionados, em teores de cerca de 0,1 mol/kg, para acelerar o processo de fosfatização, sendo conhecidos como aceleradores.

Camadas de fosfato isoladamente não conferem proteção efetiva contra a corrosão. Estas, todavia, melhoram a resistência à corrosão de revestimentos de tinta. Isso se deve ao aumento da porosidade e área específica da superfície tratada, o que permite a penetração da tinta, aumentando a integração entre substrato/camada de fosfato/tinta e, conseqüentemente, a aderência da tinta. Devido à sua inerente porosidade podem ser usadas para absorção de óleos lubrificantes protetores.

Camadas finas de fosfato formadas em tempos curtos de tratamento são usadas para posterior aplicação de tintas, enquanto camadas mais espessas são usadas para absorção de óleos e para aplicações nas quais a resistência ao atrito é um requerimento. Camadas finas proporcionam melhor desempenho, pois conferem aderência e maior resistência iônica. Camadas espessas, com óleo ou graxa, conferem apenas uma proteção moderada.

No processo de fosfatização deve-se controlar cuidadosamente a composição da solução, pois soluções muito ácidas causam o ataque intenso do metal, e soluções alcalinas causam a formação de uma lama. A limpeza da superfície metálica antes da fosfatização é muito importante. A presença de graxa ou óleos na superfície afeta negativamente o processo.

14.6.2 Cromatização

Revestimentos de cromato são produzidos pela reação entre um metal e ácido crômico ou cromatos. Uma camada complexa, composta de uma mistura de óxido crômico, trióxido de cromo e óxido do metal, forma-se na superfície, melhorando a resistência à corrosão.

A presença de um filme passivo na superfície metálica impede a formação da camada de cromato. Por isso, agentes ativadores, como íons cloreto, são usados para eliminar a passividade do metal. As soluções de cromatização contêm compostos de cromo hexavalente e um ácido mineral, e o cromo sofre redução pelo hidrogênio formado. Camadas de cromato podem ser usadas isoladamente ou juntamente com tintas. Essas camadas podem ser coloridas ou esmaltadas.

Este tratamento é freqüentemente especificado para ligas e revestimentos de zinco e de cádmio, para aumentar o tempo de vida útil destes. O zinco é propenso à "corrosão branca" se for exposto a atmosferas úmidas sem nenhuma proteção. Para evitar a corrosão branca, o zinco pode ser cromatizado. A maioria das folhas-de-flandres utilizadas em latas de conservas é cromatizada para reduzir o manchamento causado por alimentos ricos em enxofre. Cobre pode ser abrilhantado por cromatização. Magnésio é cromatizado antes de ser pintado, e a resistência ao embaciamento da prata é aumentada por tratamentos com cromato. A cromatização não é feita diretamente sobre materiais ferrosos, sendo realizada após o tratamento de fosfatização. A cromatização também proporciona uma boa aderência para tintas.

14.6.3 Anodização

No processo de anodização, um revestimento, geralmente um óxido, é formado sobre o substrato metálico, que atua como anodo de uma pilha eletrolítica contendo uma solução cuidadosamente selecionada[45]. A anodização é, portanto, um método de oxidação por polarização anódica para aumentar a espessura da película de óxido que se forma naturalmente sobre a superfície do metal exposto ao meio ambiente. O requisito para o crescimento do óxido é que este tenha baixa condutividade elétrica, de forma que, ao metal a ser polarizado anodicamente, não ocorra fluxo de elétrons, que causaria a oxidação da água com formação de O_2. A única corrente presente deve ser a corrente iônica, que produz o espessamento do filme em conseqüência do alto gradiente de potencial criado (cerca de 1 GV/m).

O alumínio é o metal mais utilizado para anodização, mas outros metais como o titânio, o nióbio e o tântalo podem também ser anodizados. Uma vez que o alumínio em contato com o meio ambiente forma um filme de óxido semicondutor, que pode crescer sob certas condições, a anodização é um método efetivo para produzir filmes de óxido com espessuras de até 30 µm. Este filme é constituído de duas camadas: uma mais interna, camada barreira, com espessuras da ordem de 20 µm, e que conduz apenas elétrons, e uma camada mais externa, porosa.

No processo de anodização, a peça, geralmente uma liga à base de alumínio, é conectada como anodo de uma célula eletrolítica. Os catodos são geralmente de chumbo e várias soluções podem ser utilizadas, entre as quais as de ácido sulfúrico (15% – 25%) são as mais comuns. A camada de alumina formada tem uma estrutura dupla, composta de uma camada porosa sobre uma camada compacta (barreira), como ilustra a Figura 14.12. A solubilidade do óxido na solução de anodização afeta substancialmente a morfologia do óxido formado. A estrutura ilustrada na Figura 14.13 somente ocorre em soluções nas quais o óxido tem solubilidade moderada. Se a solubilidade for muito baixa, apenas o óxido compacto é produzido[46].

A resistência à corrosão requer que uma operação de "selagem" dos poros seja realizada por tratamento de hidrólise, após anodização. Essa operação geralmente é realizada através de imersão da peça anodizada em água em ebulição. Nesse processo, as paredes das células se expandem e fecham os poros. A estrutura porosa oferece algumas vantagens, pois pigmentos podem ser incorporados no revestimento antes da selagem, produzindo revestimentos para uso decorativo.

Após a selagem, o alumínio anodizado tem elevada resistência à corrosão, particularmente se, no processo de selagem, íons dicromato forem incorporados nos poros, devido às suas características inibidoras. Quanto maior o tamanho dos poros, o que é determinado pelo potencial e solução empregados no processo, mais difícil é a selagem. Quanto mais espesso o revestimento, maior a proteção. As espessuras mínimas necessárias para proteção efetiva dependem de onde ficarão expostos os anodizados. Por exemplo, segundo norma britânica (BS 1615.1958) para exposição ao intemperismo e com manutenção mínima, a espessura mínima da camada anodizada deve ser de 25 µm. Por essa mesma norma, se houver manutenção adequada, a espessura mínima deve ter 15 µm, e para uso em ambientes internos, uma espessura mínima de 5 µm é indicada.

Em alguns casos, a resistência ao desgaste, além da resistência à corrosão, é um requerimento de importância fundamental para o revestimento, por exemplo, de placas de impressão e molduras de janelas[47]. Nesses casos, a camada anodizada deve ser mais espessa, o que requer uma camada *dura*. Banhos de ácido sulfúrico a uma temperatura de 0 °C produzem espessuras de até 75 μm. Revestimentos duros não são selados, pois este processo causa seu amolecimento.

Revestimentos de alumínio anodizado podem resistir por muitos anos em atmosferas pouco poluídas, mas sofrem corrosão por pites após poucos meses em atmosferas contaminadas com cloreto ou sulfato[48]. Tais íons atuam nas regiões mais fracas do revestimento e podem causar a perfuração da peça.

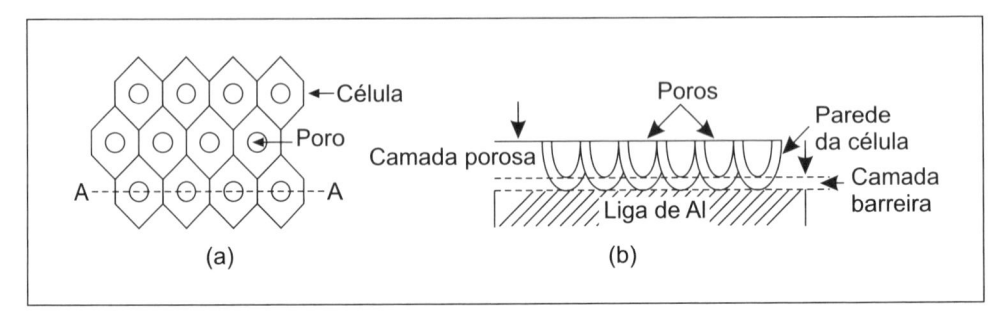

FIGURA 14.12 – *Diagrama esquemático de camada anodizada sobre alumínio. a) Vista da superfície, b) vista da seção transversal A———A*

14.7 REVESTIMENTOS INORGÂNICOS

Os revestimentos inorgânicos atuam simplesmente como barreira entre o metal e o meio e geralmente são frágeis. Esses revestimentos são bastante afetados por impacto mecânico ou choque térmico e, portanto, seu uso é limitado. Exemplos desse tipo de revestimentos são os revestimentos vítreos, os cerâmicos e os cimentos. Os revestimentos vítreos consistem basicamente de vidros espessos (cerca de 0,7 mm) que isolam totalmente o metal e, portanto, podem ser usados para prevenir a corrosão de aço e ferro fundido em meios não muito agressivos. Uma vez que os vidros silicatos são atacados quimicamente em meios alcalinos fortes, esses revestimentos são limitados para uso em meios ácidos ou neutros.

Exemplos de aplicações de revestimentos inorgânicos são revestimentos de esmalte para tanques e cimentos para a proteção interna de tanques de água ou de tubulações de aço. Os revestimentos de cimento são particularmente úteis, pois são de fácil aplicação e possuem coeficiente de expansão similar ao do aço. O esmalte vítreo é aplicado como uma pasta de pó de vidro de composição controlada, ao substrato (geralmente aço ou ferro fundido). Essa pasta é secada e então aquecida, de forma que o vidro funde e escoa uniformemente sobre a superfície.

14.8 REVESTIMENTOS ORGÂNICOS

Revestimentos orgânicos são considerados os mais importantes de todos os métodos de proteção, representando cerca de metade dos custos despendidos com todos os métodos de proteção contra a corrosão.

Esta classe de revestimentos inclui compostos à base de carbono, tais como betume, piche, alcatrão, borrachas, plásticos, tintas, vernizes e esmaltes, entre os quais as tintas são os mais importantes. Os três primeiros tipos são geralmente utilizados para proteger estruturas enterradas. Vernizes e esmaltes podem ser especificados para melhorar a resistência à corrosão de revestimentos metálicos tais como o alumínio depositado sobre refletores, ou revestimento de alumínio obtido por aspersão térmica sobre estruturas de aço. Borrachas e plásticos podem ser do tipo poliuretano ou PVC (polivinil cloreto) e geralmente são mais espessos (até 0,4 mm). Os mais espessos encontram vasta aplicação como revestimentos internos de tanques, nos quais a resistência mecânica é provida pelo substrato, normalmente aço.

As tintas são os revestimentos mais utilizados para a proteção de metais em relação aos outros revestimentos, devido principalmente às suas características protetoras, decorativas e facilidade de aplicação. Estas podem ser utilizadas também com outras finalidades, como impermeabilização, sinalização, controle de absorção de calor, identificação de fluidos em tubulações, diminuição da rugosidade superficial, e para evitar incrustação de microorganismos[49], entre outras.

Na forma líquida, os constituintes fundamentais de uma tinta são o veículo fixo (constituinte ligante), os pigmentos, os aditivos e os solventes (veículo volátil). Estes últimos (solventes) obviamente não estão presentes nas tintas em pó e nas tintas sem solventes. Os vernizes, por sua vez, possuem todos os constituintes de uma tinta, menos os pigmentos. O veículo fixo é o constituinte principal das tintas, e estas são geralmente classificadas de acordo com o tipo de veículo fixo próprio. As tintas secas consistem de um filme polimérico orgânico (o constituinte ligante) que contém os pigmentos dispersos ao longo da sua espessura. Os constituintes da tinta devem ser criteriosamente selecionados, para que a tinta atenda aos requisitos necessários para sua utilização[50].

A maioria dos veículos fixos ou constituintes ligantes é inicialmente dissolvida em um solvente que impede a polimerização enquanto a tinta é estocada, facilita a aplicação e finalmente evapora à medida que a tinta seca. Para garantir uma proteção adequada, as tintas geralmente são aplicadas em várias camadas, que devem se ligar umas às outras, produzindo um revestimento integrado. Tintas sem solvente, tais como epóxi, polimerizam pela mistura com um catalisador que é adicionado ao veículo fixo imediatamente antes da aplicação. A taxa de polimerização dessas tintas depende da temperatura e concentração do catalisador.

Os aditivos são compostos empregados em baixas concentrações para conferir determinadas características. Alguns dos aditivos mais comumente empregados nas formulações de tinta são: secantes, plastificantes, nivelantes, antiespumantes, anti-sedimentantes, antifungos e dispersantes[51].

Com exceção dos revestimentos betuminosos espessos, a maioria das tintas é permeável a oxigênio e água e, portanto, não pode prevenir a corrosão por um mecanismo de barreira. As tintas geralmente são dielétricas (alta resistividade elétrica), atuando principalmente pelo aumento na resistência da pilha galvânica, o que diminui a taxa de corrosão para valores muito baixos. Por exemplo, a resistividade de várias tintas é da ordem de 10^4 a 10^5 vezes maior que a das soluções eletrolíticas aquosas, e a taxa de corrosão diminui na mesma proporção.

Uma vez que a maioria das tintas não é impermeável à água e ao oxigênio, não promovendo proteção completa do substrato, além de estarem sujeitas a danos durante sua vida útil, por exemplo por impacto ou degradação química ou de radiação ultravioleta, muitas das tintas de fundo usadas possuem propriedades inibidoras de corrosão. Essas propriedades são conferidas pela adição de pigmentos inibidores.

Os pigmentos usados nas tintas podem ser classificados em três tipos: inertes, de sacrifício e inibidores. Os pigmentos inertes atuam pelo aumento na espessura da camada de tinta e pelo aumento no caminho de difusão iônica. Revestimentos com esses tipos de pigmento atuam devido à sua alta resistência iônica (controle por resistência), impedindo a migração de íons e, portanto, reduzindo a taxa de corrosão. Exemplos dessa classe de pigmentos são o grupo do óxido de titânio, que é o pigmento branco mais empregado universalmente, e o grupo do óxido de ferro, que é um pigmento muito estável à luz e um dos mais usados na composição de tintas de fundo[52]. O zinco metálico é um exemplo de pigmento que atua por proteção catódica sacrificial (de sacrifício). Este é adicionado na forma de partículas metálicas, que são incorporadas nas tintas ricas em zinco, usadas como tintas de fundo. Zinco é também misturado com outros materiais protetores, para produzir revestimentos especiais, como zinco com silicato de sódio, que atua como inibidor em presença de oxigênio e, por proteção sacrificial, quando a proteção por inibição termina[53].

Outro metal que pode ser usado para proteção sacrificial é o alumínio. Tintas de alumínio contêm finas plaquetas de metal que se depositam umas sobre as outras, atuando como barreira. Se alguma falha ocorrer no revestimento de óxido sobre alumínio, o revestimento então passa a proteger catodicamente o substrato. Para que a proteção proporcionada por esses pigmentos seja efetiva é fundamental que estejam em quantidades suficientes para assegurar contato metálico contínuo através do revestimento e deste com o substrato.

Os pigmentos inibidores mais comuns são o zarcão (Pb_3O_4 ou $2PbO \cdot PbO_2$), o cromato de zinco ($ZnCrO_4$), o tetroxicromato de zinco ($4,5\, ZnO \cdot CrO_3$) e o fosfato de zinco ($ZnPO_4$). Esses pigmentos, em tintas cujo veículo é de óleo de linhaça, reagem formando sabões de zinco ou chumbo, e se água entrar em contato com a tinta, esta não será corrosiva. O cromato e o tetroxicromato de zinco são usados para alumínio, atuando como inibidores anódicos em soluções aquosas. Os pigmentos inibidores são incorporados na tinta de fundo em contato com a superfície metálica[54, 55]. O cromato de zinco proporciona também proteção sacrificial pelo zinco, além da inibição devido ao cromato, e pode ser usado para revestimentos de metais leves, para os quais o zarcão não pode ser empregado[56].

Pigmentos à base de cromato são substâncias que podem ser cancerígenas e, por este motivo, o uso destes em tintas anticorrosivas está sofrendo sérias restrições nos EUA e na Europa. O zarcão é tóxico, devendo ser utilizado com cuidado[57], além de ser corrosivo para muitos metais, sendo usado com materiais ferrosos[58].

As tintas são usualmente aplicadas com pincel, rolo ou "spray", com espessura total entre 25 μm e 500 μm, dependendo do uso. Revestimentos de tintas sobre aços seguem geralmente a seguinte seqüência: primeiramente a superfície é preparada, em seguida esta é fosfatizada, e então aplicam-se camadas de tinta. E usualmente na seguinte ordem, tinta de fundo ("primer"), tinta intermediária e, finalmente, tinta de acabamento.

Na pintura de automóveis, o método de aplicação da tinta de fundo é a pintura eletroforética, um processo similar à eletrodeposição, pois em ambos os casos tem-se uma pilha eletrolítica. Na pintura eletroforética, o pigmento finamente disperso possui carga, e o metal a ser pintado é ligado a uma fonte de tensão, como catodo. O pigmento é então atraído para a estrutura metálica, penetrando mesmo as pequenas cavidades desta. Conseqüentemente, a resistência à corrosão em áreas críticas é substancialmente melhorada.

As tintas de acabamento devem ter características estéticas e boa resistência à radiação UV. Tintas de alumínio atuam como barreira, pois possuem boa impermeabilidade à umidade, são opacas à radiação UV, sendo utilizadas como revestimento decorativo de proteção extra.

14.9 IMPORTÂNCIA DA PREPARAÇÃO DA SUPERFÍCIE

Um revestimento de tinta somente é efetivo enquanto houver aderência entre ele e o substrato. A aderência, por sua vez, é extremamente dependente da preparação da superfície antes da aplicação da tinta. A aderência é prejudicada por oleosidade ou graxas residuais deixadas na superfície metálica ou por produtos de corrosão sobre aço. Estes produtos não são tão prejudiciais se suas partículas soltas forem removidas, por exemplo, por escovação. Estas partículas geralmente abrigam ânions agressivos como cloretos e sulfatos, principalmente em cavidades na superfície, e se estes ânions não forem removidos antes da aplicação da tinta, eles contaminam o pigmento e impedem a passivação.

Um método de preparação da superfície consiste na remoção de oleosidade e graxas das superfícies pelo uso de solventes orgânicos, ou por desengraxe com líquidos alcalinos. Este último método é geralmente mais efetivo e mais barato do que o uso de solventes. Detergentes sintéticos com excelentes propriedades emulsificantes têm sido também muito utilizados. Decapagens, ácidas ou alcalinas, são também métodos de preparação da superfície, além de banhos de sais fundidos.

Aços que tenham sido laminados freqüentemente possuem carepas de laminação, que são óxidos extremamente aderentes à superfície. Carepas de laminação podem resistir a decapagens deixando resíduos na superfície metálica. Estes resíduos absorvem umidade e diminuem a aderência entre a tinta e o revestimento. Bolhas podem então se formar, se os produtos óxidos reagirem com a água, causando a expansão do volume. Além disso, estes óxidos podem ter condutividade eletrônica, atuando como catodos e promovendo a corrosão em áreas expostas da superfície. Pilhas de ação local podem então ser estabelecidas nas regiões onde a umidade é absorvida, dando início à corrosão por pites. Portanto, deve ser feita a remoção cuidadosa da carepa de laminação, por exemplo, por jateamento abrasivo ou jateamento com água adicionada com inibidores.

O jateamento da superfície metálica com diversos abrasivos é um método efetivo de preparação da superfície. Esse método, além de eliminar produtos óxidos aderentes, produz uma superfície rugosa que melhora a aderência entre revestimento e substrato.

A remoção de carepa de laminação pode ser facilitada por tratamento com chama ou por exposição prolongada ao intemperismo. Em ambos os casos, a expansão da camada de óxidos ocorre, facilitando sua remoção posterior. Após a preparação da superfície, esta pode ser pintada, o que é realizado em diversas etapas. Freqüentemente realiza-se um tratamento da superfície limpa e sem óxidos, geralmente de fosfatização, imediatamente após a preparação, para prevenir a corrosão da superfície ativada pelo tratamento de remoção de óxidos.

Notas Bibliográficas

1) WRANGLÉN, G. *An Introduction to Corrosion and Protection of Metals*. Chapman and Hall, 1972.
2) RAMANATHAN, L. V. *Corrosão e seu Controle*. Hemus Editora.
3) GENTIL, V. *Corrosão*. 3. ed. São Paulo: LTC, 1996.
4) WRANGLÉN, G. Ibidem.
5) Idem, ibidem.
6) STEWART, D. e TULLOCH, D. S. *Principles of Corrosion and Protection*. Macmillan & Co, 1968.
7) SCULLY, J. C. *The Fundamentals of Corrosion*. 3. ed. Pergamon Press, 1990.
8) WRANGLÉN, G. Ibidem.
9) Idem, ibidem.
10) WOLYNEC S. *Proteção Contra a Corrosão Durante Armazenamento e Transporte*. 2. ed. São Paulo: IPT, 1992.
11) Idem, ibidem.
12) WEST, J. M. *Basic Corrosion and Oxidation*. 2. ed. Ellis Horwood Limited, 1986.
13) WOLYNEC S. Ibidem.

14) Idem, ibidem.
15) Idem, ibidem.
16) SHREIR, L. L. *Electrochemical Principles of Corrosion*, A guide for Engineers.
17) IPT. *Corrosão e Proteção Contra a Corrosão de Metais*. Editor D. K. Tanaka. Divisão de Metalurgia, 1979.
18) WEST, J. M. Ibidem.
19) IPT. Ibidem.
20) WRANGLÉN, G. Ibidem.
21) IPT. Ibidem.
22) Idem, ibidem.
23) Idem, ibidem.
24) Idem, ibidem.
25) RAMANATHAN, L. V. Ibidem.
26) Idem, ibidem.
27) IPT. Ibidem.
28) RAMANATHAN, L. V. Ibidem.
29) IPT. Ibidem.
30) Idem, ibidem.
31) RAMANATHAN, L. V. Ibidem.
32) IPT. Ibidem.
33) RAMANATHAN, L. V. Ibidem.
34) GENTIL, V. Ibidem.
35) IPT. Ibidem.
36) Idem, ibidem.
37) Idem, ibidem.
38) GENTIL, V. Ibidem.
39) IPT. Ibidem.
40) PANOSSIAN, Z. *Corrosão e Proteção Contra a Corrosão em Equipamentos e Estruturas Metálicas*. São Paulo: IPT, 1993.
41) Idem, ibidem.
42) IPT. Ibidem.
43) Idem, ibidem.
44) WEST, J. M. Ibidem.

45) SCULLY, J. C. Ibidem.
46) Idem, ibidem.
47) Idem, ibidem.
48) WEST, J. M. Ibidem.
49) GENTIL, V. Ibidem.
50) Idem, ibidem.
51) Idem, ibidem.
52) Idem, ibidem.
53) SCULLY, J. C. Ibidem.
54) WEST, J. M. Ibidem.
55) GENTIL, V. Ibidem.
56) SCULLY, J. C. Ibidem.
57) GENTIL, V. Ibidem.
58) SCULLY, J. C. Ibidem.

Impressão e Acabamento

Bartira

Gráfica

(011) 4393-2911